"十二五"职业教育国家规划教材

经全国职业教育教材审定委员会审定

# 发酵生产技术

## 第三版

于文国　主编

穆军明　主审

U0363928

化学工业出版社

·北京·

本书主要介绍了发酵生产的主要工作任务、基本原理、生产工艺及操作过程、主要设备结构及作用、生产影响因素及工艺控制手段、生产过程问题分析及解决方法、物料与能量衡算等；介绍了典型微生物发酵产品的理化性质、生产原理、生产工艺过程及操作控制要点、技术发展等；简要介绍了发酵下游加工过程所涉及的基本技术及工业"三废"治理技术等。

　　教材内容适用于制药技术类专业及生物技术类专业教学及职业技术人员培训，也可为发酵生产技术人员提供参考资料。

## 图书在版编目（CIP）数据

发酵生产技术/于文国主编. —3 版．—北京：化学工业出版社，2015.2（2018.2重印）

"十二五"职业教育国家规划教材

ISBN 978-7-122-22706-5

Ⅰ.①发⋯　Ⅱ.①于⋯　Ⅲ.①发酵工程-高等职业教育-教材　Ⅳ.①TQ92

中国版本图书馆 CIP 数据核字（2015）第 002169 号

责任编辑：于　卉　　　　　　　　　　装帧设计：关　飞

责任校对：吴　静

出版发行：化学工业出版社（北京市东城区青年湖南街 13 号　邮政编码 100011）

印　　装：大厂聚鑫印刷有限责任公司

787mm×1092mm　1/16　印张 14　字数 368 千字　　2018 年 2 月北京第 3 版第 2 次印刷

购书咨询：010-64518888(传真：010-64519686)　　售后服务：010-64518899

网　　址：http://www.cip.com.cn

凡购买本书，如有缺损质量问题，本社销售中心负责调换。

定　价：30.00 元

# 第三版前言

## FOREWORD

21 世纪是生物技术迅猛发展的时代,以基因工程、细胞工程、酶工程、发酵工程和蛋白质工程为代表的现代生物技术的诞生和发展,给有关产品的生产带来了极大的活力。随着生物技术的迅速发展,生物技术的工业化应用也越来越广泛,特别是生物技术与工程技术的结合推进了生物技术工业化的进程,生物技术产业正呈现良好的发展态势。但就目前而言,生物技术产业应用最为广泛、最为成熟的技术还是发酵技术,而生物技术产品中发酵技术产品也是规模最大、产量最大的产品。

为了更好地推进生物技术产业的发展,必须提高生产一线人员的工作能力与职业素质。高等职业技术院校肩负着培养面向生产、建设、服务和管理第一线需要的技术技能型人才的使命。只有培养熟悉生产工作,掌握生产技术,并能应用理论准确分析问题,及时采取手段或方法解决问题,优化生产工艺过程的专业人才,才能促进产业发展,适应社会经济发展的需要。教材适用于高职院校生物技术类专业和制药技术类专业教学。

第三版内容在保留第二版《微生物制药工艺及反应器》主体风格与内容的基础上,对体例和内容进行了适当修订。为使教材更好地体现职教特色,将书名更改为《发酵生产技术》。教材设计从原料药品生产工作的实际需要出发,以发酵生产单元过程为对象,以工作任务为载体,以工作过程为导向,以完成岗位工作任务所需的知识、技能与素质为要素,设计适当理论知识,突出实践性知识,在加强介绍共性生产技术同时,也注重典型产品生产工艺的介绍,旨在使学生学习后能做、会做、做好,并具备一定的创新能力。修订后的教材内容突出了实践性知识,实用性和针对性得以加强,教材体例也更加合理,有利于培养微生物药物发酵生产一线岗位员工的职业能力与素质。

全书共十三章,于文国编写了绪论、第七章、第八章、第十章、十二章,陶秀娥编写了第二章、第四章、第六章、九章,张铎编写了第一章、第三章、第五章、十一章,华北制药集团河北华民药业有限公司穆军明主审。

限于笔者业务水平,以及编写时间仓促,书中疏漏之处敬请广大读者批评指正。

编者
2015 年 5 月

# 目录
C O N T E N T S

**参考文献**　/214

# 绪论

**学习目标**

① 了解微生物药物、微生物制药、微生物发酵的含义。

② 掌握微生物发酵的一般过程及工业发酵类型。

③ 认识微生物制药的发展过程、特点、现状及发展方向。

　　微生物是指那些形体微小、结构简单的生命体，包括细菌、病毒、真菌以及一些小型的原生动物等在内的一大类生物群体。它们是地球上分布最广、物种最为丰富的生物种群，具有个体小、繁殖快、容易培养、代谢能力强、易变异改造等特点。微生物与人类的生命活动息息相关，微生物既可以导致人体生病，又可为人类所利用，造福人类。人类利用微生物的代谢产物作为食品和医药，已有几千年的历史了。从古代人类利用微生物进行酿酒、酿醋及治疗疾病开始，到今天人类利用微生物发酵生产各种产品，并应用在环境保护、细菌冶金、细菌勘探和能源开发等领域，尤其是基因工程菌的大量产生和使用，微生物发酵技术给人类带来了巨大的经济效益及社会效益，特别是在制药领域微生物发酵技术的应用越来越广泛。

## 一、微生物药物与微生物制药

### 1. 微生物药物与微生物制药的含义

　　微生物药物是包含抗生素、维生素、激素、核酸、多糖等物质在内的通过微生物发酵等方式生产制造或从中分离得到的具有抗细菌、抗真菌、抗病毒、抗肿瘤、抗高血脂、抗高血压作用的药物及抗氧化剂、酶抑制剂、免疫调节剂、强心剂、镇定止痛剂等药物的总称。一般为生物活性的初级代谢、次级代谢或转化产物。

　　发酵一词最初来源于拉丁文的"fervere"，主要描述果汁或麦芽汁经酵母作用后的沸腾现象。这种现象是酵母在厌氧条件下利用糖类物质，经胞内代谢产生 $CO_2$ 所引起的。后来生物化学家将这种无氧条件下微生物利用能源物质进行的一系列生物化学反应，以取得能量来维持生命活动的过程称为发酵。发酵过程不仅使微生物体获得维持生命活动所需的能量，同时也积累了一系列产物，这些代谢产物具有很大的工业、生活的用途。因此，利用微生物发酵积累代谢产物也就被逐渐推向工业化。随着发酵工业化进程的推进，人们对发酵认识也有了新的内涵，不仅仅局限在无氧条件下的代谢过程，而将其含义更广义化。生产上笼统地把一切依靠微生物的生命活动而实现的工业生产均称为"发酵"。这样定义的发酵就是"工业发酵"。工业发酵要依靠微生物的生命活动，生命活动依靠生物氧化提供的代谢能来支撑，因此工业发酵应该覆盖微生物生理学中生物氧化的所有方式：有氧呼吸、无氧呼吸和发酵。

　　微生物制药主要是利用微生物发酵技术，通过高度工程化的新型综合性技术，以利用微生物反应过程为基础，依赖于微生物机体在反应器内的生长繁殖及代谢过程来合成一定的产物，通过分离纯化进行提取精制，并最终制剂成型来实现药物产品的生产。

　　发酵生产技术课程主要阐述利用微生物发酵工程技术来实现药物产品生产的工业过程，是描述生物技术产业化的重要组成部分，它将微生物学、生物化学、化学工程学等学科的基本原理及生产实践知识有机地结合起来，利用微生物生长和代谢活动来说明、分析、讨论生产药物的工程技术问题。

**2. 微生物药品种类**

微生物药品包括：抗生素、维生素、氨基酸、核酸、酶及酶抑制剂、生物制品、甾体激素等药物。

（1）抗生素　现在发现的抗生素有 6000 余种，其中绝大多数是由微生物产生的，已形成产品的有百余种。

① 抗细菌抗生素。杆菌肽、头孢菌素、氯霉素、金霉素、环丝氨酸、红霉素、庆大霉素、卡那霉素、利维霉素、吉他霉素、林克霉素、麦迪霉素、新霉素、新生霉素、竹桃霉素、土霉素、巴龙霉素、青霉素、磷霉素、多黏菌素、核糖霉素、利福霉素、相模湾霉素、西索米星、螺旋霉素、链霉素、四环素、妥布霉素、短杆菌肽、万古霉素、紫霉素等。

② 抗真菌抗生素。两性霉素 B、杀假丝菌素、灰黄霉素、制霉菌素等。

③ 抗原虫抗生素。烟古霉素、古曲霉素等。

④ 抗肿瘤抗生素。放线菌素、阿德里亚霉素、博来霉素、丝裂霉素、内瘤霉素等。

⑤ 起免疫抑制作用的抗生素。环孢素 A 等。

（2）氨基酸　现在可经微生物发酵获得的氨基酸有：谷氨酸、赖氨酸、丙氨酸、精氨酸、组氨酸、异亮氨酸、亮氨酸、苯丙氨酸、脯氨酸、苏氨酸、色氨酸、酪氨酸、缬氨酸、胍氨酸、鸟氨酸等。可用酶法获得的氨基酸有：天冬氨酸、丙氨酸、蛋氨酸、苯丙氨酸、色氨酸、赖氨酸、酪氨酸、半胱氨酸等。

（3）维生素　目前可用发酵获得的维生素或合成维生素中间产物有：维生素 $B_2$、维生素 $B_{12}$、2-酮基-古龙酸（维生素 C 前体）、$\beta$-胡萝卜素（维生素 A 的前体）、麦角甾醇（维生素 $D_2$ 前体）等。

（4）甾体激素　可在生产过程中采用微生物发酵转化的甾体激素有：可的松、氢化可的松、泼尼松、泼尼松龙、肤氢松、地塞米松等。

（5）生物制品　生物制品通常是指含抗原制品，包括有减毒或死的病毒和立克次体制造的疫苗，如牛痘和斑疹伤寒疫苗；减毒或死的病原菌制造的菌苗，如卡介苗和伤寒菌苗；类毒素，如白喉类毒素；以及含抗体的制品。现在由基因工程技术制造的生物制品，包括亚单位疫苗（如单纯疱疹病毒疫苗、口蹄疫病毒疫苗、肽疫苗等）、活体重组疫苗（如流感病毒载体疫苗、乙肝病毒载体疫苗等）、避孕疫苗、肿瘤疫苗、DNA 疫苗等。

（6）治疗用酶及酶抑制剂

① 蛋白酶和核酸酶可用于加速坏死组织、脓汁、分泌物、血肿的去除；胃蛋白酶、脂肪酶、蛋白酶可帮助消化；尿激酶、链激酶可溶化血栓；胰蛋白酶可释放激肽；天冬酰胺酶是抗肿瘤药物；超氧化物歧化酶可治疗因 $O_2$ 的毒性引起的炎症等。

② 酶抑制剂，如棒酸可抑制细菌产生的 $\beta$-内酰胺酶对青霉素的破坏；淀粉酶的抑制剂可治疗糖尿病；胆固醇抑制剂作为治疗高血压、高血脂的药物；抑肽酶素用于治疗胃溃疡；抑氨肽酶素作为免疫活性物质用在肿瘤放疗中；多巴丁有降血压作用等。

（7）其他

① 核苷酸类药物。如肌苷、辅酶 A 可治疗心脏病、白血病、血小板下降、肝病等；5-腺苷酸用于治疗循环系统紊乱、风湿病；三磷腺苷可治疗代谢紊乱、肌肉萎缩、心脏病、肝病；黄素腺嘌呤二核苷酸可治疗维生素 B 缺乏症、肝病、肾病；辅酶 I 可治疗糙皮症、肝病、肾病；胞苷二磷酸胆碱可治疗头部外伤或大脑外伤引起的意识模糊。

② 其他发酵药物。如麦角新碱、麦角胺等。

③ 生物农药。如苏云金杆菌制备细菌杀虫剂、重组杆状病毒制备病毒杀虫剂、虫霉菌制备的真菌杀虫剂等。

④ 基因工程药物。如白细胞介素、红细胞生成素、淋巴细胞毒素、干扰素等。

## 二、微生物制药业的发展过程

### 1. 传统微生物制药技术的产生

1676 年荷兰人 Leeuwen Hoek 制成了能放大 170～300 倍的显微镜并首先观察到了微生物，至此人们可以借助光学仪器来观察、认识微生物，并研究利用微生物。19 世纪 60 年代法国科学家 Pasteur 首先证实发酵是由微生物引起，并首先建立了微生物纯培养技术，从而为发酵技术的发展提供了理论基础，将发酵技术纳入了科学的轨道。19 世纪末至 20 世纪 40 年代，以微生物发酵生产的产品逐渐发展起来，有很多药品或医药有关产品，如乳酸、柠檬酸、甘油、葡萄糖酸、核黄素等的相继生产，诞生了第一代微生物制药技术。但这些产物均属于初级代谢产物，代谢形成过程比较简单，产物化学结构和原料也简单，代谢类型大多属分解代谢兼发酵过程，这些发酵条件调控简单，大多表面培养，设备要求不高，规模不大。

20 世纪 40 年代以后以抗生素为代表，这是一类由次级代谢产物产生的生物合成药物，形成途径复杂，发酵周期长，产物结构较原料复杂和不稳定，绝大多数属于好氧性发酵，通气量要求大，氧供应要求高；次级代谢途径许多是由质粒所调控，原始菌合成单位很低，但临床药用量很大，这一矛盾促进了对微生物制药技术的进一步研究开发，使微生物制药技术步入新的阶段，如菌种筛选、培养、诱变及驯育、深层多级发酵、提炼等。

这段时期始于 1928 年，英国人 Fleming 发现了抗菌物质，1940 年英国牛津大学病理学教授 Florey 和生化专家 Chain 等提取并证明了青霉素的疗效。起初是沿用初级代谢产物的发酵条件，采用表面培养法生产青霉素，虽然设备要求不高、规模不大，但成本高、劳动力强、价格高。这是由于次级代谢产物形成途径复杂，周期长、产物结构复杂并且不稳定。随后研发了搅拌发酵沉没法，提高了供氧和通气量，同时在菌株选育、培养和深层发酵、提取技术和设备的研究等方面取得了突破性进展，给抗生素生产带来了革命性的变化，开始了微生物工业时代。以后链霉素、金霉素、红霉素等抗生素出现，抗生素工业迅速发展，成为制药业的独立门类，抗生素的生产经验很快应用于其他药品的发酵生产，如氨基酸、维生素、甾体激素等，黑根霉一步生物转化孕酮为羟基孕酮，实现了甾体类激素的工业化生产，醋酸杆菌转化山梨醇，使得维生素 C 能人工合成。

### 2. 代谢控制发酵工程技术时期

随着微生物遗传学、生物化学和分子生物学的发展，促进了 20 世纪 60 年代氨基酸、核苷酸微生物工业的建立，这是遗传水平上控制微生物代谢的结果。氨基酸发酵工业采用了人工诱变育种，是通过控制代谢途径来实现产品发酵的新技术，即首先将微生物进行人工诱变，得到具有所需代谢途径适合生产某种产物的突变株，然后通过人工控制培养，选择性地大量生产人们所需要的物质。此项工程技术称为代谢控制发酵工程技术，已用于核苷酸类物质、有机酸和一部分抗生素的发酵生产。因此，代谢控制发酵工程技术的创立使微生物工程发酵制药技术实现了新的突破和飞跃。

### 3. 现代微生物制药技术的产生

20 世纪 70 年代重组 DNA 技术的建立，标志着生物核心技术——基因工程技术的开始，它向人们提供了一种全新的技术手段，使人们可以按照意愿在试管内切割 DNA，分离基因并重组后导入其他生物或微生物细胞，借以产生大量有用的蛋白质或作为药物或作为疫苗。基因工程菌在工业上的应用，开辟了微生物发酵新天地。另外，原生质体和原生质体融合技术、突变生物合成技术、利用微生物选择性催化合成重要手性药物技术等也为生物制药技术增添了新的活力。

在工业上，以数学、动力学、化工原理等为基础，通过计算机实现发酵过程自动化控制的研究，使发酵过程的工艺控制更为合理，相应的新工艺、新设备也层出不穷，发酵工业的连续化、大型化以及计算机控制技术使微生物发酵制药技术又步入了一个崭新的时期。

**4. 我国微生物制药业的发展过程**

我国微生物制药业的发展已有近 60 年的历史。1953 年青霉素在上海第三制药厂正式投产，1958 年我国最大的抗生素生产厂华北制药厂建成，随后全国各地陆续建成一批抗生素生产厂，使我国抗生素工业开始蓬勃发展，主要品种都能生产，产量已满足国内的需要，并部分出口。1957～1964 年谷氨酸发酵研制成功，并投入生产，现在国产量很大，基本已能满足国内需要。1960 年开始核酸类物质的发酵生产，呈味核苷酸、肌苷等已批量生产，70 年代我国研究成功"二步法"生产维生素 C，在国际上处于领先地位。目前，甾体激素类药物也通过微生物转化法步入生产，各种疫苗（重组乙肝疫苗、痢疾菌苗等）、基因工程药物［如干扰素（IFN）、重组人生长激素（rhGH）、促红细胞生成素（EPO）、白细胞介素-2（rhuIL-2）等］已步入生产，计算机控制大型化微生物发酵生产也已成为现实。

## 三、微生物制药工业

微生物制药工业是利用微生物的机能将物料加工成所需产品的工业化过程，即工业微生物发酵过程。无论是从微生物体内还是从其代谢产物中获得产品，或是用遗传工程菌获得产品，都必须依赖于发酵工程技术，因此发酵工程技术是微生物制药的基础。

**1. 微生物制药的一般过程**

微生物制药工艺过程一般包括菌体生产及代谢产物或转化产物的发酵生产。其主要内容包括生产菌种的选育培养及扩大，培养基的制备，设备与培养基的灭菌，无菌空气的制备，发酵工艺控制，产物的分离、提取与精制，成品的检验与包装等。较常用的深层发酵生产过程见图 0-1 所示。

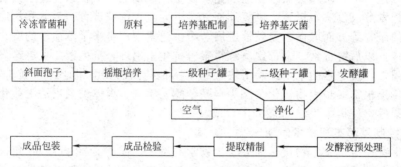

图 0-1 较常用的深层发酵生产过程

**2. 微生物制药的工业发酵类型**

（1）微生物菌体发酵 这是以获得具有某种用途的菌体为目的的发酵，菌体发酵可用来生产一些药用真菌，如香菇类、冬虫夏草菌、与天麻共生的密环菌、茯苓菌、担子菌等，可通过发酵培养的手段来产生与天然产品具有等同疗效的药用产物。有的微生物菌体还可用作生物防治剂，如苏云金杆菌、蜡状芽孢杆菌和侧孢芽孢杆菌，其细胞中的伴孢晶体可杀死鳞翅目、双翅目害虫；丝状真菌的白僵菌、绿僵菌可防治松毛虫。这类发酵细胞的生长与产物的积累呈平行关系，生长速率最大的时期也是产物合成最高的阶段，生长稳定期细胞物质浓度最大，同时也是产量最高的收获时期。

（2）微生物酶发酵 通过微生物发酵手段来实现酶的生产，用于医药生产和医疗检测中。如青霉素酰化酶用来生产半合成青霉素所用的中间体 6-APA；胆固醇氧化酶用于检查血清中胆固醇的含量；葡萄糖氧化酶用于检查血液中葡萄糖的含量等。酶生产菌大多是细菌、酵母菌和霉菌等，酶的生产受到严格调节控制，为了提高酶的生产能力，就必须解除酶合成的控制机制，如采用培养基中加入诱导剂来诱导酶的产生，或者诱变和筛选产生菌的变株等方法，以解除菌体对酶合成的反馈阻遏，进而提高酶产量。

（3）微生物代谢产物发酵　利用微生物发酵，可以获得不同的代谢产物。在菌体对数生长期所产生的产物，是菌体生长繁殖所必需的，这些产物叫初级代谢产物，如氨基酸、核苷酸、蛋白质、核酸、糖类等。在菌体生长静止期，某些菌体能合成一些具有特定功能的产物，如抗生素、细菌毒素等，这些产物与菌体的生长繁殖无明显关系，叫次级代谢产物，这类产物是菌体在生长稳定期合成的具有特定功能的产物，其受到许多调节机制的控制。由于抗生素不仅具有广泛的抗菌作用，而且还有抗毒素、抗癌、镇咳等其他生理活性，从而得到了大力发展，现已成为发酵工业的主导产品。

（4）微生物转化发酵　微生物转化发酵是利用微生物细胞的一种或多种酶把一种化合物转变成结构相关的更有经济价值的产物。可进行的转化反应包括：脱氢反应，氧化反应，脱水反应，缩水反应，脱羟反应，氨化反应，脱氨反应和异构化反应。最突出的微生物转化是甾类转化，甾类激素包括醋酸可的松等皮质激素和黄体酮等性激素。过去制造甾类激素是采用单纯化学法，工序复杂，收率很低，利用微生物转化后，合成步骤大为减少。如从胆酸化学合成可的松需 37 步，用微生物转化减少到 11 步；又如从胆固醇化学合成雌酚酮需经 6 步反应，用微生物法可减少至 3 步。因此，微生物转化法在许多复杂反应的应用上有更大优势，今后利用微生物转化法来实现复杂药物的合成会越来越多。

（5）生物工程细胞的发酵　这是利用生物工程技术所获得的细胞，如 DNA 重组的"工程菌"以及细胞融合所得的"杂交"细胞等进行培养的新型发酵，其产物多种多样。用基因工程菌生产的有胰岛素、干扰素、青霉素酰化酶等，用杂交瘤细胞生产的有用于治疗和诊断的各种单克隆抗体。

**3. 生物反应器**

生物反应器是微生物实现目标生物化学反应过程的关键场所。生物反应器性能的好坏将影响产品的质量及产量，生物反应器的性能常常受到传热、传质能力的限制。因此，改进生物反应器的传递性能，同时力争反应器向大型化及自动化方向发展是今后发展的主要方向。比较常见的生物反应器有机械搅拌式反应器、气升式反应器、鼓泡式反应器、固定床反应器、流化床反应器、膜生物反应器等。

**4. 微生物制药特点**

① 以活的生命体（微生物）作为目标反应的实现者，反应过程中既涉及特异的化学反应的实现又涉及生命个体的代谢存活及生长发育，生物反应机理非常复杂，较难控制，反应液中杂质也多，不容易提取、分离。因此，微生物制药是一个极其复杂的生产过程，但目标反应过程是以生命体的自动调节方式进行，数十个反应过程能够在发酵设备中一次完成。

② 反应通常在常温常压下进行，条件温和，能耗小，设备较简单。

③ 原材料来源丰富，价格低廉，过程中废物的危害性较小，但原料成分往往难以控制，给产品质量带来一定影响。生产原料通常以糖蜜、淀粉及碳水化合物为主，可以是农副产品、工业废水或可再生资源，微生物本身能选择地摄取所需物质。

④ 由于活的生命体参加反应，受微生物代谢特征的限制（不能耐高渗透压、高浓度底物或产物易导致酶活下降）反应液中底物浓度不应过高、产物浓度不应过高，导致生产能力下降，设备体积庞大。

⑤ 微生物参与制药反应，能够高度选择性地进行复杂化合物在特定部位的氧化、还原、脱氢、脱氨及官能团引入或去除等反应，易产生复杂的高分子化合物。

⑥ 微生物发酵过程是微生物菌体非正常的、不经济的代谢过程，生产过程中应为其代谢活动提供良好的环境。因此，需防止杂菌污染，要进行严格冲洗、灭菌，空气需要过滤等。另外，微生物药物生产周期长，生产稳定性差，技术复杂，不确定因素多，废物排放及治理要求高，难度大，因此应在实践中不断摸索创新。

⑦ 药品的质量标准不同，生产环境亦不同，对要求无菌的药品，其最后一道工序必须在洁净车间内完成，所有接触该药物的设备、容器必须灭菌，而操作者亦需进行检验及工作前的无菌处理等。

⑧ 现代微生物制药的最大特点是高技术含量、智力密集、全封闭自动化、全过程质量控制、大规模反应器生产和新型分离技术综合利用等。

### 四、微生物制药业的现状及发展方向

目前，全世界的医药产品生产已有一半是由生物合成，抗生素、维生素、激素绝大部分都是由微生物发酵而产生的。微生物制药产品在医药产品中占有特别重要的地位，其产值占医药工业总产值的 20% 以上，通过微生物发酵生产的抗生素品种就达 200 多个。由于微生物发酵工业具有投资少、见效快、污染小、外源目的基因易在微生物菌体中高效表达的特点，因此日益成为全球经济的重要组成部分。近年来，微生物药物的产量不断增加，品种也在不断扩大，人干扰素、胰岛素、生长激素、乙肝疫苗等大批新型药物已经由基因工程菌发酵生产，随着代谢工程、基因工程和蛋白质工程技术的研究进展以及抗生素、蛋白质及其他生物活性物质发酵工业的应用，必将会减少微生物制药业的能量消耗、工艺步骤，提高产率，缩短发酵周期，并且实现积累特异性的活性产物，从而，使微生物制药工业的水平进一步提高，成本也进一步下降，前景也更加光明。

在生产领域，对微生物制药工艺的研究，仍以抗生素生产较为活跃，在使用和推广新技术、新设备、新材料、新工艺方面将不断取得可喜成绩。在发酵工艺的控制方面，随着对代谢产物的生物合成和调节机制的了解以及在发酵过程中应用传感器和电子计算机来自动测定和控制发酵参数，产生菌的生产潜力会得以充分地表达，生产水平也会得到明显提高。在提炼方面，使用先进设备、先进材料、先进技术简化了提取工艺，提高了产品质量与收率（如采用各种新型滤膜）。固定化活细胞发酵技术也将为发酵工业带来重大变化，新型生物反应器的开发及实际生产的应用，可促进发酵工业向更高水平发展。特别在育种方面，诱变技术、原生质体融合、基因工程等技术的应用，将使菌种的工业化应用更为普及。随着基因工程、生化工程等科学技术的发展，微生物制药也必将会得到飞跃的发展。

21 世纪将是生物技术突飞猛进发展的新时代，特别是基因组学、转录组学、蛋白质组学、表观遗传组学、代谢组学及结构基因组学等前沿生物技术的发展使人类对生命世界的认识水平发生质的飞跃，微生物制药工业必将会进一步利用现代生物技术，重点利用重组 DNA 技术及原生质体融合技术构建新菌种或改造抗生素、维生素、氨基酸等产品的生产菌种，提高发酵水平，降低消耗，缩短工艺，提高产值。另外，通过现代生化工程技术手段，可利用基因工程改良的微生物菌种的特定功能生产出人类所需的其他医药产品。应用工程菌进行工业化生产将是我国医药生物技术产业的主流。随着环保意识的进一步加强，应用现代生物技术发酵法代替从植物中提取天然药物，保护人类的生存环境，避免大量砍伐森林，也是今后微生物制药的一个发展方向，如植物药紫杉醇可由植物内生真菌或寄生菌发酵生产。其中应重点研究相关产品生物合成途径构建与优化、原料综合利用与生物炼制、工业生物催化与转化、生物-化学组合合成等关键技术，突破产品生物制造的产业化瓶颈，形成创新生物制造路线。

### 五、微生物发酵生产过程岗位基本职责要求

微生物发酵过程生产岗位工艺操作人员要完成相应生产任务，必须明确岗位职责，才能保障生产与人员安全，保障产品质量，降低生产成本及提高生产效率。一般从事发酵生产各相关岗位工作的一线工艺人员需履行如下基本职责。

(1)认真执行操作工的"六严格"　严格执行交接班制，严格进行巡回检查，严格控制工艺

指标,严格执行操作法,严格遵守劳动纪律,严格执行安全规定。

(2)掌握本岗位生产工艺及与本岗位有关的设备原理,构造,使用方法及简单故障排除技能。认真总结经验,大胆提出技改、技措项目挖掘生产潜力。

(3)做好工作区的"6S"工作 即整理(SEIRI)——将工作场所的任何物品区分为有必要和没有必要的,除了有必要的留下来,其余的都清除掉;整顿(SEITON)——把留下来的必要用的物品依规定位置摆放,并放置整齐加以标示;清扫(SEISO)——将工作场所内看得见与看不见的地方清扫干净,保持工作场所的干净、亮丽的环境;清洁(SEIKETDU)——维持上面3S成果;素养(SHITSUKE)——每位成员养成良好的习惯,并遵守规定做事,培养积极主动的精神;安全(SECURITY)——重视全员安全教育,安全第一观念,防患于未然。建立安全生产环境,所有工作应建立在安全的前提下。

(4)进入设备贯彻"八个必须" 必须申请办证,并得到批准;必须进行安全隔绝;必须切断动力电,并使用安全灯具;必须进行置换、通风;必须按时间要求进行安全分析;必须佩戴规定的防护用具;必须有人在器外监护,并坚守岗位;必须有抢救后备措施。

(5)保持车间安全、消防通道畅通无阻,以便应急疏散人员。

(6)不准用湿布擦拭电气设备,严禁用水冲洗电气设备。

(7)岗位配备足够完好的劳保防护用品。进行相应的危险操作,必须配戴并保持用品完好。

(8)各种改造施工前,必须接受检修前的安全教育,明确工作目的、任务、危险性及必须采取的措施、注意事项,做好完善的施工方案,并办理各种票证手续。

(9)认真执行生产区内的"十四不准" 加强明火管理,厂区内不准吸烟;生产区内,不准未成年人进入;上班时间,不准睡觉、干私活、离岗和干与生产无关的事;在班前、班上不准喝酒;不准使用汽油等易燃液体擦洗设备、用具和衣物;不按规定穿戴劳动保护用品,不准进入生产岗位;装置不齐全的设备不准使用;不是自己分管的设备、工具不准使用;检修设备时安全措施不落实,不准开始检修;停机检修后的设备,未经彻底检查,不准启用;未办高处作业证,不带安全带、脚手架、跳板不牢,不准登高作业;石棉瓦上不固定好跳板,不准作业;未安装触电保安器的移动式电动工具,不准使用;未取得安全作业证的职工,不准许独立作业,特殊工种职工,未经取证,不准作业。

(10)接触易燃、易爆、腐蚀、有毒有害溶剂时,必须穿戴好防护用品,不能使酸碱溢出;维修酸碱设备时,必须戴好防护用品,方可开始作业。

(11)不准带病或醉酒状态上岗,不迟到、早退,进岗前按规定着装。

(12)参加班前会及班后会,做好交接班工作。交接班要认真、清楚,做到书面、口头、现场三方面交接,以免发生事故,接班者要对设备运转、使用情况及阀门状态等进行认真检查。

(13)按要求进行设备状态标识,并依据企业制定的生产标准操作规程进行操作,处理相应工艺问题,保障工艺指标在规定的范围内,不能处理的问题及时向上级汇报。

(14)按照当班班长的指示,正确进行设备的开停,倒换和调节生产负荷。在努力完成当班生产任务的同时,为下一班创造良好的生产条件。

(15)生产过程中要定点进行巡回检查,检查设备的运行情况及各部件的紧固、磨损及润滑情况,检查管道、阀门、仪表、电器等是否正常,注意设备、管线保养和维护,消除跑、冒、滴、漏,不能处理的情况及时上报。

(16)及时、认真填写生产记录,不得涂改。

(17)工作期间,除必要联系外严禁串岗、脱岗、睡岗,不得做与本岗位无关之事。

(18)保管好本岗位的工具。

(19)下班前做好厂房、设备清洁卫生。

思考题 --------------------------------------------------------------------------

1. 名词解释：微生物药物、微生物发酵、微生物制药。
2. 微生物制药的一般过程是什么？微生物制药的工业发酵类型有哪些？
3. 微生物制药有何特点？发展方向如何？

--------------------------------------------------------------------------

# 培养基的制备

**学习目标**

① 了解培养基制备过程的主要工作任务。
② 了解培养基制备所涉及的基本概念、培养基的主要组成成分及培养基的类型。
③ 理解培养基制备过程中影响质量的各种因素。
④ 掌握培养基各成分的主要作用,培养基设计、选择基本原则以及不同类型培养基的特点及应用范围。
⑤ 掌握双酶法制糖的基本工艺及工业培养基配制生产操作过程。
⑥ 会选择培养基组成成分、配制合格的生产培养基,并处理配制过程中的相关问题。

利用微生物发酵生产药用物质,必须供给微生物一定量的营养物质,以满足微生物在不同的培养阶段(生长繁殖阶段、代谢和合成产物阶段)获得能量、合成细胞物质、积累代谢产物的需要。制备培养微生物所需营养物质的过程称之为制备培养基。

## 第一节　主要工作任务及岗位职责要求

培养基的制备过程可长、可短,可根据工厂的实际情况选择不同的生产操作单元。复杂的生产过程包括:固体物料加工处理、制备液体物料、配料和灭菌等。固体物料加工处理主要是对固体物料进行粉碎、筛分等,以获得一定粒度的固体物料;制备液体物料主要是对淀粉、纤维素等多糖类物质进行加工处理以获得水解糖溶液或对糖蜜等含糖原料进行处理获得可用于发酵的糖溶液;配料主要是按照培养基配方将固体、液体等物料混合均匀,制备成一定浓度和组分含量的混合物;灭菌主要是对混合物进行高温处理,以杀死物料中一切生命物质获得微生物培养所需的无菌培养物。培养基配制所需的固体物料、液体物料绝大多数生产企业是从相关企业购买,企业本身制备培养基主要完成的是配料和灭菌。制备固体物料的相对比较简单,本章主要介绍液体物料的制备和配料操作,灭菌操作在后续章节进行介绍。

### 一、培养基制备岗位主要工作任务

液体物料的制备过程由于所用的原料不同而有所区别。以淀粉为原料的生产操作单元主要包括配料罐、过滤器、离心泵、蒸汽喷射器、层流罐、贮槽、糖化罐、过滤机、缓冲器等设备,以及连接设备的管路及其上的各种管件(如法兰等)、阀门、仪表(温度表、流量计、压力表等)。以纤维素(木材)为原料的生产操作单元主要包括固体物料输送器、水解器、酸贮槽、往复泵、高压蒸发器、低压蒸发器、中和器、过滤器等设备，以及连接设备的管路及其上的各种管件（如法兰等）、阀门、仪表（温度表、流量计、压力表等）；以糖蜜为原料的生产操作单元主要包括稀释器、澄清器、过滤器、离心泵、贮槽等设备，以及连接设备的管路及其上的各种管件（如法兰等）、阀门、仪表（温度表、流量计、压力表等）。以淀粉为原料制备液体物料的主要工作任务如下：

① 按照生产指令，依据工艺配方，计算配料罐所加的各种物料量（淀粉、水、淀粉酶等），并进行称量；

② 在配料罐内将各种物料混合均匀，制备淀粉料浆，用泵送入后序设备；

③ 控制泵出口压力及蒸汽喷射器所加蒸汽量，将料浆升温至工艺所需温度，送入后序设备，控制一定的液化度；

④ 将液化淀粉用泵打入后序设备，进行过滤，加入高温蒸汽升至一定温度进行灭酶；

⑤ 将灭酶后的料液过滤后送入糖化罐，调节 pH 值，加入糖化酶进行糖化，控制一定的糖化度；

⑥ 将糖化液进行过滤后送入贮槽。

配料操作过程主要包括称量、计量、混合、贮存、输送等设备，以及连接设备的管路及其上的各种管件（如法兰等）、阀门、仪表（温度表、压力表等）。配料操作单元的主要工作任务如下：

① 按照生产指令，依据培养基配方，计算培养基配制所需的各种物料量；

② 用称量设备（秤）称量一定量的固体物料，用计量设备量取一定量的液体物料；

③ 操作配料罐，将称量和计量后的各种物料按照一定顺序加入并混合，用酸或碱调节 pH 值至规定值，加水定容至规定体积，并搅拌均匀；

④ 将混合后的物料输送至贮存设备、发酵罐、种子罐等；

⑤ 对配料罐进行清洗，将清洗液排入下水道。

## 二、培养基配制岗位职责

培养基制备岗位是发酵生产过程的龙头岗位，岗位操作人员除了要履行"绪论——微生物发酵生产过程岗位基本职责要求"相关职责外，还应履行如下职责。

① 负责发酵车间液体原材料的接料和固体原材料的领料，并仔细核对其数量，认真填写原材料的库存记录。

② 按要求在相关的位置堆放各种原料，保持整洁，避免混乱。

③ 液体原材料如玉米浆、玉米油、液糖等物料来料以后，及时通知质量检验人员取样化验，等化验结果出来以后才能安排卸车。固体原材料按批领料，随投随领，不允许物料长时间在岗位上堆放。

④ 特殊物料进行特殊管理，对于易制毒原料或易燃易爆等管制物料进行特殊管理，单独存放，双人双锁，并建立专门的台账以备查。

⑤ 负责发酵车间发酵培养基的配制，包括基础料培养基和补料培养基。

⑥ 接到消毒人员订料要求以后开始配料，不允许提前配料，以免防止时间过长。

⑦ 严格按配方称量各种原料，现场要清洁，避免浪费。

⑧ 投料之前一定要按配方核对物料名称和数量，并要有专人复核，防止投错料、少投料和多投料。

⑨ 严格按标准操作规程操作完成培养基等发酵生产用料的配制，保质保量地完成本岗位生产任务。

⑩ 配料结束后与下工序取得联系后方可打料。

⑪ 打料过程中必须在现场盯着，不允许擅自离开，防止打料过程中出现问题。打完料以后用少量水冲洗配料罐和打料管道，必要时用蒸汽顶洗管道。打料结束以后及时停泵，并关闭配料罐罐底阀和打料阀。冬天为防止打料管道中存水结冰，需要用蒸汽或空气对打料管路进行汽封（气封）。泵前过滤器要定期清理，防止残留在物料中的编制物堵塞管路。

⑫ 打料结束以后整理配料现场（也可以在等待打料的过程整理）。将现场的编织袋进行整理，分类摆放整齐以便于回收。搞好现场卫生，散落在地上的物料不能随意丢弃，更不能冲入下水道，要注意用正确的方法收集。

⑬ 每班结束后立刻整理批生产记录，交车间主任审核。

⑭ 每班结束后，负责关闭本岗位所要求的水、电、气等，确保安全。

⑮ 配合质量监督员的监控。

⑯ 对工作中遇到的异常情况要及时妥善处理并立即向有关人员汇报（质量监督员、车间主任）。

⑰ 完成车间主任及车间工艺员交给的其他工作。

## 第二节　培养基的制备过程

在发酵生产中，生产工艺不同，使用的培养基不同。各种菌种的生理生化特性不一样，培养基的组成也要改变。甚至同一菌种，在不同的发酵时期其营养要求也不完全相同。所以生产中要依据不同的微生物、微生物不同的生长阶段、不同的发酵产物以及不同的培养要求，制备和使用不同成分与配比的培养基。

### 一、基本概念

（1）培养基　是指供产生菌生长、繁殖、代谢和合成产品所需要的，按一定比例配制的多种营养物质的混合物。培养基不仅为微生物提供所必需的营养，而且为微生物的生长创造了必要的生长环境。在生产中，人工配制培养基的组成和配比合适与否，对微生物的生长发育、产品的产量、提炼工艺的选择和成品质量都会产生相当大的影响。从微生物的营养要求来看，微生物的生长需要碳源、氮源、无机元素、水、能源和生长因子，对好氧微生物还需要氧，这些条件在配制和选择培养基时都必须要考虑。

（2）前体　是指加入到培养基中的能够直接在生物合成过程中结合到产物分子中去，而本身的结构没有显著变化的一类小分子物质。

（3）糊化　淀粉的糊化是指将淀粉加水调成乳浊液，加热升温，使淀粉颗粒吸水膨胀，破坏其晶体结构，当温度升高到一定限度，淀粉颗粒解体，其晶体结构消失，淀粉分子均匀分散成黏度很大的糊状胶体溶液的过程。淀粉糊化后，即使停止搅拌，淀粉也不会再沉淀。发生糊化时的温度称为糊化温度，一般来说，糊化温度是一个温度范围。

（4）焦糖化　当糊化温度达到糖的熔点时（185℃），糖分脱水形成黑色无定形物，统称焦糖。焦糖不仅不能被发酵利用，而且还会阻碍糖化酶对淀粉的糖化作用，影响微生物的生长。焦糖化反应在高浓度醪液中比低浓度中较易进行。在不易与溶液接触的地方，或器壁局部过热处都容易发生。

（5）老化　糊化淀粉溶液快速冷却可成冻状凝胶。若长时间放置，缓慢冷却，会变混浊，甚至产生凝结沉淀，这种现象称为"老化"，又叫"回生"或"凝沉"。发生老化作用的机理相当于糊化作用的逆转，由无序的直链淀粉分子向有序排列转化，部分地恢复结晶性状。发生老化的淀粉不易再溶解，也不易被水解。

（6）液化　淀粉的液化是指将糊化后的淀粉胶体溶液在酸或酶的作用下水解成糊精、低聚糖及葡萄糖等，使其可溶性增加，而成为水溶液的过程。淀粉液化后，黏度降低，分子量变小，利于糖化酶的作用。

（7）糖化　在工业生产中，将淀粉水解为葡萄糖的过程称为淀粉的糖化，制得的溶液叫淀粉水解糖。在淀粉水解糖中，主要成分是葡萄糖，另外还有少量的麦芽糖以及一些二糖和低聚糖，原料带进来的杂质像蛋白质、脂肪以及它们的分解产物也混在糖液中。

### 二、培养基成分

培养基的成分大致分为碳源、氮源、无机盐、微量元素、特殊生长因子、促进剂、前体和水等几大类。

（1）碳源物质　碳源主要为细胞提供能源，组成菌体细胞成分的碳架（如蛋白质、糖类、脂类、核酸等），构成代谢产物。在微生物发酵过程中，普遍以碳水化合物作为碳源物质，常用的碳源物质包括糖类、脂类、有机酸、低碳醇等。

由于菌种所含的酶系不完全一样，各种菌种所能利用的碳源也不相同。葡萄糖、蔗糖、麦芽糖、乳糖、糊精、淀粉等糖类物质，是细菌、放线菌、霉菌、酵母容易利用的碳源。其中葡萄糖是碳源中最容易利用的单糖，几乎所有的微生物都能利用葡萄糖。所以葡萄糖常作为培养基的一种主要成分。但在过多的葡萄糖或通气不足的情况下葡萄糖不完全氧化，就会积累酸性中间产物如丙酮酸、乳酸、乙酸等，导致培养基的 pH 值下降，从而影响微生物的生长和产物的合成。在发酵生产中，对于糖类可以使用其纯品，也可以使用含有这些糖类的糖蜜和乳清。糖蜜是制糖厂生产原料甜菜或甘蔗的结晶母液，是蔗糖生产的副产物，主要含蔗糖、无机盐和维生素等。糊精、淀粉及其水解液等多糖也是常用的碳源。常用的淀粉有玉米淀粉、小麦淀粉、燕麦淀粉和甘薯淀粉等。玉米淀粉及其水解液是抗生素、核苷酸、氨基酸、酶制剂等发酵生产中常用的碳源，小麦淀粉、燕麦淀粉等常用在有机酸、醇等发酵生产中。表 1-1 是工业上常用的碳源及其来源。

表 1-1　工业上常用的碳源及来源

| 碳　源 | 来　源 |
|---|---|
| 葡萄糖 | 纯葡萄糖、水解淀粉 |
| 乳糖 | 纯乳糖、乳清粉 |
| 淀粉 | 大麦、花生粉、燕麦粉、黑麦粉、大豆粉等 |
| 蔗糖 | 甜菜糖蜜、甘蔗糖蜜、粗红糖、精白糖等 |

大麦经发芽制成麦芽，除了含淀粉外，还含有许多糖分。麦芽汁也可以由发芽的其他谷物制备得到。用于生产疫苗的培养基，通常使用牛血清蛋白、牛肉汁等蛋白质作为碳源。

有些微生物霉菌和放线菌具有比较活跃的脂肪酶，能利用脂类如各种植物油和动物油作碳源。菌体一般是在培养基中糖类物质缺乏或在发酵的某一阶段，开始利用脂类物质的。微生物利用脂类作为碳源时，先利用菌体分泌的脂肪酶将脂类水解为甘油和脂肪酸。在进行有氧代谢时，过程所消耗的氧量增加，要提供比糖代谢更多的氧，否则大量的脂肪酸和代谢中产生的有机酸累积，会导致培养基 pH 值的下降，改变生产环境。常用的脂类有豆油、菜油、葵花子油、猪油、棉籽油、玉米油、亚麻子油、橄榄油等。油的酸价必须控制在低于

10mgKOH/g 油，若贮存温度高，时间长易氧化酸败变质，产生过氧化物，不仅对微生物产生毒性，而且会降低消泡能力。

有机酸或它们的盐以及醇类也能作为微生物碳源，许多微生物对各种有机酸如乳酸、醋酸、柠檬酸、延胡索酸等有很强的氧化能力。生产中一般使用的是有机酸盐，随着有机酸盐的氧化常常产生碱性物质而导致发酵液的 pH 值变化，所以还可以调节发酵过程的 pH 值。

为了节约粮食原料，在发酵生产中可以用其他碳源物质如碳酸气、石油、正构石蜡、天然气、甲醇、乙醇等化工产品作为微生物的碳源。近年来人们开始研究酒精、简单的有机酸、烷烃等含碳物质在发酵过程中作为碳源，尽管培养基的价格比相等数量的粗碳水化合物要昂贵得多，但是由于发酵液纯度较高，对于发酵产物的回收和精制成本降低很多。

（2）氮源物质　氮源物质主要功能是构成菌体细胞结构（如氨基酸、蛋白质、核酸等）及合成含氮代谢产物。在碳源不足的时候，也可以用氮源为微生物提供能源。常用的氮源有两大类，即有机氮源和无机氮源。表 1-2 是工业上常用的氮源及含氮量。

表 1-2　工业上常用的氮源及含氮量　　　　　单位:％（质量分数）

| 氮　源 | 含氮量 | 氮　源 | 含氮量 |
|---|---|---|---|
| 大麦 | 1.5～2.0 | 花生粉 | 8.0 |
| 甜菜糖蜜 | 1.5～2.0 | 燕麦粉 | 1.5～2.0 |
| 甘蔗糖蜜 | 1.5～2.0 | 大豆粉 | 8.0 |
| 玉米浆 | 4.5 | 乳清粉 | 4.5 |

常用的有机氮源如花生饼粉、黄豆饼粉、棉籽饼粉、酵母粉、麦麸、鱼粉、蚕蛹粉、玉米浆、蛋白胨、废菌体、酒糟等。有机氮源除含有丰富的蛋白质、多肽和游离氨基酸外，还含有糖类、脂肪、无机盐、维生素及某些生长因子，是微生物的良好营养物质。由于放线菌、霉菌和细菌中含有蛋白酶，很多动植物性蛋白能被它们利用，所以在含有机氮源的培养基中，菌体的生长速度快，菌丝较多。对于有机氮源微生物可以直接利用氨基酸和其他有机氮化合物来合成蛋白质和其他细胞物质，不需要从糖代谢分解产物来合成。但是微生物对氨基酸的利用有选择性，例如，在培养基中加入缬氨酸，可以提高红霉素的发酵单位；在螺旋霉素发酵中加入色氨酸，可使螺旋霉素产量明显提高；而加入其他氨基酸则达不到效果。

天然原料加工制作的有机氮源成分复杂，不同产地的原料、不同方法加工的氮源成分不同。如黄豆饼粉、花生饼粉、棉籽饼粉等，不同产地的加工产品，成分必然是不相同的。黄豆粉是发酵上常用的有机氮源，黄豆粉分为三类：全脂黄豆粉（油脂含量在18％以上）、低脂黄豆粉（含油脂量9％以下）和脱脂黄豆粉（含油脂量2％以下）。棉籽饼粉在青霉素等多种产品的生产中作为氮源有很好的效果。

玉米浆是用亚硫酸浸泡玉米的水，在乳酸发酵后，浓缩加工制成的副产品，是鲜黄到暗褐色的、浓稠不透明的絮状悬浮物，固体物质含量在50％以上，玉米浆中的玉米可溶性蛋白很容易被微生物利用，并且含有丰富的氨基酸、还原糖、磷、微量元素、生长素等，是抗生素生产良好的氮源。由于玉米的产地、品种、质量、干燥程度、保存时间及玉米浸渍技术不同，特别是浸渍时各种微生物参加发酵作用，使玉米浆的品质优劣大有出入，如未经细菌发酵，则所得玉米浆质量差，生长乳酸菌或酵母菌能改善质量，而生长腐败细菌则降低质量。

蛋白胨、酵母粉、鱼粉等也是良好的有机氮源。蛋白胨可用各种动物组织和植物水解制备，再加上加工方法不同，质量不稳定，所含氨基酸的种类和含量差异较大，使用蛋白胨要注意品种的选择和使用效果。酵母粉主要由啤酒酵母和面包酵母加工得到，不同的酵母品种制得的酵母粉质量不同。蚕蛹粉、石油酵母、菌体蛋白也是发酵中常用的有机氮源。生产中，还可以利用农副产品和工业下脚料作为氮源来降低生产成本。

有机氮源并非仅仅含有氮，往往还含有其他成分，所以在配制培养基时，应该将其他物质的含量考虑进去。

发酵中常用的无机氮源有尿素、铵盐和硝酸盐，一般情况下是作为辅助氮源。微生物对无机氮源利用速度不一样，铵盐中的氮可以直接利用来合成细胞中的含氮物质，而硝基氮只有经过还原成氨后才能被利用。尿素在青霉素和谷氨酸等生产中常被采用，在谷氨酸生产中，尿素可以使 $\alpha$-酮戊二酸还原并氨基化，提高谷氨酸的产量。无机氮源中，铵盐经过同化作用后产生酸性物质，是生理酸性物质；硝酸盐经固化作用后产生碱性物质，是生理碱性物质。这两种物质，利用它们的代谢变化，即可使发酵过程中的 pH 值维持在所要求的范围内。

（3）生长因子　广义说，凡是微生物生长不可缺少的微量有机物质都称为生长因子（又称为生长素），包括氨基酸、嘌呤、嘧啶、维生素等；狭义说，生长素仅指维生素。与微生物有关的维生素主要是 B 族维生素（如生物素、维生素 $B_1$ 等），这些维生素是各种酶的活性基的组成部分，没有它们，酶就不能活动。凡是缺少合成生长素类物质的微生物（即缺少了合成生长素过程中的某种酶），统称为营养缺陷型。工业上除了可以采用较纯的化学制品作为生长因子之外，还可以利用农副产品原料，如玉米浆、麸皮水解液、糖蜜及酵母等。

（4）无机盐及微量元素　各种微生物在生长繁殖和生物合成产物过程中，需要无机盐和微量元素如磷、镁、硫、铁、钾、钠、铅、氯、锌、钴、锰等。无机盐和微量元素一般在较低浓度时作为酶的激活剂对细胞的生长和产物合成有促进作用。而在高浓度时常表现出抑制作用。不同菌种对无机盐和微量元素的需要量不相同，同一种微生物的不同生长阶段对这些物质的最适需求量也会不同，最适宜浓度的确定必须根据试验结果来控制。通常在各种工业培养基原料中已有足够含量的无机盐和微量元素，能够满足生产要求。

磷酸盐是微生物生长、繁殖和代谢活动中所必需的组分，微生物细胞中许多化学成分如核酸和蛋白质合成都需要磷，它也是许多辅酶和高能磷酸键的组成元素。磷还有利于糖代谢的进行，因此它对微生物的生长有明显的促进作用。所以在配制培养基时，必须加入一定量的磷酸盐，以满足微生物生长活动的要求。但是过量的磷常会抑制许多产物的合成。例如，在谷氨酸生产中，磷的浓度过高，菌体生长旺盛，但是会抑制 6-磷酸葡萄糖脱氢酶的活性，导致谷氨酸的产量降低，代谢转向合成缬氨酸。但也有一些产物的生产需要较高浓度的磷酸盐，如用黑曲霉、地衣芽孢杆菌生产 $\alpha$-淀粉酶时，高浓度的磷酸盐能显著提高 $\alpha$-淀粉酶的产量。磷酸盐也是重要的缓冲剂。

硫是许多含硫氨基酸的组成成分，如胱氨酸、半胱氨酸、甲硫氨酸中都含有硫。还是许多酶的活性基，如辅酶 A、硫锌酸、谷胱甘肽等。在某些产物中如青霉素分子中，硫也是组成元素，是由硫酸盐中的硫还原得到的。所以在这些产物的生产培养基中，需要加入硫酸钠、硫代硫酸钠等含硫化合物作为硫源。

铁是细胞色素、细胞色素氧化酶、过氧化物酶的组成成分，是微生物有氧代谢必不可少的元素。一般工业上多使用碳钢制作的发酵罐，发酵液中即使不加任何含铁化合物，铁离子的浓度也已达到 $30\mu g/ml$ 左右。再加上天然培养基原料中的铁，所以发酵培养基一般不另加铁化合物。不同的微生物对铁的敏感性不同，在柠檬酸发酵中，无铁培养基中的产酸率比加铁培养基提高近 3 倍，这是因为铁离子会激活顺乌头酸酶，使柠檬酸进一步转化为异柠檬酸，降低了柠檬酸的产量，还影响到产品纯化。青霉素生产的最适铁含量为 $20\mu g/ml$ 以下，所以在开始生产前，还必须对发酵铁罐进行洗涤处理，防止发酵系统中铁含量过高。但也有对铁离子有特殊需要的例子，例如，青霉菌 Q176 生产大量青霉素时，所需铁离子比正常生长所需高出 100 倍。由此可见，准确控制铁离子的浓度，可以收到提高产量的显著效果。

镁、锌、钴、铜、锰等微量元素是某些酶的辅酶或激活剂。例如，镁是己糖磷酸化酶、柠檬酸脱氢酶、羧化酶等的激活剂，在氨基糖苷类抗生素生产中，它还影响基质的氧化和蛋白质的合成，能够提高卡那霉素、新霉素和链霉素产生菌对自己产生的抗生素的耐受能力，促进合成的抗生素向培养液中释放。锌在链霉素发酵中，能够促进菌体生长和链霉素的生物合成。也能促进青霉素发酵，但过量也会产生抑制作用。钴离子是维生素 $B_{12}$ 组成元素，也是某些酶激活剂，一定量的钴有刺激产物合成的作用，但浓度过大会引起毒性。汞和铜离子，具有明显的毒性，抑制菌体生长和影响谷氨酸的合成，必须避免加入培养基中。

钾、钠、钙等离子虽不是细胞的组成成分，但仍是微生物发酵所必需的成分。这些离子与维持细胞一定的渗透压和细胞透性有关。例如钠离子维持细胞渗透压，但用量不宜过高，以免影响微生物生长；钾、钙离子能够影响细胞膜的透性；钙离子还能影响培养基中磷酸盐的浓度，也能促进微生物的生长和调节发酵培养基的 pH 值。当培养基中的钙盐过多时，会形成磷酸钙沉淀，降低可溶性磷的含量。

（5）前体　前体的作用主要在于参与目标产物的合成、控制微生物合成的方向或提高产物的产量。生物合成所需要的前体物质，有的是微生物本身能够合成的，有的是本身不能合成，需要从外界加入。表 1-3 列举了一些生产中添加的前体的例子。

表 1-3　几种常用的前体

| 产　物 | 前　体 | 产　物 | 前　体 |
|---|---|---|---|
| 青霉素 G | 苯乙酸、苯乙酰胺等 | 灰黄霉素 | 氯化物 |
| 青霉素 O | 烯丙基-巯基乙酸 | 放线菌素 $C_3$ | 肌氨酸 |
| 青霉素 V | 苯氧乙酸 | 维生素 $B_{12}$ | 5,6-二甲基苯骈咪唑 |
| 链霉素 | 肌醇、甲硫氨酸、精氨酸 | 胡萝卜素 | $\beta$-紫罗兰酮 |
| 金霉素 | 氯化物 | L-色氨酸 | 邻氨基苯甲酸 |
| 溴四环素 | 溴化物 | L-异亮氨酸 | $\alpha$-氨基丁酸、D-苏氨酸 |
| 红霉素 | 丙酸、丙醇、丙酸盐、乙酸盐 | L-丝氨酸 | 甘氨酸 |

（6）促进剂和抑制剂　促进剂是一类刺激因子，它们并不是前体或营养物质，其可以影响微生物的正常代谢、促进中间代谢产物的积累或提高次级代谢产物的产量。常用的促进剂很多，作用机制也不相同。例如，巴比妥药物能够增加链霉素产生菌的抗自溶能力，增加抗生素的积累，对链霉素生物合成的酶系还能产生刺激作用。在培养基中加入一些表面活性剂如聚乙烯醇、聚丙酸钠等，可以改变发酵液的物理条件，增加细胞渗透性。

在发酵过程中加入抑制剂会抑制某些代谢途径的进行，同时刺激另一代谢途径，以致可以改变微生物的代谢途径。如酵母厌氧发酵中加入亚硫酸盐或碱类，可以促使酒精发酵转入甘油发酵。表 1-4 列举了一些改变代谢途径的抑制剂。

表 1-4  改变代谢途径的抑制剂

| 产　　物 | 被抑制的产物 | 抑　制　剂 |
|---|---|---|
| 链霉素 | 甘露糖链霉素 | 甘露聚糖 |
| 去甲基链霉素 | 链霉素 | 乙硫氨酸 |
| 四环素 | 金霉素 | 溴化物、硫脲、巯基苯并噻唑、硫脲嘧啶 |
| 去甲基金霉素 | 金霉素 | 磺胺化合物、乙硫氨酸 |
| 头孢霉素 C | 头孢霉素 N | L-蛋氨酸 |
| 利福霉素 B | 其他利福霉素 | 巴比妥药物 |

（7）水分　水是微生物细胞的重要组成部分，细胞质量的绝大部分是水分。水除了直接参与细胞内的某些生化反应外，还是良好的溶剂，菌体所需要的营养物质都是溶解于水中被吸收的。吸收、渗透、分泌、排泄等作用都是以水为媒介的，因此水是细胞内化学反应和营养物质传递过程中的传递介质。水的热容量较大，又是热的良导体，能有效地吸收微生物代谢释放的热量并迅速散发出去，使细胞内温度不致骤然上升，以此来有效控制或调节细胞的温度。所以水对微生物的生长繁殖和产物合成极为重要，在培养基配制时，要注意水质对发酵的影响，不同的水质会有不同的影响。例如，水的硬度太大会引起某些营养成分的沉淀。

（8）消泡剂　为了避免在培养基灭菌或发酵过程中产生大量泡沫，常常在培养基中加入一定量的消泡剂。消泡剂一般可分为天然油脂类、高碳醇、脂肪酸和酯类、聚醚类、硅酮类。详见第五章"发泡及其控制"部分。消泡剂可以在配制培养基时一次加入，用量一般为 3%～4% 左右，也可采用中间流加的方法，即先配制一定浓度，经灭菌冷却后，待泡沫产生时再加入，一般种子培养基配制采用一次加入消泡剂的方法。

### 三、培养基的类型

培养基的种类很多，可以根据组成、状态和用途进行分类。按照培养基的组成划分，有合成培养基和天然培养基。合成培养基多用于研究和育种，不适合大规模的工业生产。因此，工业上普遍使用天然培养基。天然培养基的原料是一些天然动植物产物，如黄豆饼粉、蛋白胨等，这种培养基的特点是营养丰富、价格低廉、适合工业生产。按照培养基的状态可分为固体、半固体和液体培养基。固体培养基主要用于菌种的培养和保存，也广泛用于实体真菌的生产，如香菇、黑木耳、白木耳等。液体培养基有利于大规模工业生产。按照培养基的用途可分为孢子培养基、种子培养基和发酵培养基。

（1）孢子培养基　孢子培养基是供菌种繁殖孢子的，常采用固体培养基。对这类培养基的要求是能使菌体生长迅速，产生数量多而且优质的孢子，并且不会引起菌种变异。一般来说，孢子培养基要创造有利于孢子形成的环境条件。首先，培养基的营养不要太丰富，碳、氮源不宜过多，特别是有机氮源要低一些，否则孢子不易形成。其次，无机盐的浓度要适当，否则会影响孢子的颜色和孢子的数量。此外还应注意培养基的 pH 值和湿度。生产上常用的培养基包括麸皮培养基、小米培养基、大米培养基、玉米培养基以及用葡萄糖、蛋白胨、牛肉膏和 NaCl 等配制的琼脂斜面培养基。麸皮、小米等一类物质含的碳源、氮源量并不丰富，但又含有生长素和微量元素，有利于孢子的大量形成。大米和小米疏松，且表面积大，常用来配制霉菌孢子培养基。制备大（小）米培养基要严格控制灭菌后的含水量，使其不黏不散。

（2）种子培养基　种子培养基是供孢子发芽、生长和菌体大量繁殖的。对这类培养基碳源应该提供速效碳源，如葡萄糖等；氮源也要提供一些易于利用的，如无机氮源 $(NH_4)_2SO_4$，有机氮源尿素、玉米浆、酵母膏、蛋白胨等；磷酸盐的浓度可以适当高一些；

维生素含量要适当高些。总之培养基的成分应易被菌体吸收利用且要相对丰富、完全，并要考虑能够维持稳定的 pH 值。最后一级种子培养基的成分应该较接近发酵培养基，以便种子进入发酵培养基后，能迅速适应发酵环境，快速生长。

（3）发酵培养基　发酵培养基既要有利于生长繁殖，防止菌体过早衰老，又要有利于产物的大量合成，所以必须从各方面加以考虑和调整。要求这类培养基的组成应丰富、完全、碳与氮源要注意速效和迟效的互相搭配，少用速效营养，多加迟效营养；还要考虑适当的碳氮比，加缓冲剂稳定 pH 值；并且还要有菌体生长所需的生长因子和产物合成所需要的元素、前体和促进剂等。发酵培养基碳源物质的含量往往要高于种子培养基。当然，如果产物是含氮物质，应相应地增加氮源的供应量。除此之外，发酵培养基还应考虑便于发酵操作以及不影响产物的提取分离和产品的质量。

### 四、培养基的选择

不同微生物对培养基的需求是不同的，所以，在微生物培养过程中对原料的选择也不一样，应该根据具体情况，从微生物营养要求和生产的工艺特点出发，选择合适的培养基，使之既能满足微生物生长的需要，又能够获得产品的高产量，同时也符合增产节约、因地制宜的原则。

**1. 从微生物的特点来选择培养基**

用于大规模培养的微生物主要有细菌、酵母菌、霉菌和放线菌四大类。它们对营养物质的要求不尽相同，有共性也有各自的特点。在实际应用时，要根据微生物的不同特点，来考虑培养基的组成，对典型的培养基配方作必要的调整。

**2. 液体和固体培养基选择**

液体和固体培养基各有用途，也各有优缺点。在液体培养基中，营养物质是以溶质状态溶解于水中，这样微生物就能更充分地接触和利用营养物质，更有利于微生物的生长和更好地积累代谢产物。工业上，利用液体培养基进行的深层发酵具有发酵效率高，操作方便，便于机械化、自动化，降低劳动强度，占地面积小，产量高等优点。所以发酵工业中大多采用液体培养基培养种子和进行发酵，并根据微生物对氧的需求，分别作静止或通风培养。而固体培养基则常用于微生物菌种的保藏、分离、菌落特征鉴定、活细胞数测定等方面。

**3. 从生产实践和科学实验的不同要求选择**

生产过程中，由于菌种的保藏、种子的扩大培养到发酵生产等各个阶段的目的和要求不同，因此，所选择的培养基成分配比也应该有所区别。另外，由于生产实践和科学实验的要求并不相同。因此，即使是同一菌种的培养，培养基的成分配比也有所差异。

**4. 从经济效益方面考虑选择生产原料**

对于生产过程来讲，由于配制发酵培养基的原料大多是粮食、油脂、蛋白质等，且工业发酵消耗原料量大。因此，在工业发酵中选择培养基原料时，除了必须考虑容易被微生物利用并满足生产工艺的要求外，还应该考虑到经济效益，必须以价廉、来源丰富、运输方便、就地取材以及没有毒性等为原则来选择原料。一般来说大规模生产用的培养基的组分一定要价格低廉，而且还要尽可能符合下列要求：

① 消耗的每克底物能产生最大量的产物或菌体，使产物和菌体的得率最大；

② 在发酵液中能形成最大的菌体或产物浓度，降低产品的分离提纯成本；

③ 使产物的生成速率最大，提高设备的生产能力；

④ 降低和抑制副反应，减少副产品的生成；

⑤ 质量稳定，而且供应充足；

⑥ 除发酵以外，如通气、搅拌、精制、废物处理等其他工艺过程都比较容易。

## 五、工业发酵培养基的制备工艺及生产操作过程

### 1. 培养基的设计

工业发酵培养基的制备首先要确定培养基的组成。培养基的组成必须满足细胞的生长和代谢产物所需的元素，并能提供生物合成和细胞维持活力所需要的能量。即：

$$碳源和能源＋氮源＋其他需要 \longrightarrow 细胞＋产物＋CO_2＋H_2O＋热量$$

除了能满足生长和产品形成的要求外，培养基也会影响到 pH 值的变化、泡沫的形成、氧化还原电位、微生物的形态及传质及传热、产品的成本等情况。因此，培养基在设计过程中必须要遵循如下原则。

（1）培养基的营养物质能满足微生物生命活动的需要　不同营养类型的微生物对营养的要求差异很大，所以，应根据所培养菌株对各营养要素的不同要求进行设计和配制。

（2）营养物质的浓度及配比应适当　培养基中营养物质的浓度太低，则不能满足微生物生长繁殖的需要；浓度太高，往往会抑制微生物的生长。因此，培养基中营养物质的浓度和各营养成分之间的配比，必须适合所培养对象的生理需要。

（3）物理化学条件要适宜　培养基的 pH 值、渗透压等要适合所培养微生物生理特征的需要。

（4）根据培养的目的设计配制培养基　培养基的成分直接影响培养的目标，在设计培养基时，必须充分考虑培养的目的是获得菌体还是要积累菌体的代谢产物，是实验室培养还是大规模生产等问题。用于培养菌体的培养基营养更丰富些，尤其是氮源含量应高一些，即碳氮比值低一些；相反，用于积累大量代谢产物的发酵培养基，氮源应稍低一些。当然，如果发酵产物是含氮化合物时，有时还应该提高培养基的氮含量。同时，设计培养基时，还应该特别考虑代谢产物是初级代谢产物还是次级代谢产物，若是次级代谢产物，还应该考虑是否加入特殊元素或特定的前体物质。

（5）原料来源广泛，价格合理　在设计大规模生产用的培养基时，要充分考虑培养基的各种原材料来源是否充足，价格是否合理，提倡就地取材，"以粗代精"，"以废代好"，最大限度地降低生产成本。

工业发酵所用培养基一般是在相关培养基基础上，结合菌体的个性生物学和产品特征要求，采用单因子试验法、均匀设计或正交设计试验法进行统计分析，优化培养基组成和浓度。一般先采用摇瓶进行试验，再进行小发酵罐试验，逐级放大。最后综合考虑各种因素，如产量、纯度、成本等，确定一个适合生产配方。

### 2. 淀粉水解糖的制备

大多数发酵培养基都是将各种原料按培养基配方的要求及一定的加料顺序，投入至配料罐内，在搅拌作用下用水调成溶液或悬浮液，并预热至一定温度后，送灭菌系统进行灭菌处理。其中所用原料中如需制备水解糖，其工艺最为复杂，下面重点介绍淀粉水解糖的制备。

（1）淀粉水解糖的制备方法　淀粉是由葡萄糖组成的生物大分子，大多数的微生物都不能直接利用淀粉。在氨基酸、抗生素、有机酸、有机溶剂等生物产品的生产中要求对淀粉进行糖化，将淀粉制成水解糖使用。淀粉在高温加酸或酶的作用下，其颗粒结构被破坏，$\alpha$-1,4 及 $\alpha$-1,6-糖苷键被切断，相对分子质量逐渐变小，先分解为糊精，再分解成麦芽糖，最后成葡萄糖。制备淀粉水解糖的原料有薯类、玉米、小麦、大米等，根据原料的性质及水解催化剂的不同，生产方法主要有酸水解法和酶水解法两种。将这两种方法结合使用，形成的常用生产方式有酸解法、酸酶法、酶酸法、双酶法

四种。

① 酸解法。酸解法又称糖化法，是利用无机酸为催化剂，在高温高压条件下，将淀粉水解转化为葡萄糖。该法工艺简单、水解时间短、生产效率高、设备周转快。缺点是整个过程是在高温高压及酸性条件下进行，对设备要求能耐高温、耐高压和耐腐蚀；淀粉的酸水解过程复杂，生成的副产物多，影响糖液纯度，副反应消耗的原料将降低淀粉的利用率；生产中对原料的要求较高，淀粉颗粒不宜过大，大小要均匀，纯度要高，淀粉乳浓度适宜等。采用酸解法生产的糖液，一般 DE 值（葡萄糖值）只有90%左右。

② 酸酶法。酸酶法是先将淀粉用酸水解成糊精或低聚糖，再用糖化酶将其水解为葡萄糖。有些淀粉，如玉米、小麦等谷类淀粉，淀粉颗粒坚实，如果用 α-淀粉酶液化，在短时间内作用，液化反应往往不彻底。因此，有些工厂针对这种情况，首先用酸将淀粉水解至 DE 值 10%～15%，然后将水解液降温、中和，再加入糖化酶进行糖化。该法酸液化速度快，糖化过程由酶来完成，因而可采用较高的淀粉乳浓度，提高生产效率。酸用量少，产品颜色浅，糖液质量高。缺点是糖化时间较长，需 20～30h。

③ 酶酸法。酶酸法是将淀粉乳先用 α-淀粉酶液化，然后用酸水解成葡萄糖。该工艺适用于大米或粗淀粉原料，可省去大米或粗淀粉原料的精制过程，避免淀粉在加工过程中的大量流失，一般可提高原料利用率 10%左右。

④ 双酶法。双酶法是用淀粉酶和糖化酶将淀粉水解成葡萄糖的工艺，可分为两步：第一步是液化过程，利用 α-淀粉酶水解淀粉的 α-1,4-糖苷键，使淀粉转化为糊精、低聚糖及葡萄糖等，增加其可溶性，进而实现淀粉的液化；第二步是糖化，利用糖化酶将糊精或低聚糖进一步水解为葡萄糖。采用双酶法水解制葡萄糖副产物少，水解液纯度高，DE 值可达 98%以上，可以在较高的淀粉浓度下水解，还原糖含量可达到 30%左右。水解条件温和，不要求设备耐高温、高压、耐酸碱，对原料要求粗放，可使用大米或粗淀粉原料，所制得的糖液质量高。缺点是生产周期长。

(2) 淀粉水解糖制备的工艺过程　不同的水解制糖方法各有优缺点，从整个过程来看，酸水解法所需时间最短，酶水解法时间最长。而从水解糖液的质量和降低糖耗、提高原料利用率来看，酶解法最好，其次是酸酶法，酸法最差。下面主要介绍双酶法制糖的工艺，其工艺流程见图 1-1。

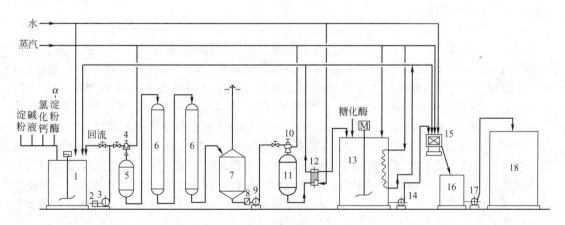

图 1-1　双酶法制糖工艺流程

1—调浆配料罐；2,8—过滤器；3,9,14,17—泵；4,10—喷射加热器；5—缓冲器；6—液化层流器；
7—液化液贮槽；11—灭菌罐；12—板式换热器；13—糖化罐；15—压滤机；16—糖化暂贮槽；18—贮糖槽

① 液化。由于淀粉颗粒的结晶性结构对酶作用的抵抗力很强，淀粉酶直接作用于淀粉效果不好，必须首先对淀粉乳加热以破坏其结晶性结构，即淀粉的糊化过程。表1-5列出了各种淀粉的糊化温度。

表 1-5　各种淀粉的糊化温度范围

| 淀粉来源 | 淀粉颗粒大小/μm | 糊化温度范围/℃ | | |
|---|---|---|---|---|
| | | 开　始 | 中　点 | 终　点 |
| 玉米 | 5～25 | 62.0 | 67.0 | 72.0 |
| 蜡质玉米 | 10～25 | 63.0 | 68.0 | 72.0 |
| 高直链玉米(55%) | | 67.0 | 80.0 | |
| 马铃薯 | 15～100 | 50.0 | 63.0 | 68.0 |
| 木薯 | 5～35 | 52.0 | 59.0 | 64.0 |
| 小麦 | 2～45 | 58.0 | 61.0 | 64.0 |
| 大麦 | 5～40 | 51.5 | 57.0 | 59.5 |
| 黑麦 | 5～50 | 57.0 | 61.0 | 70.0 |
| 大米 | 3～8 | 68.0 | 74.5 | 78.0 |
| 豌豆(绿色) | | 57.0 | 65.0 | 70.0 |
| 高粱 | 5～25 | 68.0 | 73.0 | 78.0 |
| 蜡质高粱 | 6～30 | 67.5 | 70.5 | 74.0 |

在淀粉的糊化过程中要注意避免淀粉的老化。由于淀粉酶很难进入老化淀粉的结晶区起作用，使淀粉很难液化，更不能进一步糖化，所以生产中必须控制糊化淀粉的老化。老化的影响因素很多，如淀粉的种类、酸碱度、温度及加热方式、淀粉糊的浓度等。另外，也要避免在糊化过程中由于温度过高出现焦糖化现象。

生产上，液化方法很多，如酸法、酸酶法、酶法以及机械液化法等，不同的方法其生产条件及生产的糖液质量也不相同，广泛采用的是酶法。常用的酶法有一段液化法和二段液化法。一段液化法常用于蛋白质含量、杂质含量较少的淀粉原料，否则多采用二段液化的方法。二段液化法的操作包括一次加酶二次加温和二次加酶二次加温两种形式。作为发酵工业碳源使用的糖液，其黏度的高低直接影响发酵和产物提取工艺，在液化方法上一般选择两次加酶法，所得糖液的黏度较低。二次加酶液化工艺流程如下：

调浆→配料→一次喷射液化→层流罐→缓冲罐→二次喷射液化→高温维持→闪蒸罐→二次液化罐→冷却→(糖化)

a. 液化机理。液化使用α-淀粉酶，它能水解淀粉和其水解产物分子中的α-1,4-糖苷键，使分子断裂，黏度降低，水解生成糊精及少量葡萄糖和麦芽糖。α淀粉酶属于内切酶，水解从分子内部进行，不能水解支链淀粉的α1,6-葡萄糖苷键，当α淀粉酶水解淀粉切断α-1,4键时，淀粉分子支叉地位的α-1,6键仍然留在水解产物中，得到异麦芽糖和含有α1,6键、聚合度为3～4的低聚糖和糊精。但α淀粉酶能越过α-1,6键继续水解α1,4键，不过α1,6键的存在，对于水解速率有降低的影响，所以α-淀粉酶水解支链淀粉的速率较直链淀粉慢。

b. 液化操作过程。生产开车一般需进行如下操作：检查生产所用水、电、仪表、各阀门开关等是否处于正常状态，管路是否畅通，调浆配料罐内有无杂物；检查搅拌器的轴承室内的油位是否正常，否则添加润滑油至正常范围；检查搅拌桨有无脱落，及时紧固；开动搅拌器，观察转动是否正常，有无杂音。检查泵的轴承室内的油位，及时添加润滑油，手动盘车泵的联轴器，检查泵内有无异物，确信泵可以轻松运转后方可使用，打开密封冷却水。将待用的耐高温α-淀粉酶、工业盐酸、纯碱等物料领出，纯碱溶解成10%左右的溶液，工业盐酸用一定量的水稀释备用。当检查确认一切正常后，打开调浆配料罐的进水阀门，待液面达到一定高度后，启动搅拌器，关闭进水阀门。缓缓加入称量好的淀粉，将淀粉调制成淀粉乳，测定淀粉乳浓度，并加水调至规定值。用酸度计测淀粉乳 pH 值，如果偏低用 10％ 左右的纯碱调节，反之用酸调节，使其 pH 值准确达到 5.0～7.0 之间，加入 0.15％ 的氯化钙作为淀粉酶的保护剂和激活剂，再加入总量 3/4 的耐高温 α-淀粉酶，料液经搅拌均匀后通知液化操作者，打开配料罐放料阀，启动一次液化泵打开回流阀，当进料稳定后，关小回流阀，将料液送入喷射液化器，物料全部送完后，用清水清洗调浆罐，清洗水也送入液化器。

在一次喷射液化器接受料浆前操作者要将喷射器针阀上调 3～4 圈，彻底排净蒸汽包及管道中汽凝水，打开各层流罐、缓冲罐的排污阀，慢慢打开蒸汽阀门，将喷射器、最后一个层流罐预热至 100℃ 后，关排污阀。开第一个层流罐的排空阀，开大蒸汽阀门，将进料阀打开，逐步关小回流阀，通过调节进汽阀与进料阀，使液化液出口温度由高到低使出料温度控制在 100～105℃，流量在设定值范围，第一个层流罐料满关排空阀，开第二个层流罐排空阀，料满后关排空阀，依次类推。液化过程中通过控制料液的流量，使其经过串接的层流罐后达到 DE 值的要求。当料液从最后一个层流罐流入缓冲罐后开启二次液化泵，打开回流阀，当进料稳定后，开大喷射器进汽阀，打开进料阀，关回流阀，调节出料阀，出料温度控制在 140℃ 左右，料液流入高温维持罐，并在罐内维持该温度 3～5min 左右，彻底杀死耐高温的 α-淀粉酶。然后料液进入闪蒸罐，经真空闪急冷却系统排出废汽，将料液温度降低到 95～97℃，并加入余下的 1/4 的耐高温 α-淀粉酶，之后料液进入二次液化罐，使淀粉料浆进一步液化。在二次液化罐内液化约 30min，取样经碘呈色试验合格，并快速化验 DE 值，如 DE 值低，继续保温液化，DE 值合格后用盐酸调 pH 值至 4.0～4.3 灭酶，结束液化，通知过滤脱色操作者准备除渣过滤。如果采用的是先高温后中温的液化方法，那么第二次喷射后加入的酶制剂应为中温淀粉酶，以便利用耐高温淀粉酶和中温淀粉酶两种不同酶的不同特性来提高淀粉液化的质量。采用这种液化方法时，第二次喷射后料温必须迅速冷却到 90℃，然后加入中温淀粉酶继续液化。

生产停车进行如下操作：待调浆罐将没料时，用清水冲洗调浆罐、液化装置，水温控制在 105℃ 左右，清洗水也打入下道工序；一次液化结束先关闭进料阀，关小蒸汽阀门用蒸汽顶料，停泵关冷却水，关调浆罐放料阀，压净料关蒸汽阀门，打开排污阀；二次液化结束先关闭进料阀，停泵关冷却水；关小蒸汽阀门，关出料阀门，开旁通阀，用蒸汽顶料，压净料关蒸汽阀门，打开排污阀；二次液化罐放料至搅拌桨下停搅拌器，料放完后关放料阀，停液化滤渣泵。

生产注意事项：淀粉料浆要搅拌均匀，做到无沉淀、无结块；液化过程中随时检测调浆罐中淀粉乳的 pH 值，以控制在酶的适宜 pH 值范围；启动料泵前必须打开冷却水；液化结束时设备、管道、泵等都要清洗干净；使用蒸汽前必须彻底排净汽凝水；配电柜及电器设备严禁进水；二次液化罐中的料液距罐口至少 30cm，以防料液溢出烫伤；使用酸、碱时注意眼睛、皮肤的防护。

c. 淀粉液化条件。淀粉是以颗粒状态存在的，具有一定的结晶性结构，不容易与酶充分发生作用，如淀粉酶水解淀粉颗粒和水解糊化淀粉的速度比为 1：20000。因此必须先加热淀粉乳，使淀粉颗粒吸水膨胀，使原来排列整齐的淀粉层结晶结构破坏，变成错综复杂的网状结构。这种网状会随温度的升高而断裂，加之淀粉酶的水解作用，淀粉链结构很快被水解为糊精和低聚糖分子，这些分子的葡萄糖单位末端具有还原性，便于糖化酶的作用。由于不同原料来源的淀粉颗粒结构不同，液化程度也不同，薯类淀粉比谷类淀粉易液化。

淀粉酶的液化能力与温度和 pH 值有直接关系。每一种酶都有最适宜的作用温度和 pH 值范围，而且 pH 值和温度是互相依赖的，一定温度下有较适宜的 pH 值。如 α-淀粉酶在 37℃ 时，pH 5.0～7.0 范围内酶活力较高，在 pH 6.0 时最高，并且在 pH 值为 6.0～7.0 范围较稳定。酶活力的稳定性还与保护剂有关，生产中可以通过调节加入的 $CaCl_2$ 的浓度，提高酶活力稳定性。一般控制钙离子浓度在 0.01mol/L 左右。

不同来源的酶对热的稳定性不相同，国产 BF-7658 淀粉酶在 30％～35％ 淀粉含量下，85～87℃时活力最高，当温度达到 100℃ 时，10min 后，则酶的活力全部消失。谷类的淀粉酶热稳定性较低，曲霉淀粉酶热稳定性则更低。在淀粉的液化过程中，要根据酶的不同性质，控制反应条件，保证反应能在活力最高、最稳定的条件下进行。生产中，为了加速淀粉液化速度，多采用较高温度液化，例如 85～90℃ 或者更高温度，以保证糊化完全，加速酶反应速度。但是温度升高时，酶活力损失加快。因此，在工业上加入 $Ca^{2+}$ 或 $Na^+$，使酶活力稳定性提高。

d. 液化程度控制。淀粉经过液化后，分子量逐渐减小，黏度下降，流动性增强，给糖化酶的作用提供了有利条件。但是如果让液化继续下去，虽然最终水解产物也是葡萄糖和麦芽糖等，但这样所得的糖液葡萄糖值低；而且淀粉的液化是在较高的温度下进行的，液化时间加长，一部分已液化的淀粉又会重新结合成硬束状态，使糖化酶难以作用，影响葡萄糖的产率，因此必须控制液化进行的程度。

液化程度太低，液化液的黏度就大，流动性与过滤性能下降，难以操作。另外，液化程度低，糊精分子大，在糖化过程中其水解速率就会减慢，酶用量大，水解时间长，且淀粉易老化，不利于糖化。但液化程度不能过高，否则糊精太小，不利于糖化酶作用，影响催化效率，使糖化终点 DE 值低。这主要是由于糖化酶属于外酶，水解只能由底物分子的非还原性末端开始，糖化酶是先与底物分子生成络合结构，而后发生水解作用，使葡萄糖单位从糖苷键中裂解出来。底物分子越小，越不利于糖化酶与糊精生成络合结构，糊精进一步水解的机会就越小，就会影响到糖化速率，使糖化液的最终 DE 值偏低。因此，液化程度必须控制在一个合理的范围，使糊精分子有一定的大小范围，才有利于糖化酶生成这种结构，底物分子过大或过小都会影响糖化酶的结合和水解速率。

淀粉遇碘变蓝色，其水解产物糊精随分子由大至小，分别呈紫色、红色和棕色，到糊精分子小到一定程度（聚合度小于 6 个葡萄糖单位时）就不再起碘色反应，因此实际生产中，可用碘液来检验 α-淀粉酶对淀粉的水解程度。根据生产经验，在正常液化条件下，控制淀粉液化程度在葡萄糖值为 10％～20％ 之间为好，以碘色反应为红棕色、糖液中蛋白质凝聚好、分层明显、液化液过滤性能好为液化终点时的指标。液化温度较低时，液化程度可以偏高些，这样经糖化后糖化液的葡萄糖值较高。液化达到终点后，酶活力逐渐减少，为避免液化酶对糖化酶的影响，需要对液化液进行灭酶处理。一般在液化结束后，升温到 100℃ 保持 10min 即可，然后降低温度，供糖化用。灭酶是通过高温作用使酶失活，特别是要使淀粉酶中的杂酶（如蛋白酶、转苷酶）失活，以免影响下一步糖化酶的作用，减少非发酵性糖（转苷酶作用）产物的产生。一般酸性蛋白酶可使糖化酶失活，转苷酶可将麦芽糖的 α-1,4-糖苷键水解出来的葡萄糖转移给另一葡萄糖的第 6 碳位生成异麦芽糖，也可以转给另一麦芽糖的第 6 碳位生成潘糖。

② 糖化。糖化是在一定浓度的液化液中，调整适当温度与 pH 值，加入需要量的糖化酶制剂，保持一定时间，使溶液达到最高的葡萄糖值。糖化过程中葡萄糖含量不断增加。

糖化工艺流程如下：

液化液→过滤→冷却→糖化→灭酶→过滤→贮糖计量→发酵

a. 糖化机理。糖化是利用糖化酶从淀粉的非还原性末端开始水解 α-1,4-葡萄糖苷键，使葡萄糖单位逐个分离出来，从而产生葡萄糖。它也能将淀粉的水解初产物如糊精、麦芽糖和低聚糖等水解产生葡萄糖。糖化酶对底物的作用是从非还原性末端开始的，属于外切酶，一个分子一个分子地切下葡萄糖单位，产生 α-葡萄糖。由于糖化酶对 α-1,6-糖苷键的水解速率慢，对葡萄糖的复合反应有催化作用，致使糖化生成的葡萄糖又经 α-1,6-糖苷键结合成为异麦芽糖等，影响葡萄糖的得率。这种反应在较高的酶浓度和底物浓度的情况下更为显著，为了解决这个问题，国外曾报道，在糖化过程中加入能水解 $\alpha$-1,6-糖苷键的 1,6-糖苷键葡萄糖苷酶，与糖化酶一起糖化，并选用较高的糖化 pH 值（pH6.0～6.2），抑制糖化酶催化复合反应的作用，可以提高葡萄糖的产率。

b. 糖化操作过程。生产开车时进行如下操作：检查生产所用水、电、仪表、各阀门开关等是否处于正常状态，管路是否畅通，糖化罐内有无杂物；检查搅拌器的轴承室内的油位是否正常，否则添加润滑油至正常范围；检查搅拌桨有无脱落，及时紧固；开动搅拌器，观察转动是否正常，有无杂音。检查泵的轴承室内的油位，及时添加润滑油，手动盘车泵的联轴器，检查泵内有无异物，确信泵可以轻松运转后方可使用，打开密封冷却水。将待用的糖化酶、工业盐酸、纯碱等物料领出，纯碱溶解成 10% 左右的溶液，工业盐酸用一定量的水稀释备用。当检查确认一切正常后，打开二次液化罐放料阀，启动泵将液化液送入板框过滤机进行过滤，液化液经板框过滤机过滤后进入清液罐，液化达到 2/3 时启动清液泵，流经板式换热器，调节进水阀，使料液温度降至 59～61℃后进入糖化罐，用盐酸调至所需要的 pH 值，加入糖化酶，搅拌 30min，混合均匀后，停止搅拌进行糖化，60℃保温数小时，用无水酒精检验无糊精存在时，测 DE 值达到要求后，开灭酶泵送入喷射液加热升温后流入灭酶罐，无空灭酶罐时自身循环灭酶，操作步骤与二次喷射液化相同，但温度控制在 80℃，保温 30min，然后将料液温度降低到 60～70℃时，通知过滤脱色操作者，泵料至过滤器，过滤后流入贮罐。

生产停车时进行如下操作：糖化罐放净料后清洗糖化罐、管道和泵，清洗水泵入过滤器后流入贮罐；清洗水放净后关放料阀，停泵，关闭冷却水。

生产注意事项：所有和物料接触的设备都要清洗干净；糖化期间注意 pH 值，如有变化及时调整；启动料泵前必须打开冷却水；糖化罐料液距罐口至少 30cm，以防料液溢出烫伤；为防止酸败，糖化罐要保持清洁卫生，气温超过 30℃时，加大用酶量，缩短糖化时间；固体酶在使用前加少量水调成糊状。

c. 糖化条件。糖化酶对 $\alpha$1,4-糖苷键和 $\alpha$-1,6-糖苷键都能进行水解。液化液的糖化速率与酶制剂的用量有关，糖化酶制剂用量决定于酶活力的高低。酶活力高，则用量少；液化液浓度高，加酶量要多。提高酶的浓度，缩短糖化时间，最终葡萄糖值也高；但酶浓度过高反而能促使复合反应的发生，导致葡萄糖值降低。而糖化的底物浓度（即液化液浓度）大，也使复合反应增强。因此，在糖化的操作中，必须控制糖化酶的用量及糖化底物的性质，才能保证糖液的质量。生产上采用 30% 淀粉时，用酶量按 80～100U/g 淀粉计。

糖化的温度和 pH 值决定于所用糖化酶的性质。采用曲霉糖化酶，一般温度为 60℃，pH 值为 4.0～5.0；根霉糖化酶一般在 55℃，pH 值为 5.0。在生产中，根据酶的特性，尽量选用较高的温度糖化，这样糖化速率快些，也可以减少杂菌污染的可能性。采用较低的 pH 值可使糖化液颜色浅，便于脱色。如采用黑曲霉 3912-12 的酶制剂，糖化在 50～64℃、pH 值为 4.3～4.5 条件下进行；根霉 3092 糖化酶，糖化在 54～58℃、pH 值为 4.3～5.0 条件下进行，糖化时间 24h，一般 DE 值都可达到 95% 以上；采用 UV-11 糖化酶，在 pH 值为 3.5～4.2、55～60℃条件下糖化，DE 值可达到 99%。

d. 糖化程度控制。糖化初期，糖化进行速率快，葡萄糖值不断增加，迅速达到 95%，以后糖化速率减慢，一定时间以后，葡萄糖值不再增加，接着稍有下降。因此，当葡萄糖值达到最高时，应当停止酶反应（可加热到 80℃，20min 灭酶），否则葡萄糖值将由于葡萄糖经 $\alpha$-1,6-糖苷键起复合反应而降低。复合反应发生的程度与酶的浓度及底物浓度有关。糖化程度取决于后续生产的要求。糖化过程的检测主要包括测定糖液液化程度及还原糖含量。Ⅰ. 检验液化：是否有糊精，用碘液，是否呈蓝色。Ⅱ. 检验糖化：是否水解完全，采取测定还原糖量或用无水酒精检测糖化液的 OD 值（糊精与无水酒精作用变为白色混浊，通过测定透光度来检查糊精的量，从而计算还原糖量）。

（3）淀粉制糖过程考察指标

① 葡萄糖的理论收率。淀粉水解生成葡萄糖的反应式为：$(C_6H_{10}O_5)_n + nH_2O \longrightarrow nC_6H_{12}O_6$。由该式可知，由于有水参与反应，产物量增多，理论收率为：

$$\frac{180.16}{162.14} \times 100\% = 111\%$$

② 实际收率。由于淀粉水解时存在复合、分解等副反应以及生产过程的一些损失，葡萄糖的实际收率仅有 100% 左右，可按下式计算：

$$实际收率 = \frac{糖液量(L) \times 葡萄糖含量(\%)}{投入淀粉量(kg) \times 原料淀粉中纯淀粉的含量(\%)} \times 100\%$$

③ 淀粉转化率

$$转化率 = \frac{糖液量(L) \times 糖液中葡萄糖含量(\%)}{投入淀粉量(kg) \times 原料淀粉中含纯淀粉的量(\%) \times 111} \times 100\%$$

④ 葡萄糖值（DE 值）。工业上用 DE 值表示淀粉糖的含糖量。液化液或糖化液中的还原糖含量（以葡萄糖计）占干物质的百分率为 DE 值：

$$DE 值 = \frac{还原糖含量(\%)}{干物质含量(\%)} \times 100\%$$

⑤ DX 值。糖化液中葡萄糖含量占干物质的百分率为 DX 值：

$$DX 值 = \frac{葡萄糖含量(\%)}{干物质含量(\%)} \times 100\%$$

### 3. 主要生产设备

（1）配料罐　配料罐的作用是使各种物料在罐内混合均匀。待混合的各种物料从上部加入，混合均匀后的物料从下部流出。调浆配料罐与培养基配料罐的结构基本相同，不同之处主要是罐顶接管数量不同（两种罐结合不同配料需要设置不同物料的接管）。配料罐结构如图 1-2 所示，主要由罐体、封头、搅拌装置、挡板及公用系统管道组成。主体材质为不锈钢，罐体内抛光，罐内有搅拌桨，工作时起搅拌作用；上盖有温度计，显示罐内温度；顶部有减速器，带动搅拌桨，有固体物料加入口，可与人孔合二为一，液体物料进料口，可与管道连接，便于连接进各种配料；罐壁上可装两块以上的折流挡板，以消除搅拌过程中的打旋现象；下部设有出料口，并装上旋塞阀等。配料罐按封头的形式不同主要有以下几种方式：上活动盖、下斜底结构；上活动盖、下锥底（或椭圆、蝶形封头）结构；上下锥形封头结构（封闭式）；上下椭圆（或蝶形）封头结构。

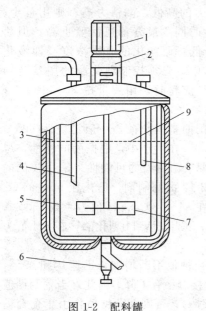

图 1-2　配料罐

1—电动机；2—传动装置；3—罐体；4—料管；5—挡板；6—出料管；7—搅拌器；8—温度计插管；9—液面

（2）喷射加热器　喷射加热器的作用是实现料液与高温蒸汽充分混合，使料液在瞬间内升到很高的温度。喷射加热器的形式很多，从喷射的物料分不外乎两种：一种是喷射蒸汽，以带动料液，称为"汽带料"式；一种是喷射料液，以带动蒸汽，称为"料带汽"式。这两种形式，无论是"汽带料"式或是"料带汽"式，喷射过程中蒸汽或者料液都是强制性的。具体说来，蒸汽的进入是靠蒸汽本身的压力，料液的进入是靠泵输送的。

所以，协调好蒸汽和料液的进入达到稳定、均衡是喷射液化成功的关键。喷射加热器的结构如图1-3所示。喷射加热器有一个针形阀，针形阀与喷嘴之间形成环形的、很细小的缝隙，喷嘴周围开有很多蒸汽喷孔，热蒸汽进入喷射器后从喷汽孔中喷射出来与物料混合。淀粉浆进入喷射器通过喷嘴后向扩散管喷出，当经过喷嘴时，在针形阀和喷嘴之间形成薄膜状，被从蒸汽喷射孔中出来的高温蒸汽加热糊化。调节针形阀的进程，可改变环形缝隙的大小，进而实现进入喷射器的淀粉料浆量的调节。

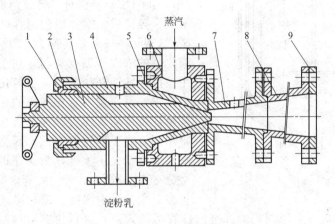

图 1-3　喷射加热器
1—压紧螺母；2—填料；3—针阀；4—喷射器身；5—喷嘴；
6—汽套；7—扩散管；8—法兰；9—连接法兰

　　喷射加热器的安装合理与否，直接影响其喷射效果。喷射加热器如安装不当，则会出现诸如喷射不畅、逆向反流、夹带生料等不该出现的现象。所以，喷射加热器的安装必须注意以下几点：①喷射加热器必须垂直安装，喷射加热器出口到中间层流罐进口之间的垂直距离≥1.5m；②由于料液和蒸汽混合后的体积的增加，喷射加热器的出口管径必须大于进料管或进汽管的管径，喷射加热器进出口管道上应尽量减少弯头，尽可能用大弯头代替小弯头，以减少管路阻力；③喷射液化的关键之一是蒸汽压力稳定，所以进喷射加热器的蒸汽必须由单独的蒸汽包提

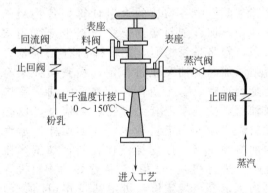

图 1-4　喷射加热器安装配置

供；④为防止物料回流，喷射加热器前的进料管和进汽管上必须安装止回阀；⑤为便于调节进料速度，同时避免高压进料时对喷射加热器的撞击，必须在进料管路上安装回流管。喷射加热器的安装配置如图1-4所示。

　　（3）层流器　层流器或称维持器，可以是罐式或管式，要尽可能"高而瘦"，料液流向一般是下进上出，以确保料液能够先进先出。层流器是由不锈钢制成的管式或罐式容器，内部不设任何部件，罐容器设有排汽管、进液管和出液管，管式容器主要由进液管、出液管和中间的管体构成，管外或罐外有保温层。层流器的作用是保温和维持，使从喷射器来的高温物料在器内停留一定的时间，以利于淀粉颗粒进一步糊化，同时也便于淀粉酶作用，使淀粉水解。

　　（4）糖化罐　糖化罐的作用是使液化液与糖化酶混合，在一定的温度下维持一定时间，

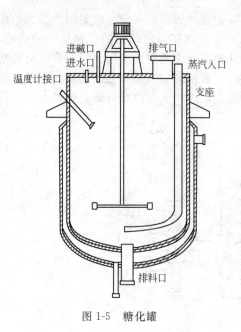

进碱口
进水口
排气口
蒸汽入口
温度计接口
支座
排料口

图1-5　糖化罐

以利于酶作用于糊精等，使其进一步水解。除了完成淀粉的水解功能外，还应具备将淀粉液化料浆冷却到糖化温度并维持糖化温度的功能。糖化罐如图1-5所示，主体是立式圆柱形，底部是球形，顶部是平的，主要由夹套罐体、搅拌器、2～3组蛇管冷却器（如果糖化罐前的冷却器冷却充分，可不设）、蒸汽进口管、挡板（蛇管冷却器可不设）等构成。搅拌器的搅拌叶常用旋桨式或平桨式，共2～3对，转速为100～120r/min，以使糖化醪的浓度和温度均匀，利于糖化酶的充分作用。搅拌转轴悬挂装置位于糖化罐盖中心的轴承上，轴的另一端则装在罐底的止推轴承里。搅拌轴由皮带传动或通过减速器直接传动。换热蛇管常用铜管或不锈钢管制成。因糖液量很大，而冷却水的温度又不太低，为保证迅速冷却，冷却水常分2～3段进入蛇管。夹套内通入热水，以进行保温，维持罐内温度。糖化罐底部设有糖化液的出口和废水的排出口，由闸阀控制。蒸汽进管可通入蒸汽进行快速加热或进行空罐灭菌使用。糖化罐的内壁设有折流挡板，折流挡板的作用是改变流型，提高搅拌效果。

**4. 培养基制备的生产操作过程**

培养基的制备一般分两个阶段，首先进行配料，然后进行灭菌。

工业上液体培养基的制备，其配料一般是在配料罐内进行。配料前需按不同要求的培养基配方中各物质的含量计算好各物料的实际用量，然后进行称量，分开放置。在各种物料加入配料罐前，先检查生产所用水、电、仪表、各阀门开关等是否处于正常状态，管路是否畅通，配料罐内有无杂物；检查搅拌器的轴承室内的油位是否正常，否则添加润滑油至正常范围；检查搅拌桨有无脱落，及时紧固；开动搅拌器，观察转动是否正常，有无杂音。检查泵的轴承室内的油位，及时添加润滑油，手动盘车泵的联轴器，检查泵内有无异物，确信泵可以轻松运转后方使用。当检查确认正常后，在配料罐内加入一定量的水，开动搅拌，蒸汽直接加热升温至一定数值，然后按照一定的加料顺序（一般先加液体物料，如玉米浆、液糖等，再加入固体物料，然后加入碱性物质进行初调pH值），将称好的物料投入至配料罐内，最后加入碳酸钙、消泡剂等，再用水定容至规定值，再用碱调节pH值至规定值。配料时最好是一人配料一人核实，避免多投少投或不投，配料过程应有高度的责任心，使培养基成分符合培养基配方的要求，避免出现差错，以免引起发酵系统的不正常。当物料在罐内充分混合均匀后，停搅拌开启送料泵将物料打入发酵罐、种子罐、补料罐、酸碱液罐、消泡剂罐、连消塔等进行灭菌处理。物料打完后对罐进行清洗，清洗水排入下水道。

如果培养基采用实消灭菌（多数种子培养基、补料、酸碱及消泡剂等采用实消灭菌），培养过程中所需的所有成分在配料罐内一次配好，并进行定容和调节pH值至规定值，配置过程中要考虑实消过程中冷凝水对培养基浓度的影响。如果培养基采用连消灭菌，碳源与氮源宜分开配置，分开灭菌，其他物料可加在氮源或碳源内。配置过程中要考虑连消过程中冷凝水对培养基浓度的影响，同时考虑各物料分开灭菌，加入至发酵罐等设备后，混合后的体积应达到规定值（定容）。

工业上固体培养基的制备，其配料一般是将各种固体物料粉碎至一定粒度，按培养基配方进行计算，然后称量混合并拌入适当水分或加入含有微量元素的水溶液，混合均匀后，放入一定的容器，经蒸汽灭菌后凉至一定温度即可备用。

## 第三节　问题分析及处理手段

### 一、培养基制备过程中的影响因素

影响培养基质量的因素很多，主要集中在培养基的制备过程及灭菌过程所涉及的各种因素，其中制备过程中对培养基质量的影响可从如下几个方面考虑。

**1. 培养基组分配比的影响**

确定了培养基的基本组成后，还需要进一步确定各成分的配比。培养基成分比例合适与否和菌种生产能力的发挥有直接关系，配比恰当，可以充分发挥菌种的生产潜力，发酵单位就高；如果有的成分用量不当，发酵单位就低，甚至会抑制产物的合成。

例如，培养基中碳氮比的影响尤为明显，氮源过多，就会使菌体生长过于旺盛，不利于代谢产物的积累；氮源不足，菌体繁殖量会过少；碳源不足，很容易引起菌体衰老和自溶；碳氮比不当，就会影响菌体按比例吸收营养物质，也直接影响菌体的生长繁殖和产物的生物合成。如青霉素发酵培养基中，葡萄糖的用量增多，就抑制青霉菌合成青霉素的次级代谢途径。反之，控制好培养基中的碳氮比，就会使抗生素产量增高，如用青霉菌 *Pen. nigrican* Thom964 来生产灰黄霉素时，当培养基中的葡萄糖用量从 3％提高到 7％时，菌体产灰黄霉素的能力就由 $0.42\mu g/mg$ 菌丝干重增加到 $2.1\mu g/mg$ 菌丝干重。另外，培养基中的生理酸性和生理碱性物质的配比不当，也会使发酵的 pH 值不适合菌体生长繁殖和产物合成，导致菌种代谢异常和发酵单位降低。无机盐的浓度必须适当，过低对菌体生长和产物合成都不利，过高对产物合成又会产生抑制作用。其他成分配比不当，也会对发酵产生不利的影响。

**2. 培养基原材料质量的影响**

发酵生产过程对营养的要求比较严格，有些微量元素（如铁离子）或某种成分（如磷酸盐）含量过高，有可能对产物合成产生抑制作用。而发酵所用的培养基原材料多种多样，有些是化学组成一定的单一物质；有些是组成不固定的、成分又很复杂的物质；有的是农副产品原料；有的是工业副产物，一般杂质含量都很高。这些原料来源复杂，加工程序又较长，所以，很容易引起培养基原材料成分的波动。培养基原材料的质量波动常常是引起发酵单位波动的一个重要而普遍的原因，特别是用工农业副产物为营养成分时，影响更加明显。如常用的天然有机氮源都有可能因为其质量不好而降低发酵单位。

培养基原材料中有机氮源质量是引起发酵单位波动的重要原因之一。引起这些有机氮源成分波动的原因主要有，原材料的品种、产地、加工方法以及储藏条件不同等。如作为链霉素发酵培养基的氮源黄豆饼粉，由于大豆的产地不同，对发酵单位影响很大，一般认为我国东北产的大豆质量最好，用于链霉素发酵时，比用华北、江南产的大豆发酵单位要高而且稳定，主要原因可能是后者缺少胱氨酸和蛋氨酸。又如豆饼加工有冷榨法和热榨法两种，不同的抗生素发酵培养基，需要不同加工方法所制得的豆饼粉，否则发酵单位就会降低。玉米浆的成分和性质也是引起发酵水平波动的一个因素，由于所用的玉米品种、干燥程度、保存时间和玉米浸渍技术的不同，特别是浸渍时各种微生物的发酵作用对玉米浆的质量影响很大，其中乳酸菌和酵母菌可以提高玉米浆的质量，而腐败细菌则降低质量。玉米浆中磷含量的变化（一般在 0.11％～0.40％）对某些抗生素发酵影响也很大。配制培养基所使用的蛋白胨，有血胨、肉胨、鱼胨和骨胨等。由于制胨所用的原料和加工方法不同，其中的氨基酸品种和磷含量也有变化，质量难以控制，常常给生产造成很大的困难。

碳源对发酵的影响，虽然没有有机氮源那么明显，但也会因原料的品种、产地、加工方法、成分含量及杂质含量的不同（包括微量元素在内）而引起发酵波动。如不同产地的乳糖，由于含氮物不同，会引起灰黄霉素发酵单位发生波动。用于发酵的制糖工业的废母液，由于原料和生产工艺不同，其杂质成分和含量也不相同，对培养基的质量影响很明显。例如，使用蛋白质含量较高的（0.6%以上）淀粉来生产葡萄糖时，所得废母液的色泽较深，用于发酵则泡沫很多，有时加油也难以控制，造成异常发酵；酸法水解制糖所得葡萄糖结晶母液常常含有有毒副产物（如 5-羟甲基糠醛）和许多无机离子等，对抗生素发酵可能产生不良影响。

油类的品种也很多，有豆油、玉米油、米糠油和杂鱼油等，质量各异，特别是杂鱼油的成分较复杂，有一定的毒性。同时所用油的储藏温度过高和时间过长，会引起质量变化，也容易产生毒性。因此，控制油中酸度、水分和杂质含量是必要的。

培养基中所用的无机盐和前体等化学物质，其结构式明确，各具有一定的质量规格，较容易控制。但有些化学原料，由于杂质含量的变化，也可能对发酵产生影响。如碳酸钙中的氧化钙含量过高，就会使培养基的 pH 值偏高或无机磷含量降低，影响抗生素的生产。

综上所述，各种原材料的质量对培养基质量的影响是很大的，所以，在工业生产中必须严格控制，按质量标准进行分析检验，合乎标准的原材料才能使用。由于抗生素生物合成的许多影响因素尚未完全了解，因此常用生物学方法——利用摇瓶或玻璃发酵罐进行发酵试验，直接检查原材料的质量。

**3. 其他因素的影响**

（1）水质　水是培养基的主要成分，恒定水源恒定水质很重要。水质的主要参数包括 pH 值、溶解氧、可溶性固体、污染程度、各种矿物特别是重金属的种类和含量。工业上所用的水有深井水、地表水、自来水和蒸馏水。不同来源的水，水质差异较大。水质的变化对微生物发酵也将产生较大影响。因此，对水质定期化验检查，使用符合要求的水配制各种培养基。

如果生产中对水质要求严格，可以在蒸馏水中加入一定量的无机盐，制成发酵工业用水，以消除水质对发酵的影响。一般配孢子培养基用蒸馏水或深井水；种子培养基、发酵培养基用深井水或自来水。

（2）pH 值　培养基的 pH 值对微生物的生长和产物的合成有较大的影响。在配制培养基时，为使培养基灭菌后的 pH 值适于菌体的生长，有时在灭菌前用酸或碱予以调整。如果培养基的配比不合适，出现 pH 值偏低或偏高，在灭菌过程中，有可能加速营养成分的破坏。因此，确定培养基的 pH 值时，应以改变营养物质的浓度比例，尤其是生理酸碱性物质的用量来调节培养基为主，用酸碱调节为辅。少量培养基也可使用缓冲液来减少 pH 值的变化。

（3）培养基的黏度　培养基中固体不溶性成分，如淀粉、黄豆粉等增加了培养基的黏度，不仅影响发酵通气搅拌等物理过程，而且直接影响菌体对营养的利用，也给目标产物的分离提取造成困难。高黏度的培养基，也不容易彻底除菌。

## 二、常见问题及其处理手段

① 配制好的培养基 pH 值不合格，一般用酸或碱直接调节。

② 配制过程中发生沉淀反应或其他反应使培养基质量下降。发生反应主要是由于加料

顺序不合理或者是物料之间容易发生化学反应。一般可调整加料顺序，如先加入缓冲化合物，溶解后加入主要物质，然后加入维生素、氨基酸等生长素类物质。但对易发生反应的物料必须分开配制，切忌混在一起。

③ 使用淀粉时，如果浓度过高培养基会很黏稠，所以培养基中淀粉的含量大于 $2.0\%$时，应先用淀粉酶糊化，然后再混合、配制、灭菌，以免产生结块现象。糊精的作用和淀粉极为相似，因其在热水中的溶解性，所以补料中一般不补淀粉而补糊精。

④ 发酵过程所用的原料，如果对发酵影响较大，可进行适当的预处理。如使用大麦、高粱等原料时，为避免皮壳中的有害物质如单宁等进入发酵，可先进行脱皮处理。糖蜜中富含铁离子，如果是对铁敏感的菌株则要预先加入黄血盐除铁。在酒精或酵母生产中，由于糖蜜中干物质浓度大、糖分高、产酸菌多、灰分和胶体物质也很多，酵母无法生长，因此须经过稀释、酸化、灭菌、澄清和添加营养盐等处理后才能使用。

⑤ 培养基黏度太大。如果黏度是由于固体原料用量太多，可采用精料发酵或将原料用酶水解，降低大分子物质；如果是由于固体颗粒过大，可预先粉碎并过筛处理。

### 思考题

1. 名词解释：糊化、老化、液化、糖化。
2. 培养基制备过程的主要任务是什么？
3. 工业培养基主要成分有哪些？在生产中各有何作用？
4. 培养基的类型有哪些？如何选择？
5. 培养基设计中应遵循哪些原则？
6. 分析培养基的碳氮比对菌体的生长和产物形成的影响。
7. 简述淀粉水解糖制备的工艺过程。如何确定液化与糖化的工艺条件？
8. 简述培养基制备生产操作过程，并说明制备过程中应注意哪些问题？

① 了解无菌空气制备过程的主要任务。
② 了解基本概念、无菌空气制备方法及生产中使用的过滤介质。
③ 熟悉主要设备的结构、作用及工作原理。
④ 掌握无菌空气制备工艺、制备过程的注意事项及常见问题和处理手段。
⑤ 理解过滤除菌的原理、过滤效率、影响因素及提高过滤除菌效率的措施。
⑥ 会依据生产工艺拟定无菌空气制备的操作规程，能操作相应装置制备无菌空气并处理相关问题。

　　无菌空气就是指不含有微生物菌体的空气。在绝大多数液体深层培养过程中，必须不断地将无菌空气通入种子罐、发酵罐内，以满足生产菌呼吸的需求。另外，液体贮罐内的物料如果要加入至发酵罐或种子罐，也需要靠压缩空气提供动力。制备无菌空气是进行好氧性发酵的前提。

## 第一节　主要工作任务及岗位职责要求

　　自然状态下的空气中含有颗粒（包括悬浮的灰尘、各种微生物）、水和油滴三大类杂质，特别是微生物遇到适宜的生长环境就会大量生长繁殖。好氧微生物的发酵过程需要消耗大量的氧气，这些氧气由空气提供，而空气只能取自自然环境。因此，自然环境中的空气在引进发酵罐之前必须进行严格处理，除去其中含有的微生物及其他有害成分，以确保微生物发酵过程是只有生产菌参与的纯种培养过程。这种将自然环境中的空气经过适宜的工艺过程处理，除去其中微生物菌体、灰尘、水和油滴，并将净化后的空气送入所需场所的过程称为无菌空气的制备过程。制备无菌空气就是要将三大类杂质降低到一定标准。使用点不同，对空气的质量要求也不一样。

　　一般每立方米空气中约含 14000 万个悬浮颗粒，在空气污染较严重的地区，这个数字还要高得多。其中 80% 的颗粒粒径小于 $2\mu m$。相对湿度为 100% 的空气，每立方米含 17.23g 水，水分通常以水滴（$\geqslant 5\mu m$）、水雾（$0.5\sim 5\mu m$）和水汽（$\leqslant 0.5\mu m$）三种形式存在。空气中本身含有微量的油，在经过空压机后，还会夹带一部分空压机的润滑油。视空压机类型和使用年限的不同，这部分油含量在 $0.05\sim 10000mg/kg$ 之间。油分通常以油滴（$\geqslant 2\mu m$）、油雾（$0.01\sim 2\mu m$）和油气（$\leqslant 0.01\mu m$）三种形式存在。不同的发酵类型，对空气的无菌程度的要求也不同，如厚层固体制曲需要的空气量大，要求的压力不高，无菌程度不严格，一般选用离心式通风机并经适当的空调处理（调温、调湿）就可以了。酵母培养过程中耗氧量大，无菌程度要求不十分严格，采用高压离心式鼓风机通风即可。抗生素等多数品种发酵，耗氧量大，无菌程度要求十分严格，一般要求颗粒粒径小于 $0.01\mu m$（能 100％的滤除噬菌体），相对湿度小于 60％，油分含量小于 $1\mu L/L$。

## 一、无菌空气制备岗位主要工作任务

对无菌程度要求严的空气，其制备工艺复杂，制备过程的主要工作任务如下。

① 检查压缩机油润滑系统、冷却系统是否正常。

② 检查各种仪表指示是否正常。

③ 定期排放各分离器内的液体，控制好液位。

④ 操作压缩机，调节控制相应工艺参数，向后序设备送气。

⑤ 调节各冷却器、加热器相应换热介质量，控制好相应温度。

⑥ 定期对过滤后的空气取样进行培养。

⑦ 定期对分过滤器及精过滤器进行高温灭菌。

⑧ 更换失效的过滤器滤芯或填料。

## 二、无菌空气制备岗位职责要求

无菌空气制备岗位操作人员除了要履行"绪论——微生物发酵生产过程岗位基本职责要求"相关职责外，还应履行如下职责。

(1) 熟悉本岗位设备的结构、机械性能及技术指导书，严禁野蛮操作。

(2) 设备运行中随时观察空压机运转情况：汽缸温度、振动、声音、电流、各部件运转等，并记录检查结果，发现问题及时处理，如无法解决，及时上报。

(3) 定期对压缩机润滑系统进行核查，检查油温、液位，及时补充润滑油、切换油过滤器并对过滤介质进行更换。

(4) 工作时不得接触旋转设备部位。

(5) 清理空压机上杂物，保持工作岗位整洁。

(6) 定期检查水冷却器、丝网分离器等分离设备内的液位情况，定期排放。

(7) 定期检查吸风室过滤介质有无脱落及破损情况，出现问题及时处理。

(8) 严格按空气净化岗位操作规程进行操作，处理相应工艺问题，确保空气净化系统送气压力及送气量。

(9) 密切注意微机显示机组的各项运行参数，发现问题及时处理。

(10) 按工艺要求更换过滤介质。

(11) 不得带负荷启动车、超压运行。

(12) 定期检查各自动阀运行情况是否正常。

(13) 负责工作区域内的安全防范和检查工作。

# 第二节　基 本 原 理

## 一、基本概念

(1) 深层过滤　利用过滤介质纤维的层层阻隔，迫使空气在流动过程中出现无数次改变气速大小和方向的绕流运动，导致微粒与滤层纤维间产生撞击、拦截、布朗扩散、重力及静电引力等作用，从而把微粒截留、捕集在纤维表面上，实现了过滤除菌的目的，这种利用介质深度进行过滤除菌的方法称为深层过滤。

(2) 布朗运动　固体颗粒在静止的或流速很慢的流体中产生的一种不规则直线运动。

(3) 拦截　当微粒的流动与气体流线相似，气流方向改变时，微粒的流向随之改变，当与纤维表面接触时就被捕集，这种作用叫做拦截。

（4）临界气流速度 当气流速度降低至可以使惯性截留作用接近于零时，此时所对应的气流流速称为临界气流速度。

（5）过滤效率 是指被介质层捕集的尘埃颗粒与空气中原有颗粒数之比。

（6）穿透率 过滤后空气中细菌个数与过滤前空气中细菌个数的比值。

（7）充填系数 容器内所充填的固体物质的体积占容器总容积的百分率。

（8）填充密度 容器内填充的固体物质的量与其体积的比值。

（9）湿含量 湿空气中，单位质量的干空气内所含有水汽的质量，称作湿含量或绝对含湿量。

（10）相对湿度 一定总压下，湿空气中水蒸气分压与该状况下空气中饱和水蒸气分压的比值。

（11）绝对除菌 在规定的测试条件下，每平方厘米过滤面积的滤材接受不少于 $10^7$ 个某级别微生物菌体颗粒的穿透挑战，只允许有一个菌体通过，则称该滤材在该级别下绝对除菌。此时对应的过滤效率为 99.99999%，通常可视为 100%。

（12）容污空间 单位体积滤材所能容纳杂质的比例，又称为孔隙率，直接关系到空气的压力损失，是衡量滤材寿命的主要指标。

## 二、制备的基本方法

鉴于各种不同的培养过程所用菌种生长能力强弱、生长速度快慢、培养周期长短以及培养基中 pH 值的差异，对空气无菌程度的要求也不相同。空气无菌程度的要求应根据具体情况而定，但一般仍可按 $10^{-3}$ 的染菌概率，即在 1000 次培养过程中，只允许一次是由于空气灭菌不彻底而造成染菌，致使培养过程失败。获取无菌空气的方法有多种，如辐射灭菌、化学灭菌、加热灭菌、静电除菌、过滤介质除菌等。现介绍工业生产中较为常用的用于制备大量无菌空气的方法。

（1）热灭菌 空气热灭菌是基于加热后微生物体内的蛋白质（酶）热变性而得以实现。鉴于空气在进入培养系统之前，一般均需用压缩机压缩以提高操作压力，空气经压缩后温度能够升到 200℃ 以上，所以空气热灭菌时所需的温度，就不必用蒸汽或其他载热体加热，而是直接利用空气压缩后的温度升高来实现。如果将此温度保持一定时间后，便可实现空气的干热杀菌。利用空气压缩时所产生的热量进行灭菌的原理对制备大量无菌空气具有特别的意义。但在实际应用时，对培养装置与空气压缩机的相对位置，连接压缩机与培养装置的管道的灭菌以及管道长度等问题都必须加以仔细考虑。因此，热灭菌在应用上有较大的局限性。

（2）静电除菌 静电除菌是利用静电引力来吸附带电粒子而达到除尘灭菌的目的。悬浮于空气中的微生物，其孢子大多数带有不同的电荷，没有带电荷的微粒进入高压静电场的电离区时都会被荷电，成为带电微粒。因此，当含有灰尘和微生物的空气通过高压直流电场时，带电的粒子就会在电场的作用下，受静电吸引而向带相反电荷的电极移动，最终被捕集于电极上，从而实现空气的净化除菌。但对于一些直径很小的微粒，它所带的电荷很小，当产生的引力等于或小于微粒布朗扩散运动的动量时，则微粒就不能被吸附而沉降，所以静电除尘灭菌对很小的微粒效率较低。

（3）介质过滤除菌 介质过滤除菌是让含菌空气通过过滤介质，以阻截空气中所含微生物，而制得无菌空气的方法。通过过滤除菌处理的空气可达到无菌，并有足够的压力和适宜的温度以供好氧培养过程之用。该法是目前广泛应用来获得大量无菌空气的常规方法。在空气的除菌方法中，介质过滤除菌在生产中使用最多。

### 三、过滤除菌的原理

#### 1. 介质过滤除菌的机理

空气过滤所用介质的间隙一般大于微生物细胞颗粒，那么悬浮于空气中的微生物菌体何以能被过滤除去呢？当气流通过滤层时，基于滤层纤维的层层阻碍，迫使空气在流动过程中出现无数次改变气速大小和方向的绕流运动，从而导致微生物微粒与滤层纤维间产生撞击、拦截、布朗扩散、重力及静电引力等作用，从而把微生物微粒截留、捕集在纤维表面上，实现了过滤除菌的目的。因此介质过滤除菌的机理属于深层过滤机理。如图 2-1 所示。

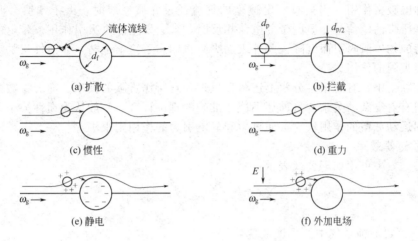

图 2-1　过滤除菌机理示意

$E$—外加电场；$\omega_g$—气体流速；$d_f$、$d_{p/2}$—微粒粒径；$d_p$—纤维直径

（1）布朗扩散截留作用　布朗扩散的运动距离很短，在较大的气速、较大的纤维间隙中是不起作用的，但在很慢的气流速度和较小的纤维间隙中布朗扩散作用大大增加微粒与纤维的接触滞留机会。假设微粒扩散运动的距离为 $x$，则离纤维表面距离小于或等于 $x$ 的气流微粒都会因为扩散运动而与纤维接触，截留在纤维上。由于布朗扩散截留作用的存在，大大增加了纤维的截留效率。

（2）惯性撞击截留作用　过滤器中的滤层交织着无数的纤维，并形成层层网格，随着纤维直径的减小和填充密度的增大，所形成的网格也就越细致、紧密，网格的层数也就越多，纤维间的间隙就越小。当含有微生物颗粒的空气通过滤层时，空气流仅能从纤维间的间隙通过，由于纤维纵横交错，层层叠叠，迫使空气流不断地改变它的运动方向和速度大小。鉴于微生物颗粒的惯性大于空气，因而当空气流遇阻而绕道前进时，微生物颗粒不能及时改变它的运动方向，而撞击纤维并被截留于纤维的表面。

惯性撞击截留作用的大小取决于颗粒的动能和纤维的阻力，其中尤以气流的流速显得更为重要。惯性力与气流流速成正比，当空气流速过低时惯性撞击截留作用很小，甚至接近于零；当空气的流速增大时，惯性撞击截留作用起主导作用。介质层越厚，介质间的孔隙越小，介质的阻力越大，惯性撞击截留作用越大。

（3）拦截截留作用　在一定条件下，空气速度是影响截留效率的重要参数，改变气流的流速就是改变微粒的运动惯性力。气流速度在临界速度以下，微粒不能因惯性截留于纤维上，截留效率显著下降，但实践证明，随着气流速度的继续下降，纤维对微粒的截留效率又回升，说明有另一种机理在起作用，这就是拦截截留作用。

因为微生物微粒直径很小、质量很轻，它随气流流动慢慢靠近纤维时，微粒所在的主导气流流线受纤维所阻改变流动方向，绕过纤维前进，并在纤维的周边形成一层边界滞留区。滞留区的气流流速更慢，进到滞留区的微粒慢慢靠近和接触纤维而被黏附截留。拦截截留的效率与气流的雷诺数及微粒与纤维的直径比有关。雷诺数越大，微粒与介质间孔径壁厚比值越小，拦截截留的效率越大。

（4）重力沉降作用　重力沉降起到一个稳定的分离作用，当微粒所受的重力大于气流对它的拖带力时微粒就会沉降。就单一的重力沉降情况来看，大颗粒比小颗粒作用显著，对于小颗粒只有气流速度很慢才起作用。一般它是配合拦截截留作用而显现出来的，即在纤维的边界滞留区内微粒的沉降作用提高了拦截截留的效率。

（5）静电吸引作用　当具有一定速度的气流通过介质滤层时，由于摩擦会产生诱导电荷。当菌体所带的电荷与介质所带的电荷相反时，就会发生静电吸引作用。带电的微粒会受带异性电荷的物体所吸引而沉降。此外表面吸附也归属于这个范畴，如活性炭的大部分过滤效能是表面吸附的作用。

在过滤除菌中，有时很难分辨上述各种机理各自所作贡献的大小。随着参数的变化，各种作用之间有着复杂的关系，目前还不能作准确的理论计算。一般认为惯性撞击截留、拦截截留和布朗运动截留的作用较大，而重力和静电引力的作用则很小。

**2. 介质过滤效率（$\eta$）**

介质过滤效率可用如下公式表示：

$$\eta = \frac{N_1 - N_2}{N_1} = 1 - \frac{N_2}{N_1} = 1 - P \tag{2-1}$$

式中　$N_1$——过滤前空气中的尘埃颗粒数，个；

　　　$N_2$——过滤后空气中的尘埃颗粒数，个；

　　　$\eta$——过滤效率，%；

　　　$P$——穿透率，%。

判定一支过滤器或滤材是否能绝对除菌，一般采用细菌挑战性测试（bacterial challenge testing）进行验证。健康工业生产协会（health industries manufacturing association）和美国食品药品管理局（FDA）对细菌挑战性测试方法有明确的建议和规定。测试所用的微生物共有5种，粒径分别为$0.02\mu m$、$0.1\mu m$、$0.2\mu m$、$0.45\mu m$和$0.65\mu m$，分别代表各自的过滤精度。

对于绝对除菌和噬菌体的最高级别（要求颗粒小于$0.01\mu m$，能100%地滤除噬菌体）的测试，鉴于空气中最具穿透力的是$0.2\sim0.3\mu m$的粒子，故而分别用专门培养的$0.2\mu m$的缺陷型假单胞菌（*Brevundimonas diminuta*）和$0.02\mu m$的噬菌体（MS2），对滤材进行穿透试验，要求每平方厘米的过滤面积上的菌数至少为$10^7$，并在下游检测透过的菌体颗粒，以LRV（Log Reduction Value）表示，即：

$$LRV = \lg \frac{微生物挑战菌数}{过滤后的菌数}$$

LRV值$\geq$7即被视为能绝对除菌和除噬菌体。

过滤效率本身是个相对的概念，由于粒子粒径分布的不同，一支在$0.5\mu m$下过滤效率为99.99999%的过滤器，对于$0.3\mu m$的粒子，其过滤效率可能只有99.999%，相差两个数量级！

**3. 对数穿透定律**

空气过滤介质的过滤受许多因素的影响，为了研究空气过滤规律，经过简化处理后可得到如下规律：进入滤层的微粒数与穿透滤层的微粒数之比的对数与滤层厚度成正比，即对数穿透定律。根据此定律，有下式：

$$L = \frac{1}{K} \ln \frac{N_1}{N_2} \qquad (2\text{-}2)$$

式中    $N_1$——过滤前空气中的尘埃颗粒数，个；

        $N_2$——过滤后空气中的尘埃颗粒数，个；

        $L$——滤层厚度，cm；

        $K$——过滤常数。

在式(2-2)中，常数 $K$ 值与过滤介质种类、气流速度、纤维直径、介质填充密度以及空气中颗粒大小等有关。$K$ 值可通过实验测定，也可通过计算求得，可参考有关资料。从式(2-2)可知，当 $N_2 = 0$ 时，$L = \infty$，事实上是不可能的，一般取 $N_2 = 10^{-3}$。式(2-2)说明介质过滤不能长期获得 100% 的过滤效率，即经过滤的空气不是长期无菌。当气流速度达到一定值或过滤介质使用较长时间后，介质中滞留的菌微粒就有可能穿过，所以过滤器必须定期灭菌。

## 四、过滤介质

空气过滤介质不仅要求除菌效率高，而且还要求能耐受高温、高压，不易被油水污染，阻力小，成本低，易更换。过去发酵厂一直采用棉花纤维结合活性炭使用。近年来，多采用新的过滤介质，如超细玻璃纤维、烧结金属板、多孔陶瓷滤器和超滤微孔薄膜等。

### 1. 常用过滤介质

(1) 棉花   棉花随品种和种植条件的不同而有较大的差别，最好选用纤维细长疏松的新鲜产品。贮藏过久，纤维会发脆，断裂，增大了压力降；脱脂纤维会因易吸湿而降低过滤效果。棉花纤维一般直径为 $16 \sim 21\mu m$，装填时要分层均匀铺砌，最后压紧，以填充密度达到 $150 \sim 200 kg/m^3$、填充系数为 $8.5\% \sim 10\%$ 为好。如果压不紧或是装填不均匀，会造成空气短路，甚至介质翻动而丧失过滤效果。

(2) 玻璃纤维   其优点是纤维直径小、不易折断、过滤效果好。其直径一般为 $8 \sim 19\mu m$ 不等，纤维直径越小越好，但由于纤维直径越小，其强度越低，很容易断裂而造成堵塞，增大阻力，因此，填充系数不宜太大，一般采用 $6\% \sim 10\%$，填充密度为 $130 \sim 280 kg/m^3$，它的阻力损失一般比棉花小。如果采用硅硼玻璃纤维，则可得直径 $10.5\mu m$ 的高强度纤维。玻璃纤维充填的最大缺点是更换过滤介质时将造成碎末飞扬，使皮肤发痒，甚至出现过敏现象。

(3) 活性炭   活性炭具有非常大的比表面积，吸附力较强。用于空气过滤的活性炭一般为颗粒状。直径为 3mm、长 $5 \sim 10 mm$ 的圆柱状活性炭，其粒子间隙很大，故对空气的阻力较小，仅为棉花的 $1/12$，但过滤效率比棉花要低很多。目前工厂都是夹装在二层棉花中使用，以降低滤层的阻力。它的用量为整个过滤层的 $1/3 \sim 1/2$。

(4) 超细玻璃纤维纸   超细玻璃纤维纸是利用质量较好的无碱玻璃，采用喷吹法制成的直径很小的纤维（直径为 $1 \sim 1.5\mu m$）。将该纤维制成 $0.25 \sim 1 mm$ 厚的纤维纸，它所形成的网格的孔隙为 $0.5 \sim 5\mu m$，比棉花小 $10 \sim 15$ 倍，故它有较高的过滤效率。它的过滤机理以拦截作用为主，当气流速度超过临界速度时，属于惯性冲击，气流速度越高，效率越高。生产上操作的气流速度应避开效率最低的临界气速。

(5) 石棉滤板   采用蓝石棉 20% 和 8% 纸浆纤维混合打浆压制而成。由于纤维直径比较粗，纤维间隙比较大，虽然滤板较厚（$3 \sim 5 mm$），但过滤效率还是比较低，只适用于分过滤器。其优点是耐湿，受潮时也不易穿孔或折断，能耐受蒸汽反复杀菌，使用时间较长。

**2. 新型过滤介质**

近年来，新型滤材的研发和使用使"绝对除菌"成为可能，极大地推进了纯种发酵生产。一直在欧美气体过滤器市场占据主导地位的英国多明尼克汉德公司，于 1963 年在世界上首次推出具备绝对除菌能力的商用滤芯——BIO-X，成功应用于多家抗生素生产厂家。

(1) 超细硼硅酸纤维滤材　BIO-X 利用 $0.5\mu m$ 粗的超细硼硅酸纤维层层搭织，形成 3mm 厚的滤层，容污空间达 94%，首次实现了绝对除菌。

(2) 折叠式微孔滤膜　利用厚度为 $35\sim150\mu m$ 的聚合高分子材质，经折叠、加衬、热熔合封口等工序，制成子弹状的滤芯，这种形式的滤芯已经形成通用的标准化生产，过滤器易于拆装，滤芯易更换。微孔滤膜孔径均匀，最小可达 $0.04\mu m$，可实现直接拦截除菌。折叠的目的是最大限度地增加过滤面积。目前最常用的材质是疏水性强的聚四氟乙烯（PTFE）。多明尼克汉德公司推出的 HIGH FLOW TETPOR 滤芯，其过滤层由 $80\mu m$ 厚的单层聚四氟乙烯膜折叠而成，容污空间为 85%，每 10 英寸 [1 英寸（in）= 0.0254m] 长度的滤芯，其过滤面积达 $0.8m^2$，为同等体积非折叠膜面积的 15 倍。真正意义上实现了膜过滤的绝对除菌。除聚四氟乙烯外，常用的材质还有聚醚砜（PES）、聚偏二氟乙烯（PVDF）、复合醋酸纤维、尼龙等，因为这些材质属于亲水性物质，现在一般用于液体过滤。

(3) 超细硼硅酸纤维涂覆聚四氟乙烯滤材　这种滤材在平均直径为 $0.5\mu m$ 的超细硼硅酸纤维上涂覆一层聚四氟乙烯膜，再经折叠而成。用这种滤材制成的 HIGH FLOW BIO-X 滤芯，在保证绝对除菌及除噬菌体的前提下，同时具备了超大容污空间和强疏水性的优点，正确使用寿命可达 3 年以上。

(4) 烧结材料过滤介质　这类过滤介质种类很多，有烧结金属（蒙乃尔合金、青铜等）、烧结陶瓷、烧结塑料等，烧结聚合物，如国外使用的聚乙烯醇过滤板（PVA）是以聚乙烯醇烧结基板，外加耐热树脂处理，滤板可经受得起高温杀菌，120℃、30min 杀菌不变形，每周杀菌一次可使用一年。国外常用的 PVA 滤板厚度为 0.5cm，孔径范围为 $60\sim80\mu m$，过滤效率较高。

制造烧结金属过滤介质是将金属材料微粒粉末加压成型后，处于熔点温度下黏结固定，但只有粉末表面熔融黏结而保持粒子的空间和间隙，形成了微孔通道，具有微孔过滤的作用。孔径大小决定于烧结粉末的大小，太小则温度时间难以掌握，容易全部熔融而堵塞微孔。一般孔径都在 $0.3\sim30\mu m$ 之间。

## 第三节　无菌空气的制备过程

无菌空气的制备一般是把吸气口吸入的空气先经过压缩机前的过滤器过滤，再进入空气压缩机，从空压机出来的空气（一般压力在 $1.96\times10^5Pa$ 以上，温度 120~150℃），先冷却到适当的温度（20~25℃）除去油和水，再加热至 30~35℃，最后通过总过滤器和分过滤器除菌，从而获得洁净度、压力、温度和流量都符合要求的无菌空气。具有一定压力的无菌空气可以克服空气在预处理、过滤除菌及有关设备、管道、阀门中的压力损失，并在培养过程中能够使发酵罐维持一定的罐压。

因此，过滤除菌的流程必须有供气设备——空气压缩机，对空气提供足够的能量，同时还要具有高效的过滤除菌设备以除去空气中的微生物颗粒。对于其他附属设备则要求尽量采用新技术以提高效率，精简设备流程，降低设备投资、运转费用和动力消耗，并简化操作。但流程的确定要根据地理气候环境和设备条件等来考虑。如在环境污染比较严重的地区要改变吸风的条件（如采用高空吸风），以降低过滤器的负荷；而在温暖潮湿的地区则要加强除水设施以确保和发挥过滤器的最大除菌效率。

要保持过滤器在比较高的效率下进行过滤，并维持一定的气流速度和不受油、水的干扰，则要有一系列的加热、冷却及分离和除杂设备来保证。空气净化的一般流程如下：

空气吸气口→粗过滤器→空气压缩机→一级空气冷却器→二级空气冷却器→分水器→空气贮罐→旋风分离器→丝网除沫器→空气加热器→总空气过滤器→分空气过滤器→精过滤器→无菌空气

## 一、制备工艺

空气过滤除菌有多种工艺流程，下面分别介绍几种比较典型的流程。

### 1. 两级冷却、加热除菌流程

如图 2-2 所示。它是一个比较完善的空气除菌流程，可适应各种气候条件，能充分地分离油水，使空气能够在较低的相对湿度下进入过滤器，以提高过滤效率。该流程的特点是两次冷却、两次分离、适当加热。两次冷却、两次分离油水的好处是能提高传热系数，节约冷却用水，油水分离得比较完全。经第一冷却器冷却后，大部分的水、油都已结成较大的雾粒，且雾粒浓度较大，故适宜用旋风分离器分离。第二冷却器使空气进一步冷却后析出一部分较小雾粒，宜采用丝网分离器分离，发挥丝网能够分离较小直径的雾粒和分离效果好的作用。通常第一级冷却到 30～35℃，第二级冷却到 20～25℃。除水后空气的相对湿度仍是100%，须用丝网分离器后的加热器加热将空气中的相对湿度降低至 50%～60%，以保证过滤器的正常运行。

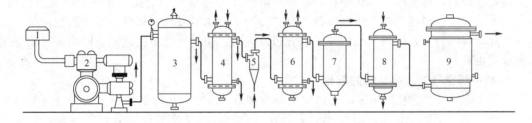

图 2-2　两级冷却、加热除菌流程示意

1—粗过滤器；2—压缩机；3—贮罐；4,6—冷却器；
5—旋风分离器；7—丝网分离器；8—加热器；9—过滤器

两级冷却、加热除菌流程尤其适用于潮湿地区，其他地区可根据当地的情况，对流程中的设备作适当的增减。

### 2. 冷热空气直接混合式空气除菌流程

如图 2-3 所示。压缩空气从贮罐出来后分成两部分，一部分进入冷却器，冷却到较低温度，经分离器分离水、油雾后与另一部分未处理过的高温压缩空气混合，此时混合空气已达到温度为 30～35℃、相对湿度为 50%～60% 的要求，再进入过滤器过滤。该流程的特点是可省去第二冷却后的分离设备和空气再加热设备，流程比较简单，利用热的压缩空气来加热析水后的空气，冷却水用量少。该流程适用于中等湿含量地区，但不适合于空气湿含量高的地区。

### 3. 高效前置过滤空气除菌流程

如图 2-4 所示。它采用了高效率的前置过滤设备，利用压缩机的抽吸作用，使空气先经

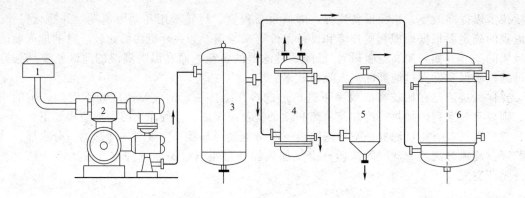

图 2-3　冷热空气直接混合式空气除菌流程示意

1—粗过滤器；2—压缩机；3—贮罐；4—冷却器；5—丝网分离器；6—过滤器

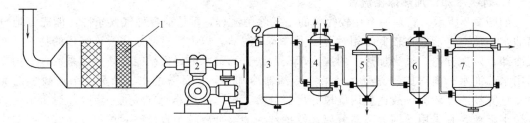

图 2-4　高效前置过滤空气除菌流程示意

1—高效前置过滤器；2—压缩机；3—贮罐；4—冷却器；

5—丝网分离器；6—加热器；7—过滤器

中、高效过滤后，再进入空气压缩机，这样就降低了主过滤器的负荷。经高效前置过滤后，空气的无菌程度已经相当高，再经冷却、分离，入主过滤器过滤，就可获得无菌程度很高的空气。此流程的特点是采用了高效率的前置过滤设备，使空气经多次过滤，因而所得的空气无菌程度很高。

### 4. 利用热空气加热冷空气的流程

如图 2-5 所示。它利用压缩后的热空气和冷却后的冷空气进行热交换，使冷空气的温度升高，降低相对湿度。此流程对热能的利用比较合理，热交换器还可兼作贮气罐，但由于气-气换热的传热系数很小，加热面积要足够大才能满足要求。

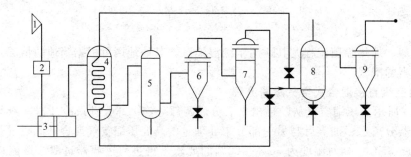

图 2-5　利用热空气加热冷空气的流程示意

1—高空采风；2—粗过滤器；3—压缩机；4—热交换器；5—冷却器；

6,7—析水器；8—空气总过滤器；9—空气分过滤器

### 5. 实用化流程

结合以上的流程特点，综合环境条件，目前工厂常用的空气过滤除菌实用化流程见

图 2-6 及图 2-7。

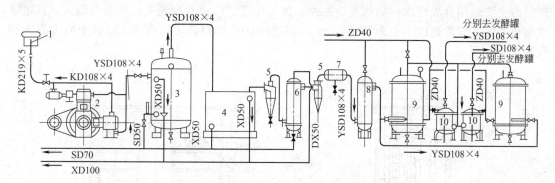

图 2-6 空气过滤除菌实用化流程示意

1—粗滤器；2—空压机；3—空气贮罐；4—沉浸式空气冷却器；5—油水分离器；6—二级空气冷却管；
7—除雾器；8—空气加热器；9—空气过滤器；10—金属微孔管过滤器（或上接纤维纸过滤器）；
K—空气进气管；YS—压缩空气管；Z—蒸汽管；S—上水管；X—排水管；D—管径

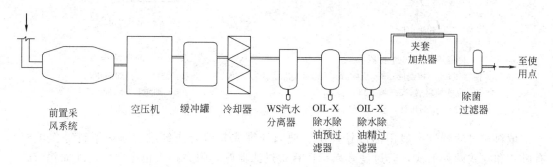

图 2-7 空气过滤除菌新型工艺流程示意

图 2-7 为多明尼克汉德公司推出的空气除菌工艺流程。其特点是利用新型的高效气水分离器替代旋风分离器，利用高效除水除油过滤器替代丝网除沫器、总过滤器以及预（分）过滤器。流程中采用专利设计的 WS 高效气水分离器，其除水效率由旋风分离器的 58%～80% 提高到 95% 以上，OIL-X 型除水除油预过滤器 100% 去除大于 $1\mu m$ 的杂质颗粒和雾滴，使油雾含量小于 0.5mg/kg（21℃），再经过 OIL-X 型除水除油精过滤器，100% 去除了大于 $0.01\mu m$ 的杂质颗粒和雾滴，并使油雾含量小于 0.01mg/kg（21℃），这时的空气质量已远远超过了传统工艺分过滤器后的水平，加热后由除菌过滤器完成最后的保护，到达使用点。

## 二、主要设备

### 1. 粗过滤器

粗过滤器是安装在空气压缩机前的过滤器，主要作用是捕集较大的粉尘颗粒，防止压缩机受磨损，减轻主过滤器的负荷。粗过滤器的过滤效率要高，阻力要小，否则会增加压缩机的吸入负荷和降低空气压缩机的排气量。常用的粗过滤器的类型有：袋式过滤器、填料式过滤器、油浴洗涤器和水雾除尘器。

袋式过滤器如图 2-8 所示。其主体结构是吊装在圆筒状罐内的滤袋，滤袋套在支撑网架上，滤袋出口和净化气体出口相连。带尘空气从底部进入袋滤器，向上通过滤袋后，粉尘截留在滤袋外面，气体向上排出。滤袋上的反吹管在电磁阀的控制下周期性地向滤袋吹入压缩空气，将附着在滤袋外侧的灰尘吹落，粉尘向下通过星形出料阀排出。星形卸料阀的主要部件是一个星形叶轮，叶轮不断旋转，使物料由上方进入，下方排出，可保持气密性。滤袋材料目前主要采用合成纤维，如涤纶、尼龙、维尼纶等。气流速度越大，则阻力越大，且过滤效率也越低，气流速度一般为 $2\sim2.5 \mathrm{m^3/(m^2 \cdot min)}$。滤布要定期清洗，以减少阻力损失和提高过滤效率。

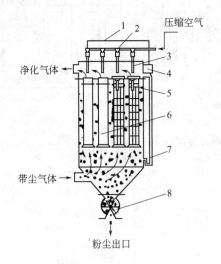

图 2-8 袋式过滤器
1—控制线；2—控制阀；3—反吹管；
4—反吹控制器；5—喷气口；
6—滤袋；7—测压计；8—星形阀

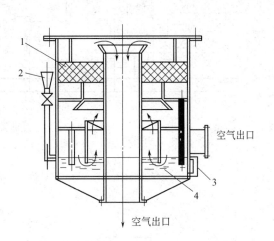

图 2-9 油浴洗涤器
1—滤网；2—加油斗；
3—油镜；4—油层

填料式过滤器（一般用油浸铁丝网、玻璃纤维或其他合成纤维、泡沫塑料等作填料），有卧式和立式两种形式，其过滤效果稍比袋式过滤器好，阻力损失也小，但占地面积较大。

油浴洗涤装置如图 2-9 所示。浴式空气过滤器为圆筒形，筒体分隔成三部分，即外筒、

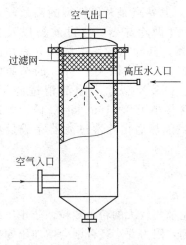

图 2-10 水雾除尘器

内筒、出气管。内部上部为旋流板（或称导流叶片）和过滤网，下部与外筒相通，筒底盛以一般流体机械机油（废油）。气流从切线方向吸入外筒，高速旋转，气流中的尘粒受离心力作用被分离出来。接着气流掠过油面，油面产生波动，部分油雾被气流夹带旋转，黏附在内筒筒壁上形成油膜，气流中的尘粒，为油膜所捕捉。油膜沿着壁面回流，成为下垂油幕。空气穿过时触到油浴，部分尘粒被捕捉，而气流在内筒内旋转上升，穿过旋流板后加剧旋转，将气流中夹带的油滴一部分甩入回油槽中由回油管流入筒底，一部分沿内筒壁回流，将筒壁上油膜所捕集到的粉尘洗落到筒底，产生新油膜。则气流再次通过滤网，滤去较小尘粒和油滴，达到滤清空气的目的。空气中的微粒被油黏附而逐渐沉降于油箱底部而除去。

水雾除尘装置如图 2-10 所示。空气从设备底部进口管吸入，经装置上部喷下的水雾洗涤，将空气中的灰尘、微生物颗粒黏附沉降，从装置底部排出，而带有水雾的洁净空气，经上部过滤网过滤后进入压缩机。洗涤室内空气流速不能太大，一般在 $1\sim2\mathrm{m/s}$ 范围内，否则带出的水雾太多，会影响压缩机。

**2. 空气压缩机**

空气压缩机是将自然环境中的空气吸入，通过往复压缩或离心式压缩，使空气静压力升高，便于向后序设备输送，同时满足发酵系统对空气压力的需求。一般发酵生产需空气压缩机提供的压力是 0.2~0.35MPa（表压）。

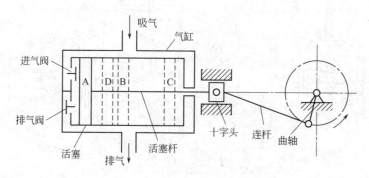

图 2-11　往复式压缩机工作示意
A~D 的含义见正文叙述

往复式压缩机是靠活塞在气缸内往复运动而实现空气的吸入和压缩的。压缩气体分为膨胀、吸气、压缩、排气四个过程。工作原理如图 2-11 所示。压缩机的气缸、活塞组、连杆、压缩机曲轴组成了一个曲柄连杆机构。当电机带动曲轴旋转时，带动连杆，通过与连杆相连的活塞杆带动活塞，活塞做往复运动。活塞运动使气缸内的容积发生周期性变化。曲轴旋转一周，活塞往复一次，密闭容积内的气体经过膨胀（A→B）、吸气（B→C）、压缩（C→D）、排气（D→A）这四个过程，压缩机完成一个工作循环。这种循环的机理如下：当活塞向某一方向运动使气缸的体积增大时，气缸内压力下降（膨胀阶段），低于外界空气的压力，外界的空气就会顶开进气阀流入气缸，吸入一定量的空气（吸气阶段），当活塞至某一位置后改向相反方向运动，实现气体的压缩（压缩阶段），气体压力达到一定数值时，会使排气阀打开，压缩后的气体输出流向后序设备（排气阶段），活塞运动到一定位置后又向相反方向运动，转入下一次吸气过程。往复式压缩机的这种反复式的运动完成了气体的吸入、压缩和排气的过程，使得压缩后的气体不是连续的，而是脉冲式的。因此，为了使后序设备获得平稳的压缩气体，在压缩机后一般设置贮罐，由贮罐向后供气。另外，往复式压缩机气缸内要加入润滑活塞用的润滑油，易使空气带有油雾，这些油雾如果污染过滤介质，将会使过滤介质除菌效率下降，甚至造成堵塞。

离心式压缩机主要是靠电机带动蜗轮旋转，靠蜗轮高速旋转时产生的"空穴"现象吸入空气，空气在蜗轮的带动下获得很高的离心力，然后通过固定的导轮和蜗轮形机壳，使其部分动能转化为静压能后输出。蜗轮式空气压缩机具有输出气量大、压力稳定、获得的空气不带油雾的特点。离心式压缩机的结构可分为两大部分：①转动部分，它由主轴、叶轮、平衡盘、齿轮、推力盘及联轴用的半联轴节等零部件组成，又称为转子；②定子部分，是由机壳、隔板、径向轴承、推力轴承、轴端密封等零部件组成，常称为定子。如图 2-12 所示。

机壳（又称气缸）的作用是把压缩的气体围拢起来，形成有进气、出气的通道，同时机壳还起到支撑隔板、轴承及密封的作用，确保转子在固定的位置旋转，确保气体逐级压缩及得到良好的密封。一台压缩机常常有两个或两个以上的气缸，按压力高低称为低压缸、中压缸、高压缸。隔板的作用是使压缩机各级分开，将各叶轮分割成连续性通道，隔板相临的面构成无叶扩压器通道，来自叶轮的气体通过扩压器把一部分动能转换为压力能，隔板的内侧是回流室。气体通过回流室返回到下一级叶轮入口。回流室内侧有一组导流叶片，使气体均匀地进到下一级叶轮入口。密封的作用是防止各级之间气体

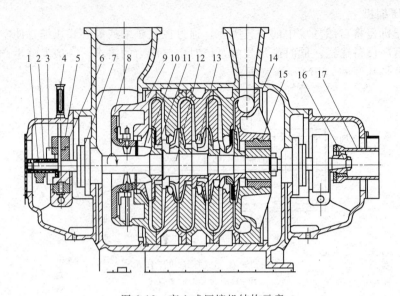

图 2-12　离心式压缩机结构示意

1—定轴器；2—套筒；3—止推轴承部；4—止推轴承；5—轴承；6—调整块；7—机械密封部；
8—进口导叶；9—隔板；10—叶轮；11—轮盖密封；12—调整块；13—隔板密封；
14—齿轮联轴器；15—轴端密封；16—连接件；17—套筒

回流或气体外泄。叶轮是对气体做功的主要部件，叶轮把气体吸进来，经过高速旋转后，气体得到静压能和动能。主轴是连接转子上其他零部件如隔套、平衡盘、推力盘、圆盘、螺母、联轴器并传动由电动机传过来的扭矩的主要零件。齿轮是一种传动增速装置。轴承的作用有支撑、止推作用。

　　离心式压缩机理论中常常顺着气体流动线路，将压缩机分成若干个级，所谓级就是由一个叶轮和与之相配合的固定元件结构组成的基本单元，可分为首级、中间级和末级。压缩机中间的级，它包括叶轮、扩压器、弯道和回流器几个元件。压缩机的级和段，压缩机每段进

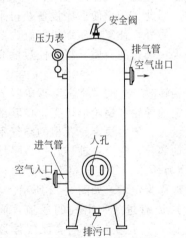

图 2-13　空气贮罐

口处的级称为首级，它除了上述的元件外还应包括进气室；在压缩机排气口的级称为末级，它没有弯道和回流器，而代之以排气室。有的压缩机甚至连扩压器也没有，气体从叶轮出来直接进入排气室。在离心式压缩机中，气体流过一级之后，压力的提高是有限的，要想压缩到较高压力时，就需要通过若干个级来完成，几个级可以装在一个缸内。一个缸最多能装 10 级左右，更多的级需要采用更多的缸。气体经压缩后温度就会升高，当要求压力比较高时，常将气体压缩到一定压力时就从缸内引出，在冷却器内降温，然后再进入下级继续压缩。根据冷却次数的多少，可将压缩机分为几个段。一个段可以是一个级也可以是几个级。一个缸可分为一个段或多段。

**3. 空气贮罐**

　　空气贮罐的作用是消除压缩机排出空气的脉冲，维持稳定的空气压力，同时也可以利用重力沉降作用除去部分油滴和水滴。大多数情况下，贮罐紧接着压缩机安装。贮罐结构简单，一般是装有安全阀、压力表的空罐壳体，壳体上有进气口、出气口、排污口及人孔等，如图 2-13 所示。

#### 4. 汽液分离器

汽液分离器的作用是分离空气中被冷凝成雾状的油和水。其形式主要有旋风分离器、填料分离器和膜分离器。

旋风分离器是利用离心力的作用实现气体和液滴、颗粒物之间的分离，图2-14是旋风分离器结构示意。含尘或液滴的气体通过设备入口进入设备内旋风分离区，当含杂质气体沿轴向进入旋风分离管后，气流受导向叶片的导流作用而产生强烈旋转，气流沿筒体呈螺旋形向下进入旋风筒体，密度大的液滴和尘粒在离心力作用下被甩向器壁，碰撞后失去动能而与转向气体分离，在重力作用下沿筒壁下落流出旋风管排尘口至设备底部储液区，从设备底部的出液口流出。旋转的气流到达锥底后在筒体内收缩向中心流动，以相同的旋向折转向上形成内螺旋流（二次涡流）直至达到上部，经导气管由顶部出口流出。旋风分离器采用立式圆筒结构，内部沿轴向分为集液区、旋风分离区、净化室区等。内装旋风子构件，按圆周方向均匀排布亦通过上下管板固定。通常，气体入口的设计分为三种形式：上部进气、中部进气、下部进气。旋风分离器对于粒径小于$5\mu m$的液滴分离效率低，一般多用于捕集$5\mu m$以上液滴。

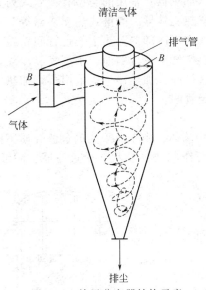

图 2-14　旋风分离器结构示意

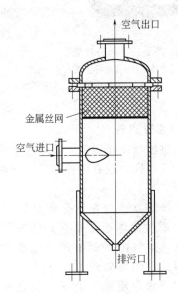

图 2-15　丝网分离器示意

填料分离器是利用各种填料，主要有活性炭、焦炭、瓷环、金属丝网、塑料丝网等的惯性拦截作用分离空气中的水雾和油雾，图2-15所示为丝网分离器示意。当夹杂着液体的气体通过丝网气液分离器的时候，由于雾沫上升的惯性作用，使得雾沫与细丝碰撞而黏附在细丝的表面上。细丝表面上的雾沫进一步扩散及雾沫本身的重力沉降，使雾沫形成较大的液滴沿着细丝流至它的交织处。由于细丝的可湿性、液体的表面张力及细丝的毛细管作用，使得液滴越来越大，直至其自身的重力超过气体上升的浮力和液体表面张力的合力时，就被分离而下落，流至容器的下游设备中。由于气体和液体的重量不同，气体会向上流去，从而实现气液分离的效果。只要操作气速等条件选择得当，气体通过丝网除沫器后，其除沫效率可达到97％以上，可以达到完全去除雾沫的目的，丝网分离器主要用于分离直径大于$3\sim5\mu m$的液滴。

膜分离器的结构如图2-16所示。从进口流入的压缩空气，被引进导流板，导流板上有均匀分布的类似风扇扇叶的斜齿，迫使高速流动的压缩空气沿齿的切线方向产生强烈的旋

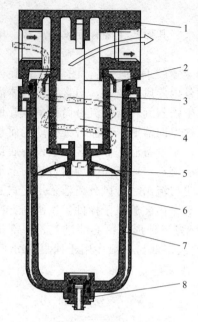

图 2-16　膜分离器

1—空气过滤器本体；2—导流板；3—滤芯；
4—锁紧螺栓；5—伞形挡水板；6—保护罩；
7—水杯；8—排水阀

转，混杂在空气中的液态水油和较大的杂质在强大的离心力作用下分离出来，甩到水杯的内壁上，流到水杯的底部。除去液态水油和较大杂质的压缩空气，再通过滤芯的进一步过滤，清除微小的固态颗粒，然后从出口输出清洁的压缩空气。伞形挡水板将水杯分隔成上下两部分，下部保持压力静区，可以防止高速旋转的气流吸起杯底的水油。聚集在杯底的水油从排水阀放掉。膜分离器必须竖直水杯向下安装。滤芯可用各种有机膜或陶瓷膜等制作，使用一段时间后进行更换。

**5. 空气冷却器（加热器）**

空气冷却器的作用是降低压缩后空气的温度，以使空气中的以气态形式存在的水与油冷凝为液滴，便于通过相应分离设备除去。加热器是用来提高空气温度，降低空气的相对湿度（要求在 60% 以下），以免析出水来。冷却器（加热器）常用的类型有：立式列管式热交换器、沉浸式热交换器、喷淋式热交换器等。一般工业上常用列管式空气冷却器，热空气走管间，经管内冷却水降温后，热空气中夹带的油、水蒸气经冷凝，由器底的油水排出阀排除。加热器一般采用蒸汽加热，空气走管内，蒸汽走管间。

**6. 介质过滤器**

介质过滤器的作用主要是除去空气中的微生物菌体。由于所采用的过滤介质不同、介质的装填方式不同，故有多种形式，下面重点介绍纤维状或颗粒状介质过滤器、滤纸过滤器、膜过滤器。

（1）**纤维状或颗粒状介质过滤器**　纤维状或颗粒状介质过滤器通常是立式圆管形，内部填充过滤介质，空气由下而上通过过滤介质，以达到除菌的目的。结构如图 2-17 所示。过滤器内有上下孔板，过滤介质置于上下孔板之间，被孔板压紧。介质主要为棉花、玻璃纤维、活性炭等。介质装填要求紧密均匀，压紧一致。介质装填顺序如下：

孔板→铁丝网→麻布→棉花→麻布→活性炭→麻布→棉花→麻布→铁丝网→孔板

空气一般从下部圆筒切线方向通入，从上部圆筒切线方向排出，以减少阻力损失，出口不宜安装在顶盖，以免检修时拆装管道困难。过滤器上方应装有安全阀、压力表，罐底装有排污孔，以便经常检查空气冷却是否完全，过滤介质是否

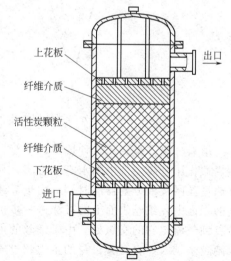

图 2-17　棉花-活性炭过滤器示意

上花板
纤维介质
活性炭颗粒
纤维介质
下花板
进口
出口

潮湿等。过滤器在投入使用前要进行加热灭菌，一般蒸汽自上而下通入，维持 45min 左右，然后用压缩空气吹干。

这类过滤器缺点是体积大，装填介质费时费力，介质装填的松紧程度不易掌握，空气压力降大，介质灭菌和吹干耗用大量蒸汽和空气，优点是造价低。一般常用于主过滤器。

（2）滤纸过滤器　这种过滤器有旋风式和套管式，如图 2-18 所示，常用于分过滤器。旋风式滤纸过滤器充填薄层过滤纸（一般为超细玻璃纤维纸），其结构由筒身、顶盖、滤层、夹板和缓冲层（也可不设）构成。空气从筒身中部切线方向进入，空气中的水雾、油雾沉于筒底，由排污管排出，空气经缓冲层通过下孔板经薄层介质过滤后，从上孔板进入顶盖经排气孔排出。缓冲层可装填棉花、玻璃纤维或金属丝网等。顶盖法兰压紧过滤孔板并用垫片密封，上下孔板用螺栓连接，以夹紧滤纸和密封周边。为了使气流均匀进入和通过过滤介质，在上下孔板应先铺上 30～40 目的金属丝网和织物（麻布），使过滤介质（滤板或滤纸）均匀受力，夹紧于中间，周边要加橡胶圈密封切勿让空气短路。过滤孔板既要承受压紧滤层的作用，也要承受滤层两边的压力差，孔板的开孔一般为 5～10mm，孔的中心距为 10～20mm。空气在过滤器内的流速为 0.5～1.5m/s。

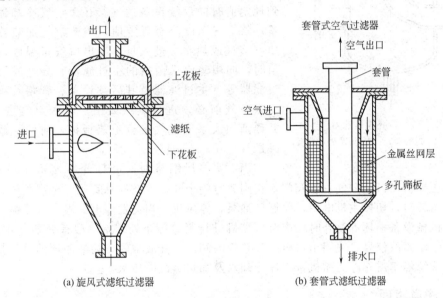

图 2-18　滤纸过滤器示意

套管式过滤器是将过滤介质卷装在孔管上，这样总的过滤面积要比平板式大很多。但卷装滤纸时要防止空气从纸缝短路，这种过滤器的安装和检查比较困难。为了防止孔管密封的底部死角积水，封管底盖要紧靠滤孔。

（3）膜过滤器　这种过滤器的形式以管式、板框式、折叠式为主。对于要求过滤阻力损失很小，过滤效率比较高的场合，如种子罐、发酵罐、各种贮罐前，常采用膜过滤器（生产中被称为精过滤器或除菌过滤器）。膜过滤器如图 2-19 所示。它是将各种材质的滤膜制成不同形式的滤芯，将滤芯装在不锈钢套筒内，膜过滤器可以使用较长时间，滤膜堵塞，阻力增大到 40mmHg❶ 时，就应该更换新的滤芯。

### 三、无菌空气生产操作过程

检查吸风室（粗过滤器）是否正常（主要是压差计、过滤介质）。检查无菌空气制备系统各冷却器、压缩机气缸、分离器内有无积水，及时将积水排掉，压缩机盘车数转，详细检查气缸有无异声，主电机有无异物，检查各电气及仪表装置，使之处于良好备用状态。检查压缩机油路系统是否正常（循环油液位是否正常，启动齿轮油泵，检查油压和油的流通情

---

❶ 1mmHg＝133.322Pa，全书余同。

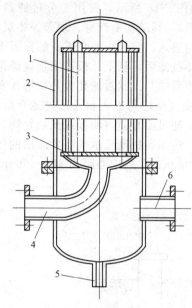

图 2-19　折叠膜过滤器
1—滤芯；2—过滤器壳；3—滤芯固定孔板；
4—空气进口；5—排污口；6—空气出气口

况），启动风机，打开冷却器进水阀门、出水阀门，检查水压是否正常，水量是否畅通；打开空气预热器蒸汽阀，稍开冷凝液排放阀；打开压缩机空气入口阀门及压缩机出口放空阀，关闭压缩机出口至压力总管的阀门。检查及准备合格后，启动压缩机主机电源，检查电流电压是否正常，详细检查各运动部件有无异常，振动及发热现象，有无异常声响，检查无问题后逐渐关闭压缩机出口放空阀，当出口压力达到总管压力时，打开压缩机出口阀门向空气总管送气。来自空气总管的压缩空气进入气体缓冲罐，当气体缓冲罐内压力达到规定值时向后续设备送气。开大空气冷却器冷却水量，将空气温度降至规定值，调整空气加热器加热介质（蒸汽或热水）进入量，当出口气量温度达到规定值时，向用蒸汽灭菌后的主过滤器、分过滤器及除菌过滤器等（主过滤器及其后续设备、管路及阀门等在引入空气前必须进行蒸汽灭菌）引入空气进行吹干，并逐渐加大系统供气量至工艺指标，向种子罐或发酵罐送气。

当需要停压缩机时，可打开压缩机出口放空阀，逐渐关闭压缩机出口至空气总管阀门，直到放空阀全开，去空气总管阀门全部关闭，当压缩机无负荷运转时，切掉主机电源，停循环油泵，停风机。当突发停电、停水或压缩机入口抽负及重大机械设备损坏等意外时，应对压缩机进行紧急停车处理，一般首先切断主机电源，发出紧急停车事故信号，关闭出口至空气总管的阀门，开放空阀，切断循环油泵。整个无菌空气制备系统停车需先停压缩机，再停冷却水及加热蒸汽或热水。

### 四、注意事项

在无菌空气制备中，为保证无菌空气的无菌要求和设备的正常运行，需注意以下几个方面的问题。

① 空气取气口伸向高空，背风取气。依据微生物以及尘埃颗粒在大气中的分布规律可以知道，随着高空取气的高度提高，微生物以及尘埃颗粒就减少。

② 空气进入空压机前，要先经过粗过滤器的粗滤。如果没有经过粗滤，空气中的尘埃颗粒就会直接进入到空压机的气缸内，与气缸发生摩擦，最终造成气缸磨损。如果长此以往，气缸就会产生缝隙而漏气，从而影响空压机的工作效率。

③ 压缩机不要超负荷运行，当主机电流超过规定数值时，应先减少压缩机进气量或降低系统压力，检查原因后进行相应处理。当压缩机启动后其进气阀开度应逐渐加大，排空阀关度逐渐增大。要时刻注意压缩机润滑系统的油温和液位情况，出现异常要及时处理。

④ 在无菌空气制备的流程中，往复式空压机出来的压缩空气需要布置一个贮气罐。空压机出来的压缩空气是一个脉冲状态的气流，但是介质过滤器的过滤要求是一个稳态流体，否则过滤效率将下降。布置一个空气贮罐，可以把压缩机出来的脉冲压缩空气流态转为稳态。离心式压缩机出来的气体经冷却后可直接进入雾滴捕集器，而无须设置贮气缸。

⑤ 压缩空气进入介质过滤器前要适当加热至空气露点温度以上。压缩空气经过冷却器冷却后，结露析出水分、油渍，这时压缩空气处于饱和状态，相对湿度达到 $100\%$，如果直

接进入过滤器，就会很容易湿润过滤介质，引起空气除菌不彻底。适当加热，使压缩空气的相对湿度下降到60%左右，才能进入过滤器。

⑥ 介质过滤器要定期拆洗杀菌。根据穿透定律，从理论上讲，介质过滤不能长期获得100%的过滤效率，即经过滤的空气不可能保持长期无菌。因此为了避免染菌，就要定期拆洗过滤器，并加强对过滤器的灭菌。灭菌后的过滤介质一定要用空气吹干后再投入使用。

⑦ 无菌空气在进入发酵罐前要经过分过滤器的过滤。无菌空气制备流程线路较长，比较容易在管路中出现二次污染，为了避免二次污染带到发酵罐，因此，常常在发酵罐前设置分过滤装置。

⑧ 过滤器壁不要形成氧化层，因氧化铁是多孔物质，带菌空气可从中穿过。过滤器壁外要有保温层，否则壁内易形成冷凝水，使介质受潮而失效，也加剧器壁的氧化生锈。

⑨ 操作中要注意气流速度和压力的变化，防止突然开大流量或降低压力，介质上边和下边的空气压差过大或气流冲力过大造成介质层的翻动移位或破坏。

⑩ 注意控制好油水分离器的液位，并及时排放分离掉的油水，避免器内液位过高而引起气体带液，降低分离器的分离效率。防止空气冷却器漏水，操作中控制冷却水压力不超过空气压力。

⑪ 定期观察空气冷却器的出口温度和下吹口水量，湿热季节应加大检查频率，发生穿孔现象能及时发现。观察经过空气夹套加热器（空气列管换热器）加热后的空气温度和预总空气过滤器的下吹口排放情况，检测各罐分预过滤器的下吹口空气湿度，保证进罐的空气相对湿度不高于60%。

⑫ 空气总管路及总空气过滤器防止积水。空气总管路时常会因为空气湿度大而积水，这些积水又会被带入总空气过滤器，长时间的潮湿又会使过滤介质上滋生杂菌，从而失去除菌效率。防止积水的主要措施是空气总过滤器下吹口、管路上各吹口保持微量畅通排气，确保不积水。平时要定期检查，特别是雨水季节更应加强检查，确保不积水。

⑬ 空气系统防止气液倒流。进入发酵车间之后的空气管路，应当尽一切可能确保它的洁净，因此发酵车间的空气管路上不允许安装、连接其他系统的管路，确实需要连接的也必须采取防止倒流的措施；过滤岗位、提炼岗位及一切辅助岗位所使用的空气管路，应当从总空气过滤前的空气总管上连接；以上辅助岗位的空气总管与发酵总空气过滤器前总管连接处应当安装缓冲罐及排水阀，即使产生倒流也不至于倒入空气总管；确实需要把空气、蒸汽、冷水管连接在一起时，必须在蒸汽、冷水管路上安装止逆单向阀，并经常检查该单向阀的严密情况，防止倒流。

⑭ 发酵生产过程中造成料液倒流到空气管路的有补料罐、油罐、糖液罐、补料计量罐以及发酵液本身的发酵液倒流。各种补料罐、糖液罐的空气管路一般以空气分布管的形式从罐底进入，主要目的是物料消毒结束后翻腾液面，使高温物料迅速冷却，但是在压料时要闷罐升压，只要罐内压力高于空气压力，就有物料倒流可能，为此采用如图2-20所示的旁通管路安装方式：在空气入罐前的空气管路上与该罐罐顶连接，安装空气旁通管和旁通阀，闷罐压料时，使用旁通管，冷却时使用空气分布管。计量罐空气管不应以压出管的形式简单安装，应在从罐顶进入时安装三通管，用三个阀门控制，一个用于进气，一个用于排气，一个用于切断气体，如图2-21所示。

⑮ 发酵罐内的发酵液产生倒流，可能是罐上阀门泄漏，使高压蒸汽（如冲视镜、补料管阀等）进入罐内，使罐压升高引起。因此，在操作过程中要及时检查，严禁高压蒸汽阀门出现泄漏。

⑯ 在使用过滤器时，如果发酵罐的压力大于过滤器的压力（这种情况主要发生在突然

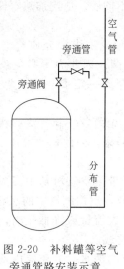

图 2-20　补料罐等空气
旁通管路安装示意

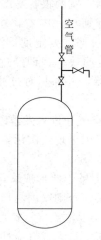

图 2-21　计量罐空气管
路安装示意

停止进空气或空气压力忽然下降），则发酵液会倒流到过滤器中来。因此，在过滤器通往发酵罐的管道上应安装单向阀门，操作时必须予以注意。

## 第四节　问题分析及处理手段

### 一、影响因素

无菌空气的质量取决于空气除菌的效率，除菌效率越高质量越好。而影响空气除菌的因素很多，下面重点讨论一些主要因素。

（1）过滤介质种类　不同种类的过滤介质其除菌性能是不相同的，因此应根据需要及工艺要求选择合适的过滤介质。

（2）介质纤维直径　介质过滤效率与介质纤维直径关系很大，在其他条件相同时，介质纤维直径越小，过滤效率越高。

（3）介质滤层厚度　对于相同的介质，过滤效率与介质滤层厚度有关。介质填充厚度越高，过滤效率越高。

（4）介质填充密度　对于相同的介质，过滤效率与介质填充密度有关。介质填充密度越大，过滤效率越高。

（5）纤维介质铺设情况　纤维介质铺设不均匀，空气会从铺设松动部分通过，从而形成短路而带菌。纤维装松了，过滤效果差；装紧了，过滤器压力降太大，动力消耗增加，所以应分层均匀铺平。另外，铺设的纤维介质要与过滤器壁连接紧密，否则空气易短路而带菌。

（6）空气流速　对于相同的介质，过滤效率与介质内空气流速有关。在空气流速很低时，过滤效率随气流流速增加而降低；当气流流速增加至临界值后，过滤效率随气流流速增加而提高。空气流经过滤层所产生的压力降，直接影响操作费用和通气发酵效率。因此，在选择过滤介质时，既要考虑到过滤效率高，又要使压力降小。

（7）各附属设备的性能　如果各附属设备的操作性能变差或降低，必将导致空气除菌效率的下降。例如冷却器冷却效果或空气加热设备的升温效果下降，对于湿含量较高的空气，就有可能在后续设备中由于温度的降低而冷凝析水，使过滤介质潮湿而降低除菌效率；如果各气体分离设备分离性能下降，也会使空气带油或水而污染过滤介质，降低除菌效率；如果蒸汽过滤器性能下降，灭菌蒸汽管道中的铁锈会被蒸汽所夹带而引起过滤介质的污染，降低除菌效率，严重时损坏除菌过滤器。

（8）过滤介质灭菌后使用时间　一次灭菌后过滤介质的使用时间不要过长，应严格按操作规程定期进行重新灭菌，以免引起除菌效率的下降。一般总过滤器、分过滤器、精过滤器使用一段时间后要进行灭菌。

（9）操作过程　操作中加减气量或卸压排气要缓慢，各阀门开启要缓慢，避免气流或压力的突然变化对过滤介质的破坏，引起除菌效率下降。如突然加减气量或卸压排气，各阀门开启过快等。

## 二、主要措施

鉴于目前所采用的过滤介质均需要干燥条件下才能进行除菌，因此需要围绕介质来提高除菌效率。提高除菌效率的主要措施如下。

① 设计合理的附属设备，选择合适的空气净化流程，以达到除油、水和杂质的目的。操作过程要精心，加减气量、卸压及开启阀门要缓慢，注意各分离设备的液位不要过高。

② 设计和安装合理的空气过滤器，选用除菌效率高的过滤介质。

③ 保证进口空气清洁度，减少进口空气的含菌数。方法有：加强生产场地的卫生管理，减少生产环境空气中的含菌数；正确选择进风口，压缩空气站应设在上风向；提高进口空气的采气位置，减少菌数和尘埃数；加强空气压缩前的预处理。

④ 分过滤器之前的设备都应有备机，且备机处于良好状态，便于切换。

## 三、常见问题及其处理

无菌空气带菌对发酵过程的影响是非常严重的，往往带来的后果是不可想象的，损失是难以弥补的。因此，在制备无菌空气时，多分析一些可能带菌污染的情况，有利于制备高质量的无菌空气。发生问题时，需要对各种因素的变化进行全面分析，对整个流程的各个环节按照从前到后的顺序进行检查。检查水冷式空气冷却器是否穿孔，气水分离器排水阀是否失效，夹套加热器是否穿孔，总、分过滤器是否失效，除菌过滤器是否失效等。

① 一直以来都有无菌空气带菌的问题，可能是系统问题，应该重新论证、修改制备流程。

② 分过滤器出来的空气带菌，是由于总、分过滤器失效。失效的原因：可能是过滤介质没有装填好引起过滤短路，应将介质重新装填好；也可能是过滤介质湿润，应该控制好冷却器的降温温度或加热器的预热温度，并及时排放分离器底部的液体，降低空气相对湿度，吹干过滤介质；也可能是过滤介质灭菌后使用时间过长而被微生物穿透，应该清理过滤器重新进行灭菌并吹干；也可能是过滤介质（或滤芯）损坏，应该拆开过滤器更换介质（滤芯）后重新灭菌后使用。

③ 分过滤器出来未染菌，进入发酵罐发现染菌，有两方面原因：第一可能是除菌过滤器失效。失效的原因主要有：过滤介质浸湿；介质被异物穿透；使用时间过长而被微生物穿透；相对湿度过高。应拆开过滤器检查，更换滤芯，重新灭菌后使用。测量相对湿度，高于60%则需要降低冷却器的降温温度或提高夹套加热器的加热温度，及时排放各分离器底部的液体，以降低空气相对湿度。第二种可能是管道或死角发生污染，应对管道、死角进行清理、杀菌。

④ 若过滤器前后两个压力表的压力差增大、气速小，说明过滤介质浸湿或已损坏，这时应拆开过滤器检查，将滤芯或其他过滤介质吹干或更换后，重新灭菌后使用。

⑤ 若因环境条件变化或空气降温冷量供应不足，必须对工艺参数进行重新评估测算，改进工艺，采用先进设备以提高效能。

**思考题**

1. 无菌空气制备过程的主要工作任务有哪些？
2. 空气除菌的方法有哪些？为什么发酵工业上多采用过滤法除菌？
3. 深层过滤除菌的主要机理是什么？
4. 空气除菌流程中，空气为什么先要降温然后又升温？
5. 常用于空气过滤除菌的介质有哪些种类？
6. 用于微生物发酵的无菌空气的无菌程度要达到什么水平？
7. 影响介质过滤除菌效率的因素有哪些？无菌空气带菌的原因有哪些？
8. 为什么过滤器要定期灭菌？
9. 如何保证过滤器内的过滤介质能够处于干燥状态工作？
10. 绘制一种典型的无菌空气制备工艺流程图，并简要说明各设备基本结构及作用。
11. 无菌空气制备中应注意哪些问题？过滤器失效的原因有哪些？
12. 简述无菌空气的生产操作过程。

## 学习目标

① 了解灭菌过程的主要工作任务。
② 了解灭菌过程所涉及的基本概念及灭菌的基本方法。
③ 掌握湿法灭菌的基本原理以及发酵罐、种子罐、连消塔、维持罐等主要设备结构。
④ 掌握空消、实消、连消的基本操作过程及相关注意事项。
⑤ 理解影响灭菌质量的各种因素。
⑥ 能够完成空消、实消、连消操作；能分析灭菌过程中的常见问题并进行正确处理。

消毒是用物理或化学的方法杀死物料、容器、器皿内外的病源微生物，一般只能杀死营养细胞而不能杀死细菌芽孢。灭菌是用物理或化学的方法杀死或除去环境中的所有微生物，包括营养细胞、细菌芽孢、孢子等一切微生物。消毒不一定能达到灭菌要求，而灭菌则可达到消毒的目的。工业上为了实现纯种发酵过程，必须对生产设备、培养物等进行灭菌操作。灭菌操作人员称为消毒工。

## 第一节　主要工作任务及岗位职责要求

利用微生物发酵技术生产药用物质一般采用纯种培养，也就是说在发酵的全过程只能有生产菌，不允许其他微生物存在，即纯种培养。为了保证纯种培养，在生产菌接种培养之前，必须对培养基、空气系统、消泡剂、补加物料、物料贮罐、种子罐、发酵罐、设备上所连接的管道及管道上的阀门、管件等进行高温处理，以杀死物料中、设备内、管道及其附属配件（管件、阀门等）通路内的任何微生物。另外，还要定期对生产环境进行消毒，防止杂菌和噬菌体大量繁殖。这种杀死微生物菌体的过程即是灭菌。

### 一、灭菌岗位主要工作任务

① 检查系统所用蒸汽、空气、水等是否正常。
② 检查设备、管线、阀门等气密性及阀门的开关情况是否正常。
③ 清洗物料贮罐、种子罐、发酵罐等设备。
④ 对种子罐、发酵罐等设备清洗后，下罐检查有无污垢。
⑤ 检查种子罐、发酵罐等设备上的仪表是否正常。
⑥ 将配料岗位配制的物料或培养基打入物料贮罐、种子罐或发酵罐进行实消灭菌，或将物料、培养基打入连消设备进行灭菌后送入已空消的物料贮罐、种子罐或发酵罐。

⑦ 将灭菌后的物料、培养基取样进行培养。

⑧ 对空气系统的分过滤器、精过滤器等定期进行湿热灭菌。

## 二、灭菌岗位职责要求

灭菌（或称消毒）岗位操作人员除了要履行"绪论——微生物发酵生产过程岗位基本职责要求"相关职责外，还应履行如下职责。

① 严格按灭菌操作规程对物料、设备、管线、阀门及管件等进行灭菌操作，保证发酵车间种子培养、发酵培养等工序进行纯种培养，不受杂菌污染，并在保障灭菌质量的同时降低车间蒸汽消耗。

② 操作过程中经常使用高温蒸汽，注重操作规范性，避免烫伤。

③ 特殊情况下使用甲醛、烧碱等，注意操作安全。

④ 根据车间生产进度安排进罐和放罐。当接到工艺岗位进罐指令后，应根据设备运行记录确认需要准备的种子罐或大罐的状态，搅拌电机是否有问题，相应管路阀门是否有问题，才能通知有关维修人员下罐检查传动及轴封部分。

⑤ 灭菌前要对需要准备的种子罐或大罐进行认真清洗，尤其是不容易清洗到的部位如封头、排气管、联轴器等部位要认真清理，不能留有死角，如果有死角残存料液就容易滋生杂菌，造成灭菌不彻底而污染杂菌。

⑥ 灭菌之前对罐体也要认真检查，对罐体、管线、阀门、法兰等进行全面检查试漏，消除跑、冒、滴、漏。如果存在跑、冒、滴、漏，是对罐体无菌比较大威胁和隐患。如果种子罐或发酵罐需要空消，按照空消操作 SOP 对罐体认真消毒处理，注意进汽分主次，并掌握阀门的开度，保证排气顺畅，不能有"假压力"。

⑦ 连续消毒灭菌之前必须空消，实罐消毒灭菌之前可以空消，也可以不空消，依据车间安排进行。

⑧ 基础料培养基灭菌要注意控制好灭菌温度和灭菌时间，温度过高或时间过长容易造成营养成分的破坏，影响培养基的消后质量，从而影响到发酵过程中菌体的代谢。

⑨ 定期对无菌管路系统的灭菌处理。无菌系统包括补料系统、移种系统、带放系统等。

⑩ 当发酵培养过程中补料系统出现漏料（包括上料阀漏和下料阀漏）、加料慢、加不上等情况时，需要消毒人员去拆开处理。处理完毕以后一定要进行灭菌处理（拆消）。

⑪ 空气过滤器分三级，一般初效和中效滤芯几年更换一回（大修时更换）。高效过滤器一般一年更换一回。高效过滤器是无菌空气的最后一道防线，需要定期灭菌处理。

⑫ 移种之前需要对移种管路进行灭菌处理。操作以前先要倒料，一方面用凉的基础料液冷却移种管道，以免移种过程中种子被烫死；另一方面用稀的基础料稀释种子液，以缩短移种时间防止移种时间长种子"窒息"损伤。

⑬ 带放过程要严格执行无菌操作，尤其是带放去过滤岗位，避免出现"倒料"现象。放罐过程也尽量缩短停留时间，对放罐管路也要进行定期清洗和灭菌。

# 第二节 灭 菌 原 理

## 一、基本概念

(1) 纯种培养 是指仅让一种微生物的菌株在培养基内或培养基上进行生长。纯培养是生物工程实验室或工业生产车间最基本的操作。为了实现纯培养的目的，从接种到培养结束的整个过程不得有杂菌污染，也就是说要严格满足无菌操作的要求。

（2）致死温度与致死时间　是指杀死微生物的极限温度。在致死温度下，杀死全部微生物所需的时间称为致死时间。在致死温度以上，温度愈高，致死时间愈短。由于一般细菌、芽孢细菌、微生物细胞和微生物孢子，对热的抵抗力各不相同。因此，它们的致死温度和致死时间也有差别。

（3）湿饱和蒸汽　含有一定量水滴的蒸汽称为湿饱和蒸汽。主要是由于饱和蒸汽在输送过程中由于热损温度降低使部分蒸汽冷凝所致。它的特点是热含量低，穿透力弱，灭菌效果差。

（4）饱和蒸汽　在特定的压力、温度下，水汽化所得到的蒸汽，其温度与其平衡对应的水的温度相同。饱和蒸汽的温度与压力一一对应，在相同的温度、压力下，进行冷却可变成同温度的水。饱和蒸汽不含有水滴，热含量高，穿透力强，灭菌效果好。

（5）过热蒸汽　蒸汽的温度、压力不是一一对应的。蒸汽的温度高于同压力下对应的饱和蒸汽的温度。一般饱和蒸汽继续加热或者饱和蒸汽经过减压处理均可得到过热蒸汽。过热蒸汽不含有水滴，热含量高，穿透力差，灭菌效果差。

（6）热阻　微生物对热的抵抗力常用"热阻"表示。热阻是指微生物在某一特定条件（主要是温度和加热方式）下的致死时间。相对热阻是指某一微生物在某条件下的致死时间与另一微生物在相同条件下的致死时间的比值。

（7）实消　也称实消灭菌或分批灭菌，是指将配制好的培养基输入发酵罐（种子罐）内，通入蒸汽直接加热，再冷却至发酵所要求的温度的灭菌过程。这一灭菌过程由升温、保温维持和冷却三个连续单元组成。升温和冷却的速度，因发酵罐结构、蒸汽压力和温度、冷却水温度和压力、传热面积、操作方法等的不同而有差异，但主要取决于培养基体积的大小。

（8）空消　也称空消灭菌，是指将饱和蒸汽通入未加培养基的发酵罐（种子罐）内，进行罐体的湿热灭菌的过程。空消的罐压、罐温可稍高于实消，保温时间也可延长。

（9）连消　也称连续灭菌，是指将培养基在发酵罐外，通过专用灭菌装置，连续不断地加热，维持保温和冷却，然后进入发酵罐（或种子罐）的灭菌过程。

（10）美拉德（Maillardom）反应　氨基酸的氨基与糖类的羰基易发生反应，生成羰氨化合物，进而缩合成更复杂的棕色到黑色化合物"类黑色素"的反应。

（11）假压力　指消毒灭菌罐的蒸汽压力与温度不成正比，仪表所指示的压力不是对应温度下的蒸汽的饱和压力，而是高于对应操作温度下的饱和压力。这主要是由于气相中存在不凝气体所致。因此，用仪表指示的压力（认为是饱和蒸汽的压力）去判断灭菌温度会比实际温度高，造成误判，使灭菌达不到要求。灭菌时如果只注意灭菌时的罐压，不注意罐温，将造成消毒不彻底。当然也要注意温度计反映罐温的准确性及灵敏性，为了达到这个目的，在温度计套管内加入适量的稀机油作为传热剂。

（12）死角　灭菌过程中蒸汽的高温所达不到、消灭不彻底的角落称为死角。死角是造成染菌的主要因素，在灭菌过程中消除死角是保证灭菌彻底的关键。

## 二、灭菌方法

工业发酵过程要实现培养基、消泡剂、补加的物料、空气系统、发酵设备、管道、阀门以及整个生产环境的彻底灭菌，防止杂菌和噬菌体的污染，必须针对灭菌对象和生产要求，选择适宜的灭菌方法并控制适宜的灭菌条件才能满足工业化生产的需要。灭菌的方法有很多种，可分为物理法和化学法。物理法包括：加热灭菌（干热灭菌和湿热灭菌）、过滤除菌、电磁波或射线灭菌等。化学法主要利用无机或有机化学药剂进行灭菌。

（1）加热灭菌　加热灭菌是指利用高温使菌体蛋白质变性或凝固，使酶失活而杀灭杂菌的方法。根据加热方式不同，又可分为干热灭菌和湿热灭菌两种。

① 干热灭菌。干热灭菌主要指灼烧灭菌法和干热空气灭菌法。

灼烧灭菌法即利用火焰直接将微生物灼烧致死。这种灭菌方法灭菌迅速、彻底，但是灭菌对象要通过直接灼烧，限制了其使用范围。主要用于金属接种工具、试管口、锥形瓶口、接种移液管和滴管外部及无用的污染物（如称量化学诱变剂的称量纸）或实验动物的尸体等的灭菌。对金属小镊子、小刀、玻璃涂棒、载玻片、盖玻片灭菌时，应先将其浸泡在75%酒精溶液中，使用的时候从酒精溶液中取出来，迅速通过火焰，瞬间灼烧灭菌。

干热空气灭菌法指采用干热空气使微生物细胞发生氧化、体内蛋白质变性和电解质浓缩引起微生物中毒等作用，来达到杀灭杂菌的目的。微生物对干热的耐受力比对湿热强得多，干热灭菌所需的温度高、时间长，一般灭菌条件为160～170℃、1～1.5h。主要用于一些要求保持干燥的实验器材。

② 湿热灭菌。利用饱和蒸汽灭菌的方法称为湿热灭菌法。由于生产中蒸汽易得，价格便宜，蒸汽的热穿透力强，灭菌可靠，故湿法灭菌常用于大量培养基、设备、管路及阀门的灭菌。

（2）过滤除菌法　采用过滤的方法阻留微生物达到除菌的目的。适用于澄清液体和气体的除菌。过滤除菌法在第二章"无菌空气的制备"这一章中介绍。

（3）电磁波、射线灭菌法　利用电磁波、紫外线、X射线、γ射线或放射性物质产生的高能粒子进行灭菌，以紫外线最常用。紫外线对芽孢和营养细胞都能起作用，但其穿透能力低，只能用于表面灭菌。在发酵生产中，紫外线主要用于无菌室、培养间等空间的灭菌。

（4）化学药剂灭菌法　利用化学药剂与微生物发生反应而灭菌。适用于生产环境的灭菌和小型器具的灭菌等。方法主要有浸泡、添加、擦拭、喷洒、气态熏蒸等。常用的化学药剂有：高锰酸钾、漂白粉、75%酒精溶液、新洁尔灭、甲醛、过氧乙酸、戊二醛和酚类等。

### 三、湿热灭菌原理

湿热灭菌是借助于蒸汽释放的热能，特别是饱和蒸汽冷凝，在瞬间内释放大量的潜热，使微生物细胞温度迅速升高，促使微生物细胞中的蛋白质、酶和核酸分子内部的化学键，特别是氢键受到破坏，引起不可逆的变性，使微生物死亡。由于蒸汽穿透力很强，湿热灭菌对耐热芽孢杆菌有很强的杀灭作用，温度每增加10℃时，灭菌速率常数可增加8～10倍。在对培养基灭菌过程中，应该注意湿热灭菌法对培养基营养成分的破坏也是很强的。因此，在灭菌过程中应选择合适的工艺条件，既保证杂菌能够彻底杀灭，又要使营养成分的破坏减少到最小。

每一种微生物都有一定的最适生长温度范围。如一些嗜冷菌的最适温度为5～10℃（最低限0℃，最高限20～30℃）；大多数微生物的最适温度为25～37℃（最低限为5℃，最高限为45～50℃）；另有一些嗜热菌的最适温度为50～60℃（最低限为30℃，最高限为70～80℃）。当微生物处于最低限温度以下时，代谢作用几乎停止而处于休眠状态。当温度超过最高限度时，微生物细胞中的原生质体和酶的基本成分（蛋白质）发生不可逆变化，即凝固变性，使微生物在很短时间内死亡。湿热灭菌就是根据微生物的这种特性进行的。

一般无芽孢细菌，在60℃下经过10min即可全部杀灭。而芽孢细菌的芽孢能经受较高的温度，在100℃下要经过数分钟乃至数小时才能杀死。某些嗜热菌能在120℃温度下，耐受20～30min，但这种菌在培养基中出现的机会不多。一般来讲，灭菌的彻底与否是以能否杀灭热阻大的芽孢细菌为标准的。表3-1是几种微生物对湿热的相对热阻。可见，细菌的芽孢比大肠杆菌对湿热的抵抗力约大3000000倍。

表 3-1　微生物对湿热的相对热阻

| 微生物名称 | 细菌、酵母的营养体细胞和大肠杆菌 | 细菌芽孢 | 霉菌孢子 | 病毒及噬菌体 |
|---|---|---|---|---|
| 相对抵抗力 | 1 | 3000000 | 2～10 | 1～5 |

**1. 对数残留定律**

在一定温度下，微生物受热后，其死活细胞个数的变化如同化学反应的浓度变化一样，遵循分子反应速率理论。微生物热死速率可以用分子反应速率表示。研究证明，培养基中微生物受热死亡的速率与残存的微生物数量成正比，这就是对数残留定律，其数学表达式为：

$$-\frac{\mathrm{d}N}{\mathrm{d}t}=kN \tag{3-1}$$

式中　$N$——培养基中残留的活的微生物个数，个；

$\quad\quad t$——受热时间，s；

$\quad\quad k$——比死亡速率常数，相当于反应速率常数，$\mathrm{s}^{-1}$；

$\quad -\frac{\mathrm{d}N}{\mathrm{d}t}$——活微生物瞬时死亡率，即死亡速率，个/s。

$k$ 值的确定与灭菌条件，即加热温度和微生物种类有关。以 $t=0$ 时，$N=N_0$ 为初始条件，积分式(3-1)可得：

$$N=N_0 e^{-kt} \tag{3-2}$$

$$t=\frac{1}{k}\ln\frac{N_0}{N} \quad 或 \quad t=\frac{2.303}{k}\lg\frac{N_0}{N} \tag{3-3}$$

式(3-3)即为对数残留定律的数学表达式，其中 $N$ 为经过时间 $t$ 灭菌后活微生物的残留数。根据此式可计算灭菌时间。如果 $N\to 0$，那么 $t\to\infty$，这在实际中是不可能的，即灭菌的程度在计算中要选定一个合适度，常采用 $N=0.001$ 计算，也就是说 1000 次灭菌过程有 1 次失败的可能。

将 $N/N_0$（存活率）对时间 $t$ 在半对数坐标上绘图，可以得到一条斜率为 $k$ 的直线，死亡速率常数 $k$ 值越大，表明微生物越容易致死。图3-1

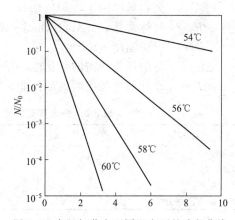

图 3-1　大肠杆菌在不同温度下的残留曲线

为大肠杆菌在不同温度下的残留曲线。温度越高，$k$ 值越大，表明微生物越容易死亡。$k$ 是微生物耐热性的一种表示，不同的微生物在不同的灭菌温度下，$k$ 值是不相同的。$k$ 值越小，说明此种微生物的热阻越大。

通常采用的灭菌条件是 110～130℃，20～30min。芽孢对热耐受力强，需要更高的温度和更长的时间杀灭。对细菌芽孢来说，并不始终符合对数残留定律，特别是在受热后很短的时间内。培养液中油脂、糖类及一定浓度的蛋白质会增加微生物的耐热性，高浓度盐类、色素能降低其耐热性。随着灭菌条件的加强，培养基成分的热变质速率加快，特别是维生素成分，升高灭菌温度及延长灭菌时间，对培养基营养物质的破坏将增大。不同灭菌条件下培养基营养成分的破坏不同。因此，要合理选择灭菌温度和灭菌时间，达到彻底灭菌和把营养成分的破坏减少到最低限度的目的。

在培养基中有各种各样的微生物，不可能逐一加以考虑。如果全部微生物都当成耐热的细菌芽孢来考虑，则要延长加热时间和提高灭菌温度。一般将芽孢细菌和细菌的芽孢之和作为计算依据。

### 2. 培养基灭菌温度的选择

在培养基灭菌过程中，除了杂菌死亡外，还伴随着培养基成分的破坏。在高温加热情况下，氨基酸和维生素极容易遭到破坏，如加热 20min，50%的赖氨酸、精氨酸及其他碱性氨基酸就会被破坏，糖溶液焦化变色，醛糖与氨基化合物发生美拉德反应，不饱和醛聚合以及某些化合物水解等。因此必须选择既能达到灭菌目的，又能使培养基的破坏降至最低的灭菌温度。

培养基的破坏属于分解反应，可看做是化学动力学中的一级反应，其方程为：

$$-\frac{\mathrm{d}c}{\mathrm{d}t}=k'c \tag{3-4}$$

式中　$c$——对热不稳定物质的浓度，mol/L；

　　　$k'$——分解速率常数，$\mathrm{s}^{-1}$；

　　　$t$——分解反应时间，s。

$k'$ 随反应物质种类和温度的不同而异，$k'$ 和比死亡速率常数 $k$ 一样，与温度的关系可用阿累尼乌斯方程式关联：

$$k'=A'\exp[-\Delta E'/(RT)] \tag{3-5}$$

$$k=A\exp[-\Delta E/(RT)] \tag{3-6}$$

式中　$A'$——分解反应的阿累尼乌斯常数，$\mathrm{s}^{-1}$；

　　　$A$——死亡频率因子，$\mathrm{s}^{-1}$；

　　　$R$——气体常数，8.314J/(mol·K)；

　　　$T$——灭菌温度，K；

　　　$\Delta E'$——分解反应所需的活化能，J/mol；

　　　$\Delta E$——杀死微生物所需的活化能，J/mol。

表 3-2　杀灭某些细菌芽孢和部分维生素所需的活化能

| 名称 | $\Delta E'/(\mathrm{kJ/mol})$ | 名称 | $\Delta E/(\mathrm{kJ/mol})$ |
| --- | --- | --- | --- |
| 叶酸 | 70.3 | 嗜热脂肪芽孢杆菌 | 283 |
| 泛酸 | 87.9 | 枯草杆菌 | 318 |
| 维生素 $B_{12}$ | 96.7 | 肉毒梭菌 | 343 |
| 维生素 $B_1$ 盐酸盐 | 92.1 | 腐败厌气菌 NCA3679 | 303 |

表 3-2 列出了一些微生物和维生素的活化能值。从表中可以看出杀死某些微生物的 $\Delta E$ 比某些维生素分解的 $\Delta E'$ 要高。通过实际测定，一般杀灭微生物营养细胞的 $\Delta E$ 值约为 200000～260000J/mol，杀灭微生物芽孢的 $\Delta E$ 值约为 400000J/mol；一般酶及维生素分解的 $\Delta E'$ 值约为 8000～80000J/mol。在任何温度下，杀死微生物所需要的时间 $t$ 都将比各种物质分解的时间要长。因此，工业生产上为了实现彻底灭菌和减少营养物质的破坏，常选择较高的灭菌温度，并采用较短的灭菌时间，这就是通常所说的"高温快速灭菌法"。一般来说，高温快速灭菌所得培养基的质量比较好，但灭菌工艺的选择还要从整个工艺、设备、操作、成本以及培养基的性质等综合考虑。

## 第三节　灭菌过程

由于饱和蒸汽的灭菌能力优于过饱和蒸汽，湿热灭菌时多采用饱和蒸汽。为确保饱和蒸汽的质量，要严防蒸汽中夹带大量冷凝水，防止蒸汽压力大幅度波动，保证生产所用的蒸汽

压力在 $3\sim3.5\mathrm{kgf/cm^2}$[1] 以上。湿热灭菌的方式主要有实消灭菌、空消灭菌和连续灭菌。灭菌对象主要是生产设备（包括种子罐、发酵罐、物料贮罐、过滤器、连消塔、维持罐、冷却器等）及其附属设施（管线、阀门、仪表等）、培养基及发酵过程中所补加的各种物料。

## 一、主要生产设备

### 1. 种子罐

种子罐是将实验室种子扩大培养制备车间种子的生产装置，它与通用式发酵罐的结构基本相同，不同的是体积较小，内部不设换热装置，而采用夹套冷却或加热。一般种子罐包括：罐体、轴封、搅拌装置、挡板（通常为四块）、消泡装置、电动机与变速装置、空气进口接管及气体分布装置，在壳体的适当部位设置溶氧电极、热电偶、压力表、泡沫或液位传感器等检测装置，排气、取样、出料和接种口、人孔、视镜、安全视灯、人梯等部件。有些种子罐也可结合菌种培养需要设置补料口（加酸/碱、消泡剂、氮源或碳源补料口等）。详细情况见通用式发酵罐的介绍。种子罐罐体内胆及封头一般由优质不锈钢抛光制成，罐内无死角，搅拌器与密封采用机械密封件组成。种子罐使用中应注意以下几方面的问题。

① 设备使用蒸汽压力不得超过核定额工作气压。
② 进气时应缓慢开启进气阀，直到需用压力为止。冷凝水出口外需装疏水器。
③ 针对安全阀的操作使用范围，不许蒸汽经常超压使用。压力表与安全阀应定期检查，如有故障要及时调换或修理。
④ 在使用过程中，应经常注意蒸汽压力的变化，对进气阀适时调整。
⑤ 停止使用后，注意对夹套内放完余水。
⑥ 每次使用后，对罐内进行清洗，保持清洁。

### 2. 机械搅拌式发酵罐

机械搅拌式发酵罐能适用于大多数生物反应过程，一般多用于间歇反应。它是利用机械搅拌器的作用，使空气和发酵液充分混合，促进氧的溶解，以保证供给微生物生长繁殖和代谢所需的溶解氧。这类反应器中比较典型是通用式发酵罐及自吸式发酵罐。

（1）通用式发酵罐　通用式发酵罐指既具有机械搅拌又有压缩空气分布装置的发酵罐，是形成标准化的通用产品，是工业发酵过程较常用的一类反应器，如图3-2所示。反应器的基本结构包括：罐体，轴封，搅拌装置，换热装置，挡板（通常为四块），消泡装置，电动机与变速装置，气体分布装置，在壳体的适当部位设置有溶氧电极、pH电极、$CO_2$电极、热电偶、压力表等检测装置，排气、取样、卸料和接种口，酸碱管道接口和人孔视镜等部件。由于这种形式的罐是目前大多数发酵工厂最常用的，所以称为"通用式"。其容积为 $20\sim200\mathrm{m^3}$，有的甚至可达 $500\mathrm{m^3}$。

① 罐体。其外形为圆柱形，罐体各部有一定比例，罐身高度一般为罐直径的 $1.5\sim4$ 倍。发酵罐为封闭式，一般都在一定罐压下操作，为承受灭菌时的蒸汽压力，罐顶和罐底采用椭圆形或蝶形封头，中心轴向位置上装有搅拌器。为便于清洗和检修，发酵罐设有手孔或人孔，罐顶还有窥镜和灯孔以便观察罐内情况。此外，还有各式各样的接管。装于罐顶的接管有进料管、补料管、排气管、接种管和压力表接口管等；装于罐身的接管有冷却水进出口接管、空气口接管、温度和其他测控仪表的接口管。取样口则视操作情况装于罐身或罐顶。现在很多工厂在不影响无菌操作的条件下将接管加以归并，如进料口、补料口和接种口用一个接管，放料可利用通风管压出，也可在罐底另设放料口。

② 轴封。轴封的作用是使固定的发酵罐与转动的搅拌轴之间能够密封，防止泄漏和杂

---

[1] $1\mathrm{kgf/cm^2}=98.0665\mathrm{kPa}$，全书余同。

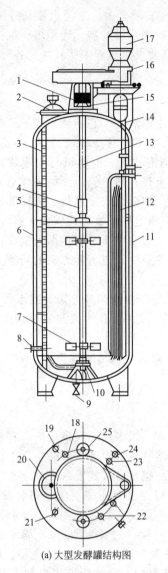

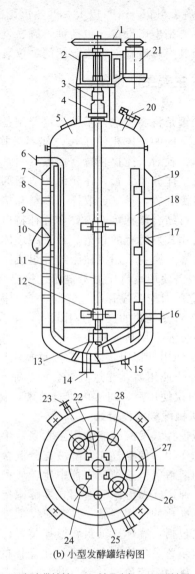

(a) 大型发酵罐结构图　　　　　　(b) 小型发酵罐结构图

1—轴承；2, 20—人孔；3—梯子；4—联轴器；
5—中间轴承；6—热电偶接口；7—搅拌器；8—通风管；
9—放料口；10—底轴承；11—温度计；12—冷却管；
13—轴；14—取样；15—轴承柱；16—三角皮带传动；
17—电动机；18—压力表；19—取样口；
21—进料口；22—补料口；23—排气口；
24—回流口；25—窥镜

1—三角皮带转轴；2—轴承支柱；3—联轴器；
4—轴封；5—窥镜；6—取样口；7—冷却水出口；
8—夹套；9—螺旋片；10—温度计；11—轴；
12—搅拌器；13—底轴承；14—放料口；
15—冷水进口；16—热电偶接口；17—人孔；
18—挡板；19—接压力表；20, 27—人孔；
21—电动机；22—排气口；23—取样口；24—进料口；
25—压力表接口；26—窥镜；28—补料口

图 3-2　通用式发酵罐结构图

菌污染。常用的轴封有填料函和端面轴封。填料函式轴封是由填料箱体、填料底承套、填料压盖和压紧螺栓等零件构成，使旋转轴达到密封效果。由于容易渗漏及染菌且磨损严重、寿命短，目前工业上很少采用。端面轴封又称机械轴封，密封作用是靠弹性元件的压力使垂直于轴线的动环和静环光滑表面紧密地相互配合，并作相对转动而达到密封。由于密封效果好且不易造成染菌，寿命较长，工业上采用较多。

③ 反应器中的传热装置。容积小的发酵罐或种子罐采用夹套换热来达到控制温度的目的，夹套的高度比静止液面高度稍高即可。这种装置的优点是结构简单，加工容易，罐内无

冷却装置，死角少，容易进行清洁灭菌工作，缺点是降温效果差。大的发酵罐则需在内部另加盘管，盘管是将竖式的蛇形管换热器分组安装于发酵罐内，根据罐的直径大小有四组、六组或八组不等。近年来多将半圆形管子焊在发酵罐外壁上，这样既可以取得较好的传热效果，又可简化内部结构，便于清洗。对于大于 $100m^3$ 的工业发酵罐也有采用外循环换热方式，在外部通过热交换器进行换热的，但循环易使发酵液起泡，易造成冒罐跑液。

④ 气体分布装置。气体分布装置是将无菌空气引入到发酵液中的装置。气体分布装置置于反应器底部最底层搅拌桨叶的下面，目的是使吹入罐内的无菌空气均匀分布。气体分布装置可以是带孔的平板、带孔的盘管或只是一根单管，常用的是单管式。为防止堵塞，一般孔口朝下，以利于罐底部分液体的搅动，使固形物不易沉积于罐底。为了防止管口吹出的空气直接喷击罐底，加速罐底腐蚀，可在分布装置的下部装置不锈钢分散器，以延长罐底寿命。气体通过气体分布装置从反应器底部导入，自由上升直至碰到搅拌器底盘，与液体混合，在离心力作用下，从中心向反应器壁发生径向运动，并在此过程中分散。同时上升时被转动的搅拌器打碎成小气泡并与液体混合，加强了气液的接触效果。

⑤ 反应器中混合装置。物料的混合和气体在反应器内的分散靠搅拌和挡板实现。搅拌器使流体产生圆周运动；挡板可以加强搅拌，促进液体上下翻动和控制流型，并可防止由搅拌引起的中心大旋涡，即避免"打旋"现象。挡板长度自液面起至罐底部止。搅拌的首要作用是打碎气泡，增加气-液接触面积，以提高气-液间传质速率。其次是为了使发酵液充分混合，使液体中的固形物料保持悬浮状态。搅拌器的叶轮可分为轴流式叶轮和径向叶轮。轴流式叶轮的叶面通常与轴成一定角度，产生的流体流动基本轨道是平行于搅拌轴的。径向叶轮的叶面是平行于搅拌轴、垂直于轴截面的，使流体沿叶轮半径方向排出。

轴向流搅拌器的混合效果最好，但是破碎气泡的效果最差，另外采用轴向搅拌器常会引起振动。径向流搅拌器气液混合效果较好，好氧发酵中常采用。多数采用圆盘涡轮式搅拌器。为了避免气泡在阻力较小的搅拌器中心部沿着轴周边上升逸出，在搅拌器中央常带有圆盘。常用的圆盘涡轮搅拌器有平叶、弯叶和箭叶式三种，叶片数量一般为 6 个，少至 3 个，多至 8 个。对于大型发酵罐，在同一搅拌轴上需配置多个搅拌器。搅拌轴一般从罐顶伸入罐内，但对容积 $100m^3$ 以上的大型发酵罐也可采用下伸轴。

有些发酵罐在搅拌轴上装有耙式消泡桨，齿面略高于液面，消泡桨直径为罐径的 $0.8 \sim 0.9$，以不妨碍旋转为原则。消泡桨的作用是把泡沫打碎。也可制成封闭式涡轮消泡器，泡沫可直接被涡轮打碎或被涡轮抛出撞击到罐壁而破碎，常用于下伸轴发酵罐，消泡器装于罐顶。

（2）自吸式发酵罐 自吸式发酵罐其结构大致上与机械搅拌式发酵罐相同。主要区别在于搅拌器的形状和结构不同，如图 3-3 所示。

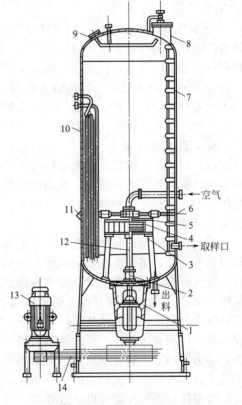

图 3-3　自吸式发酵罐

1—轴承座；2—机械轴封；3—叶轮；
4—导轮；5—轴承；6—拉杆；7—梯子；
8—人孔；9—视镜；10—冷却排管；
11—温度计；12—搅拌轴；13—电动机；
14—皮带

自吸式发酵罐使用的是带中央吸气口的搅拌器。搅拌器由从罐底向上伸入的主轴带动，叶轮旋转时叶片不断排斥周围的液体使其背侧形成真空，于是将罐外空气通过搅拌器中心的吸气管吸入罐内，吸入的空气与发酵液充分混合后在叶轮末端排出，并立即通过导轮向罐壁分散，经挡板折流涌向液面，均匀分布。空气吸入管通常用一端面轴封与叶轮接连，确保不漏气。

由于空气靠发酵液高速流动形成的真空自行吸入，气液接触良好，气泡分散较细，故而提高了氧在发酵液中的溶解速率。自吸式发酵罐吸入压头和排出压头均较低，需采用高效率、低阻力的空气除菌装置。其缺点是进罐空气处于负压，因而增加了染菌机会，其次是这类罐搅拌转速甚高，有可能使菌丝被搅拌器切断，影响菌体的正常生长。所以在抗生素发酵上较少采用，但在食醋发酵、酵母培养方面有成功的实例。

（3）操作要点　机械搅拌式发酵罐在使用中，关键是要控制好相关调节装置，给微生物菌体以良好的生长及产物合成条件，减少染菌及不安全因素，提高发酵单位。生产中通常通过控制搅拌器转速、冷却介质的量、空气流速来优化生产条件。

① 搅拌。搅拌是通过控制搅拌器的转数来控制搅拌强度的。一般在要求提高混合程度、强化供氧、减少菌丝结团、延长气体停留时间时可加强搅拌。另外，当空气流速增大，搅拌器会出现"气泛"现象，不利于空气在罐内的停留与分散，同时导致发酵液浓缩影响氧传递，生产上要提高发酵罐的供氧能力，常采用提高搅拌功率、适当降低空速的方法。

② 温度。发酵罐温的控制通过调节冷却器冷却介质流量来实现温度调节，并可通过控制搅拌速率及通气量实现罐内温度分布。一般提高转速罐内温度分布较均匀，适当提高气速有利于温度均匀分布，但气速过高反而引起"气泛"，不利于温度均匀分布。

③ 罐压。罐压是生产控制的主要因素，维持罐压（正压）可以防止外界空气中的杂菌侵入而避免污染，生产中通过控制冷却温度、进罐气量及排气阀开启度来控制罐压。一般温度高、进气量大、排气阀开启度小，罐压增大。

**3. 鼓泡式发酵罐**

（1）结构　鼓泡式发酵罐是以气体为分散相、液体为连续相，涉及气液界面的反应器。液相中常包含悬浮固体颗粒，如固体营养基质、微生物菌体等。鼓泡反应器结构简单，易于操作，混合和传热性能较好，广泛用于生物工程行业，如乙醇发酵、单细胞蛋白发酵、废水及废气处理等。

鼓泡反应器的高径比一般较大，也可称鼓泡塔。通常气体从反应器底部进入，经气体分布器（多孔管、多孔盘、烧结金属、烧结玻璃或微孔喷雾器）分布在塔的整个截面上均匀上升。空气分布器分为两大类，分别为静态式（仅有气相从喷嘴喷出）和动态式（气液两相均从喷嘴喷出）。连续或循环操作时液体与气体以并流方式进入反应器，气泡上升速率大于周围液体上升速率，形成液体循环，促使气液表面更新，起到混合的作用。通气量较大或气泡较多时，应当放大塔体上部的体积，以利于气液分离。鼓泡反应器的优点是不需机械传动设备，动力消耗小，容易密封，不易染菌；缺点是不能提供足够高的剪切力，传质效率低，对于丝状菌，有时会形成很大的菌丝团，影响代谢和产物的合成。

鼓泡反应器的性能可以通过添加一些装置得到调整，以适应不同的要求。例如添加多级筛板或填充物改善传质效果，降低返混程度；增加管道促使循环，以及改变空气分布器的类型等。对于装有若干块筛板的鼓泡塔，压缩空气由罐底导入，经过筛板逐级上升，气泡在上升过程中带动发酵液同时上升，上升后的发酵液又通过筛板上带有液封作用的降液管下降而形成循环。筛板的作用是使空气在罐内多次聚并与分散，降液管阻挡了上升的气泡，延长了气体停留时间并使气体重新分散，提高了氧的利用率，同时也促使发酵液循环。图3-4为鼓泡式反应器示意图。

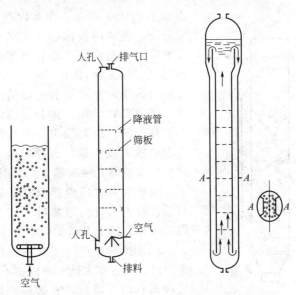

图 3-4 鼓泡式反应器示意图

（2）操作要点 鼓泡式反应器的操作中要有利于传质（气体氧的传递），同时要避免"气泛"现象。对低黏度液体，空塔气速 $u_G \leqslant 5$cm/s 时，称为安静区，气泡直径相当均匀，气泡群中的气泡以相同速率上升，不发生严重的聚并，相互间不易发生作用，称拟均匀流动，工业上通常要求在这样的条件下操作，在这种状况下气液传递量随并行液体的流速的增加而增加；当 $u_G > 8$cm/s 时称湍动区，流速增大至液泛点以上，大气泡生成，产生非均匀流动，大气泡浮力大，它的上升引起液体在塔内的循环称循环流状态，大气泡出现不利于氧的传递。

高气速即高气泡密度时，会产生气泡的聚并现象。黏度高的液体聚并速度高，甚至在很低的气体流速下可以观察到气泡的聚并；在低黏度溶液中，表面张力和气体分布器产生的初始气泡尺寸起着很重要的作用，在纯溶液中聚并的发生更加快，而在电解质溶液和含杂质的液体中，可减少聚并发生程度。另外，通过内循环或外循环、塔内设隔板等可使聚并减小到一定程度，发生聚并现象对气液之间的传质不利。

鼓泡塔生物反应器内传热通常采用两种方式：一种是夹套、蛇管或列管式冷却器；另一种是液体循环外冷却器。一般塔内温度因气体的搅动分布比较均匀，提高气速可适当提高给热系数，有利于热量移除。温度调节可通过控制两种方式下换热介质的量来调节。

**4. 气升式反应器**

（1）结构特点 气升式反应器是在鼓泡式反应器的基础上发展起来的，它是以气体为动力，靠导流装置的引导，形成气液混合物的总体有序循环。器内分为上升管和下降管，向上升管通入气体，使管内气含率升高，相对密度变轻，气液混合物向上升，气泡变大，至液面处部分气泡破裂，气体由排气口排出，剩下的气液混合物相对密度较上升管内的气液混合物大，由下降管下沉，形成循环。气升式反应器不需要搅拌，借助于气体本身的能量达到气液混合搅拌及循环流动。因此，通气量及气压头较高，空气净化工段负荷增加，对于黏度较大的发酵液，溶解氧系数较低。因此，不适于固形物含量高、黏度大的发酵液或培养液。气升式反应器既能使发酵液（培养液）充分均匀又能使气体充分分散，而且没有机械剪切力，适合于动植物细胞的培养。

根据上升管和下降管的布置，可将气升式反应器分为两类：一类称为内循环式，上升管

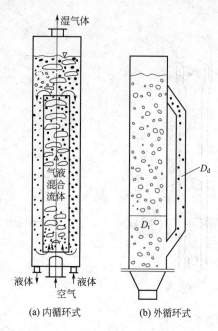

图 3-5　气升式反应器结构示意
$D_d$—下降管直径；$D_t$—上升管直径

和下降管都在反应器内，循环在器内进行，结构紧凑如图 3-5(a) 所示，多数内循环反应器内置同心轴导流筒，也有内置偏心导流筒或隔板的。另一类为外循环式，通常将下降管置于反应器外部，以便加强传热，如图 3-5(b) 所示。

气体导入方式基本可归纳为鼓泡和喷射两种形式。鼓泡形式常用气体分布器，气体分布器有单孔的、环形的，也有采用分布板的；喷射式通常是气液混合进入反应器，有径向流动及轴向流动。气升式生物反应器几种喷嘴方式见图 3-6。

有些气升式反应器为降低循环速率和提高气液分散度在上升管内增加塔板或为均匀分布底物和分散发酵热，沿上升管轴向增加多个底物输入口。

（2）控制要点　气升式反应器要合理控制气含率 $(\varepsilon)$，气含率太低，氧传递不够；气含率太高，使反应器利用率降低，有时还会影响生物过程。气升式反应器中各处的气含率是不同的，特别是较高的反应器，由于液体静压不同，气含率沿轴向发生变化。气含率是指反应器内气体所占有效反应体积的百分率。气含率除受气体分布器及喷嘴的形式影响外，还受气速和液速的影响。一般气体流速提高气含率升高，液体流速增加气含率降低。

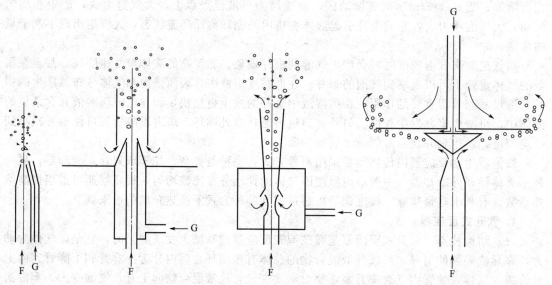

图 3-6　气升式生物反应器的几种喷嘴设计方案
G—气体；F—循环流体

运行中的生产罐，其气含率可用密度压差法（如图 3-7 所示）进行计算，计算公式如下：

$$\varepsilon = 1 - \frac{P_2 - P_1}{\rho_L g h} \tag{3-7}$$

$$\rho_d = (1 - \varepsilon)\rho_L$$

式中 $\varepsilon$ ——A、B两界面之间的平均气含率，%；

$\rho_L$ ——液体密度，$kg/m^3$；

$\rho_d$ ——气液混合密度，$kg/m^3$；

$h$ ——A、B间的高度，m；

$P_1$、$P_2$ ——为A、B两界面的静压，Pa。

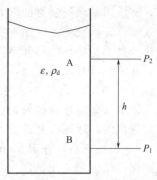

图 3-7 密度压差法测定气含率的原理

由于处于流动状态，此法计算的气含率受压头的影响。

在气升式反应器中混合时间对反应器的效率有很大影响，混合时间随气体在上升管中的空速的增加而减小，随反应器体积的增加而增大。另外也受反应器内导流管的影响（如导流管离液面的距离等），混合时间过短，不利于传质；混合时间过长，传质量不一定会有明显提高，反而使生产能力下降。

## 二、灭菌操作

### 1. 发酵罐或种子罐灭菌前的准备工作

放罐或移种后，关闭种子罐或发酵罐的空气进气阀，开排气阀，关放料阀，打开罐底排污阀待罐压放尽后，打开人孔盖，用压力在 $3.0 \times 10^5 Pa$ 以上的水仔细冲洗罐内壁、内件及搅拌器。待水排尽后，关闭罐底阀，微开空气进气阀通入少量空气，时间不得少于半小时（若是染菌罐通气时间不得少于 1h）。空气置换完毕，关小空气进气阀。在搅拌磁力开关处挂安全警示牌，在有人监护的情况下系好安全带下罐检查。检查罐内各焊缝、空气环形分布管、出料管、接种管、温度计套管、视镜、冷却器、搅拌器等是否有杂物堆积，是否被腐蚀或穿孔，以及空气分布管的牢固状况和畅通状况，压出管与取样管的紧固状况，搅拌叶及轴底瓦的紧固与磨损情况，搅拌轴的稳定情况。清除污物，消除罐内死角，擦净视镜，并处理其他相关问题。检查时如发现分过滤器冒烟，严禁下罐检修，须放入小动物做试验，证明无 CO 后，方可下罐。出罐后盖上并上紧人孔盖，若在常压状态下压力表指针不归零，应立即更换压力表。开大空气阀，关排气阀升压。待压力升至 0.1MPa 后检查发酵罐罐体焊缝、人孔盖连接垫、搅拌机械密封、各法兰连接垫及焊缝、阀门填料密封及阀体的严密度，以及压力表的灵敏度和准确度，无误后关空气进气阀，开排气阀将罐压放尽。检查接种阀、罐底阀胶皮垫，视情况而定是否更换胶皮垫。检查罐外各管路、支管路、阀门的严密度及畅通情况，判断各管路内有无焦化物、阀门是否脱垫或掉头等引起堵塞。处理相关问题，确认正常后，关闭冷却水进、回水阀，打开冷却水管上吹口及放水阀，排尽夹套内或蛇管内的冷却水，等待灭菌消毒。另外，发酵罐或种子罐冷却用的蛇管或夹套要定期用 $8.0 \times 10^5 Pa$ 的水试漏。

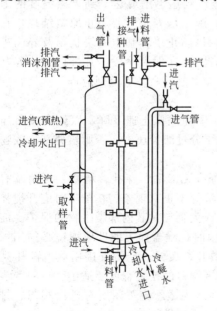

图 3-8 实消灭菌示意

### 2. 培养基与发酵设备的灭菌

培养基的灭菌一般可采用实消灭菌和连续灭菌，发酵设备的灭菌可采用实消灭菌、空消灭菌。灭菌采用饱和蒸汽，使用蒸汽灭菌前要观察总蒸汽温度和压力是否对应于"饱和蒸汽湿度-压力对应曲线图"，若蒸汽温度高于相同压力下饱和蒸汽温度，则启用蒸汽增湿系统。

（1）实消灭菌 实消灭菌操作过程如图 3-8 所示。首先将输料管路内的污水放掉冲洗干净，然后用泵将配制好的培养基输送到发酵罐内，进料完毕开动搅拌器以防料液沉淀，然后通入蒸汽开始灭菌。对于发酵罐一般先将各排气（汽）阀打开，将蒸汽引入夹套或蛇管进行预热（目的是防止物料和蒸汽间温差过大，直接进汽时引起设备震动、颠簸所导致的设备损坏；使消毒物料均匀升温，减少灭菌过程中冷凝水产生过多，引起培养基的稀释），待罐温升到 $80\sim90$℃，将排气（汽）阀逐渐关小。接着将蒸汽从进气口、排料口、取样口等直接通入罐中（如有冲视镜管则也一同进汽）升温、升压。目前，多数生产单位已采取不预热而直接进蒸汽，逐渐提高罐温、罐压。待罐温上升到 $118\sim120$℃，罐压维持在 $(0.9\sim1.0)\times10^5$ Pa（表压）后，保温 30min 左右。灭菌过程中要间断或连续开动搅拌，以利于泡沫破裂。保温结束后关闭排气（汽）阀、进汽阀，关闭夹套下水道阀，开启冷却水回水阀，待罐压低于过滤器压力时开启空气进气阀引入无菌空气，随后引入冷却水将培养基温度降至培养温度。

采用实消灭菌时，发酵罐不能用于发酵，发酵生产的时间要比连续灭菌少，发酵设备的利用率较低，同时使用蒸汽比较集中，这是它的缺点。但是，实消灭菌的操作比较简单，染菌机会较少，而且采用较低的冷却水温和较大的冷却面积，对培养基的质量影响较小。种子培养基一般多采用实消灭菌，灭菌前要调整好培养基各成分的比例，考虑实消过程中水蒸气冷凝对培养基浓度的影响。而许多发酵罐目前也在采用实消灭菌。实消灭菌应注意以下事项。

① 灭菌前罐内均需用高压水清洗，清除堆积物。

② 灭菌时要保证各路进气畅通及罐内培养基翻腾激烈。要控制好温度和压力（以控制温度为主、压力为辅），严防高温、高压闷罐，否则容易造成培养基成分破坏和 pH 值升高。灭菌时总蒸汽压力要求不低于 $(3.0\sim3.5)\times10^5$ Pa（绝压），使用压力不低于 $2\times10^5$ Pa（绝压）。

③ 灭菌过程中要保持压力稳定，要严防泡沫升至罐顶或逃液。为节约蒸汽用量，排汽量不宜过大，但排汽要求保持畅通。

④ 实消灭菌或空消灭菌时必须避免"死角"（即蒸汽到达不了或达不到灭菌温度的地方），以免灭菌不彻底而使系统染菌。采用实消灭菌时，配制培养基时要防止原料结块，在配料罐出口处应装有筛板过滤器（筛孔直径≤0.5mm），以防止培养基中的块状物及异物进入罐内。配料罐要注意清洗和灭菌（连续灭菌时也应如此）。在保温阶段，凡进口在培养基液面下的各管道以及冲视镜管都应不断通入蒸汽，在液面上的其余各管道则应排放蒸汽，这样才能保证灭菌彻底、不留死角。

⑤ 灭菌结束后，要引入无菌空气保持罐压，这样可避免罐压迅速下降，以致产生负压并抽吸外界空气。在引入无菌空气前，罐内压力必须低于分过滤器压力，否则培养基（或物料）将倒流入过滤器内。

⑥ 严格检查有关罐体、管道、法兰、轴封、阀门等有无渗漏、穿孔、堵塞、死角及有无阀门忘开、忘关、开关次序搞错，以及泡沫冒顶和逃液等不正常现象。在配料时应开搅拌器，尽量将各种粉饼等团块打碎，搅拌均匀，防止结块或大颗粒对其内部微生物的保护。淀粉的配比超过 4% 时必须水解，否则影响灭菌效果。灭菌时，罐盖面上的玻璃视镜必须用橡胶垫等盖好，以防沾着冷水引起炸裂。开冲视镜时要微开、缓慢、严防直接用蒸汽高压猛冲。要经常检查压力表的灵敏度和准确度且玻璃视镜周围螺钉的松紧程度要适中。

⑦ 实消时进排汽量要平衡，严防泡沫顶罐。一旦泡沫顶罐，应关闭所有进汽阀门、排汽阀门，进行闷罐，利用搅拌将泡沫搅净后，适当降压，重新组织消罐。

⑧ 预热升温至 $80\sim90$℃后要停止夹层和蛇管的间接蒸汽加热，及时打开夹层的放水阀，迅速放掉夹层内的冷凝水，保证加热时间的充分，使夹套与蛇管内的冷凝水能够全部汽化

排除。

⑨ 实消直接进汽分主次。主要进汽点应当以空气分布管蒸汽、压出管蒸汽、罐底物料管蒸汽或罐底放料管蒸汽为主。进汽量稍大一些，以确保热传递充分、迅速，而罐顶部位以及与物料不接触的管路和阀门，如加油蒸汽阀、冲视镜蒸汽阀、补料管蒸汽阀等为次进汽点。其进汽要少些，保证传热畅通就行，如果进汽过大，就会使罐顶空间内假压力迅速产生，而罐内物料升温缓慢且不均匀。

（2）空消灭菌 空消灭菌过程以发酵罐与种子罐灭菌为例。

① 发酵罐空消灭菌过程。发酵罐空消灭菌过程如图 3-9 所示。当发酵罐已做好灭菌前的各项准备工作后，开罐底一阀及排污阀（目的是利用蒸汽压出罐内冷凝水，同时由于空气密度大于蒸汽密度，可利用蒸汽将空气从罐底压出），微开取样二阀，开取样蒸汽阀、取样一阀。开物料（加入发酵罐的培养基）一阀、二阀、汽封阀，微开冷凝水阀。关泡沫剂管二阀，开蒸汽阀、消泡剂管一阀。关补料管（加酸或碱）二阀，开蒸汽阀、补料一阀。关空气二阀，微开空气一阀，全开罐顶空气排汽阀，开空气管蒸汽阀，微开放空阀（或排气阀：用于排除发酵过程中的未被菌体吸收的空气及生成的 $CO_2$ 气）。视蒸汽压力状况预热 40～60min 之后，关小罐底二阀，开度不超过 1/4 圈。关小罐顶空气排气阀，保持微开，开大空气一阀，开大放空阀，其他阀门不动。当罐温、罐压升至保温规定范围时，开始保温计时，保温 30min。在保温过程中随时调节空气管蒸汽阀和放空阀的开度，以保证灭菌温度和压力。

保温时间到，关罐底二阀、一阀，关冷却水放水阀。关物料管汽封阀及冷凝水阀，关取样一阀，开取样二阀，关小取样蒸汽。关消沫剂一阀、蒸汽阀，关补料一阀、蒸汽阀。关冷却水管放水阀，关空气管蒸汽阀、罐顶空气排汽阀，关小空气一阀。待罐压降至0.08MPa 时，开空气二阀使空气进罐，调节排气阀，使罐压保持在 0.05～0.08MPa，空消结束。消毒工将消后发酵罐交看罐人员，待打料。灭菌过程中维持罐压 0.25～0.30MPa，罐温 125～130℃，总蒸汽压力不低于 0.30～0.35MPa，使用蒸汽压力不低于 0.25～0.30MPa。

看罐人员接空消结束通知后，即检查该罐罐压情况，然后依次检查空气二阀、一阀，放空阀，取样蒸汽阀，取样二阀的开启情况；取样一阀，罐底一阀、二阀，冷却水放水阀，空气管蒸汽阀，补料一阀、二阀，补料管蒸汽阀，消沫剂管一阀，消沫剂管蒸汽阀的关闭情况。正常后接受连消系统打来的料液，整个打料过程保持罐压（0.05±0.01）MPa。当打料体积超过一定值后，开冷却水进水阀及回水阀，开启搅拌进行降温，打料过程中应随时观察罐液位情况，若泡沫大可适当补加消沫剂。当连消完毕，料温降至规定值时，关闭冷却水进水阀门及回水阀，利用冷却半管内的存水将罐温缓慢降至接种温度，通知菌种室人员取消后无菌样，并按接种通知单通知有关人员进行接种。

② 种子罐空消灭菌过程。种子罐空消灭菌过程如图 3-10 所示。当种子罐已做好灭菌前的各项准备工作后，微开种子罐取样二阀，开取样蒸汽阀，将接种口帽放松 1～2 圈。关空气二阀，微开空气管排汽阀，开空气一阀、空气管蒸汽阀。开接种一阀、二阀和接种管汽封阀，关接种管冷凝水阀。视蒸汽压力状况预热 30～50min。当罐温、罐压升至保温规定范围时，开始保温计时。保温 30min 后，关罐接种一阀，开冷凝水阀，继续保温灭菌，在保温过程中转动接种帽 3～4 次，使蒸汽从接种帽的不同方向喷出。随时调整空气管蒸汽阀和放空阀的开度，以保证灭菌温度和压力。

保温时间到，关接种管冷凝水阀、汽封阀。关冷却水放水阀。关取样一阀，开取样二阀，关小取样蒸汽。将接种口帽旋紧。关空气管蒸汽阀、空气管排汽阀，关小空气一阀。待罐压降至 0.08MPa，开空气二阀使空气进罐。调节放空阀，控制罐压 0.05～0.08MPa 交

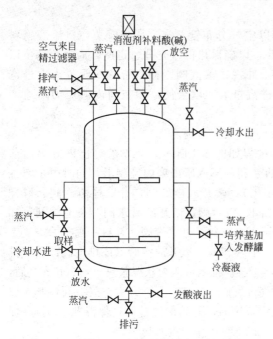

图 3-9 空消灭菌示意

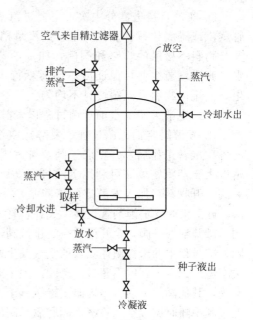

图 3-10 种子罐空消灭菌示意

看罐人员，待打料。种子罐空消过程中蒸汽压力维持与使用情况同发酵罐。

接空消结束通知后，即检查种子罐的罐压情况，然后依次检查取样一阀，空气管蒸汽阀，接种一阀，冷却水放水阀的关闭情况；空气一阀、二阀，放空阀，取样蒸汽阀，取样二阀的开启情况。整个打料过程保持种子罐压力在（0.05±0.01)MPa，随时观察视镜，当观察到进料后，即开冷却水进水阀门及回水阀，开搅拌。当连消完毕，料温降至 33～34℃ 时，关闭冷却水进水阀门及回水阀，利用冷却半管内的存水将罐温缓慢降至接种温度，通知菌种室人员取消后无菌样，并按接种通知单通知有关人员进行接种。

以上（及以下）所提到的一阀是指管线上靠近发酵罐或种子罐的阀门，二阀是指管线上与一阀相邻的用于对同种物料进行控制的阀门。

染菌罐，特别是染芽孢杆菌的罐，必须先进行空消，必要时加甲醛熏蒸，以保证灭菌彻底。采用甲醛熏消时，先在罐内加水至漫过空气分布管，然后加入罐容积万分之一左右的甲醛，盖紧罐盖，从罐底进行蒸汽加热，使水中甲醛同蒸汽一并挥发。发现各排汽口有甲醛外逸时，关闭排汽阀，闷消保压 30min，然后排出罐底冷凝水，开启各排汽阀，继续进蒸汽保压 30min。灭菌结束后适当加大进风量，延长吹干时间，把甲醛气吹净，然后进料。

空消灭菌时应注意如下事项。在空消灭菌时注意进汽分主次，要先将罐内空气排尽，灭菌时要保持蒸汽畅通，使有关阀门、管道彻底灭菌。空消罐时必须将蛇管中的水消完和消成雾化，否则发酵罐没有消透造成局部没有完全灭菌，容易造成染菌。灭菌时，罐盖面上的玻璃视镜必须用橡胶垫盖好，以防沾着冷水引起炸裂。

（3）连续灭菌

① 灭菌工艺。灭菌温度一般以 126～132℃ 为宜。由于输送培养基的连消泵的出口压力一般为 6kgf/cm² ，所以总蒸汽压力要求达到 4.5～5.0kgf/cm² 以上，两者压力接近，培养基的流速才能均匀稳定，否则流速波动会影响灭菌质量。连续灭菌的设备流程如图 3-11 所示。

首先，在配料预热罐中将培养基预热到 60℃，然后用连消泵将培养基连续打入连消塔，与塔内饱和蒸汽迅速接触、混合，在 20～30s 内将培养基温度升高到 126～132℃后，流入维持罐，自维持罐的底部进入，逐渐上升，然后从罐上部侧口处流出罐外。培养基在维持罐内要继续保温灭菌 5～7min，罐压维持在 $2.0 \times 10^5$ Pa 左右。培养基由维持罐流出后进入喷淋冷却器冷却，一般冷却到 40～50℃，再输送到已空消的罐内。连消成败的关键在于培养基在维持罐内所维持的温度和时间是否符合灭菌要求。连消时如果培养基流速太快，在维持罐内停留时间太短，则会造成灭菌不彻底而引起染菌；如培养基流速过慢，培养基成分的破坏就会增加。一般控制培养基输入连消塔的速度小于 0.1m/s。

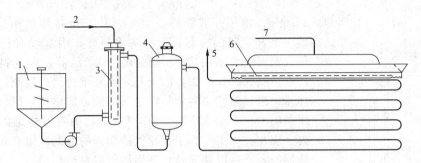

图 3-11　连续灭菌设备流程示意
1—配料罐；2—蒸汽入口；3—连消塔；4—维持罐；5—培养基出口；
6—喷淋冷却；7—冷却水

　　a. 配料罐。也称为配料预热罐，其主要作用是将料液预热到 60～75℃，避免连续灭菌时由于料液与蒸汽温度相差过大产生水汽撞击而影响灭菌质量。

　　b. 连消塔。也称加热器或消毒塔，主要作用是使高温蒸汽与料液迅速接触混合，并使后者温度很快提高到灭菌温度（126～132℃）。加热器有塔式加热器和喷射式加热器两种，见图 3-12。

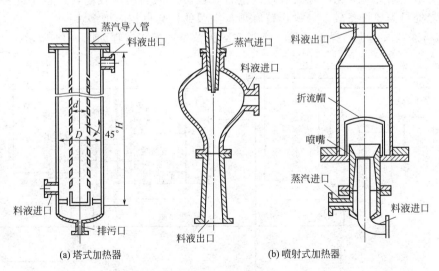

图 3-12　连续灭菌的加热器
$D$—加热塔的直径；$d$—蒸汽喷射管直径；$H$—加热塔有效高度

　　i. 塔式加热器。是由一根多孔的蒸汽导入管和一根套管组成。导入管上的小孔与管壁成 45°夹角开设，导管上的小孔上稀下密，以使蒸汽能均匀地从小孔喷出。操作时培养基由加热器的下端进入，并使其在内外管的环隙内流动，蒸汽从塔顶通入导管经小孔喷出后与物料激烈地混合而加热。

ⅱ. 喷射式加热器。国内大多数发酵工厂采用喷射式加热器。物料从中间管进入，蒸汽则从进料管周围的环隙进入，两者在喷嘴出口处快速、均匀地混合。喷射出口处设置有拱形挡板和扩大管，使料液和蒸汽混合得更充分。受热后的培养基从扩大管顶部排出。

c. 维持罐。由于连消塔加热时间较短，光靠这短时间的灭菌是不够的，维持罐的作用就是使料液在灭菌温度下保证物料维持到细菌的致死时间，以达到灭菌的目的。致死时间是由维持罐有效容积和物料流速决定的：

维持时间(min)＝维持罐有效容积(m³)/打料速率(m³/min)

生产上一般维持时间为 5～7min，罐压一般维持在 4×10⁵Pa。维持罐如图 3-13 所示，

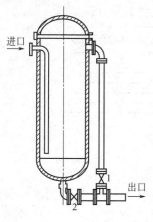

是一个直立圆形容器，附有进出料管，内部没有任何其他部件。保温时关闭阀门 2，开启阀门 1，培养基由进料口连续进入维持罐底部，液面不断上升，离开维持罐后经阀门 1 流入冷却器。当预热罐中的物料输送完毕后，应维持一段时间，再关闭阀门 1，开启阀门 2，利用蒸汽的压力将维持罐内物料压出去。现在有些工厂为了避免维持期间的返混，也有采用管式维持器的，其做成蛇管状，外面用保温材料包裹。

d. 冷却器。生产上一般采用冷水喷淋冷却，用冷水在排管外从上向下喷淋，使管内料液逐渐冷却，料液在管内由下向上逆向流动，一般冷却到 40～50℃后，输送到预先空消过的罐内。在喷淋开始前，冷却管内应充满料液。除了采用冷却排管外，生产上也有采用螺旋板换热器、板式换热器及真空冷却器进行冷却的。

图 3-13　维持罐
1,2—阀门

连续灭菌的温度较高，时间较短，培养基受破坏较少，质量较好；又由于培养基灭菌不在发酵罐内进行，发酵罐的利用率较高，这也是此法的优点。它的不足之处是需要设备较多，操作较麻烦，染菌的机会也相应增多。

② 物料连续灭菌生产操作过程。物料连续灭菌生产操作过程如图 3-14 所示。

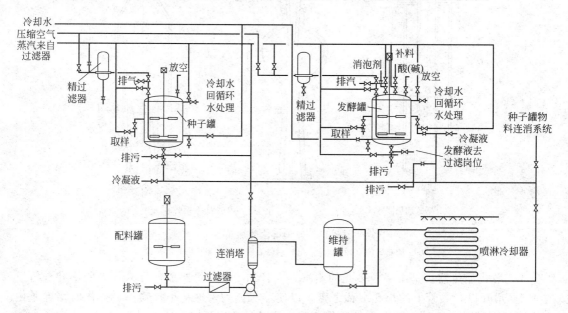

图 3-14　物料连续灭菌生产操作工艺流程示意

连续灭菌一般要对发酵罐或种子罐首先进行空消，在空消之前也要做好连续灭菌系统设备及管路的检查工作。检查设备的严密程度，避免可能出现的死角，同时也要检查总物料管路有无泄漏、有无死角，即总管路上的阀门、法兰连接、管路焊缝等处确保严密不漏之外，还要求总管路上不能有焦化物和其他异物堵塞。

在发酵罐（种子罐）空消过程中，从连消塔引入蒸汽对连消系统进行空消。空消过程中连消系统与发酵罐（或种子罐）间物料连接阀及发酵罐（或种子罐）的物料一、二阀保持全开，空消结束后，关闭种子罐与发酵罐间的连接阀，关连消塔蒸汽阀、维持罐罐底阀，开维持罐旁通阀，待维持罐罐压降至 0.3MPa 时，微开连消塔蒸汽阀，保持压力，待打料。与配料人员共同核对待消料液温度、体积、pH 值，检查配料罐罐底阀和下水道阀是否关闭。无误后开配料罐罐底阀，启动打料泵。待泵压升至 0.4～0.6MPa，开连消塔蒸汽阀，缓慢开启打料泵出口管线上的物料阀，将已配好的物料送入连消塔。使用蒸汽稳压自调装置，随时调节稳压系统旁通阀，使自控调节阀的开度在打料期间保持在一定数值，打料蒸汽压力设定为 0.45MPa。

计算好打料体积，当确保冷却器内充满料液时，打开喷淋冷却水阀，对物料进行冷却，向已空消结束的发酵罐（或种子罐、消泡剂罐、补料罐等）送料，当打料泵打到规定体积，关连消塔物料阀，同时迅速关小蒸汽阀，停泵。保持维持罐压力 0.2～0.3MPa，维持一定的时间。维持时间到，开维持罐罐底阀，关维持罐旁通阀，开大连消塔蒸汽阀使罐压升至 0.4MPa，将罐内料液压入发酵罐（或种子罐、消泡剂罐、补料罐等）中。当维持罐压力迅速降至 0.2MPa 时，证明已压空，关喷淋冷却水阀，将物料管路内的残液压入发酵罐（或种子罐、消泡剂罐、补料罐等）中。压料过程中，操作者在所进罐物料一阀、二阀处等待。当阀门手感发烫，并有蒸汽进罐引起震动和响声时，迅速关闭连消系统与发酵罐（或种子罐）间的连接阀、连消塔蒸汽阀，待接种。

③ 注意事项。连消时应注意以下事项。

a. 配料罐在使用前及使用后均需用水清洗，热天还需定期用甲醛消毒。连消葡萄糖培养基时，为了防止糖和氮源物质在高温下发生美拉德反应而变质，可以把葡萄糖和氮源分开消。连消开始时应先消水、后消糖水、再消水，而后消氮源，最后再消水，以补充消后总体积和冲洗设备。并注意把磷酸盐放在糖水里一起消，以利于同糖结合促进代谢。碳酸钙必须同磷酸盐分开消，可配在氮源中灭菌。

b. 注意总物料管路消毒时蒸汽压力变化及管路传热情况。即注意检查物料总管路的畅通情况。由于高温蒸汽，培养基易形成焦化，黏结在消毒塔、维持罐、冷却器以及系统管路上。随着连消设备使用时间越长，这些焦化层越来越厚，这些焦化层还会因连消系统工作时的震动、撞击而脱落堵塞总管路。认真检查物料总管路末端冷凝水阀门内、外管路的传热情况。一旦发现蒸汽压力不正常，或者是在消毒系统管路时蒸汽压力下降缓慢，或者是传热效果不好，这些都是物料总管路不畅通的表现，应当果断地关闭消毒塔总蒸汽，拆下总冷凝管冷凝水阀门，检查并清理焦化物。故障排除后，重新延长时间进行系统的再消毒。为直观连消系统消毒时蒸汽压力的变化情况，可以在连消物料系统末端的总冷凝水阀门之后安装压力表。

c. 连续灭菌设备（包括连消塔、维持罐、冷却管和管道）应定期清理检修，料液进入连消塔前必须先行预热。在灭菌过程中，料液的温度及其在维持罐停留的时间都必须符合灭菌的要求，即使是灭菌结束前的最后一部分料液也要如此，以确保灭菌透彻。当冷却管开放冷却水时，要防止由于突然冷却造成负压而吸入外界空气。为了确保灭菌温度稳定，连续灭菌过程必须实现自动控制。另外，对连消系统要做到先打物料再打水，以冲洗管路。

d. 连消塔打料过程中应控制打料温度在 125～130℃ 之间，由于打料泵的出口压力在 $6kgf/cm^2$ 左右，所以总蒸汽压力必须维持在 $4.5kgf/cm^2$ 以上，两者压力接近才能确保培养基打料流速均匀、温度平稳，否则流速忽快忽慢、温度忽高忽低，对连消物料灭菌效果影响很大。连消过程打料温度的显示，反映的不是物料的瞬间加热温度，而是物料加热过程混合后的温度。因此，连消打料速率一般在 1～2m/s，要做到温度平稳，无过大变化，打料流速均匀，无忽快忽慢变化。消毒塔打料速率越快，温度下降越快，开泵后应当缓慢地进料，待仪表温度缓慢下降平稳后，再逐步控制其流速，以保证灭菌彻底。

e. 黏稠培养基的连续灭菌，必须降低料液输送速率及防止冷却时堵塞冷却管。在条件许可时，应尽量使用液化培养基或稀薄培养基。

f. 冷却器管道内料液充满后才能开启喷淋冷却水，否则管道内蒸汽突然凝结成水造成负压而产生真空，造成泄漏，进而人为染菌。

g. 发酵罐在打料期间，罐温低于规定要求时，应首先关闭冷却水进水阀，同时减小或暂停连消系统喷淋冷却器冷却水、待罐温正常后再恢复供冷却水。

**3. 发酵罐附属设备、空气过滤器及管路等的灭菌**

(1) 发酵附属设备的灭菌 发酵罐附属设备包括补料罐、计量罐和油（消沫剂）罐等。补料罐的灭菌温度视物料性质而定，如糖水罐灭菌时表压（罐压）$1.0×10^5Pa$（120℃），保温 30min 左右，灭菌时糖水要翻腾良好，但温度不宜过高，否则糖料易炭化。油（消沫剂）罐灭菌，表压 $(1.5～1.8)×10^5Pa$，保温 60min。以上设备的灭菌一般可采用实消或空消的方式。采用空消时从有关管道通入蒸汽，灭菌过程从阀门、边阀排出空气，并使蒸汽通过达到死角灭菌，灭菌完毕，关闭蒸汽后，待罐内压力低于空气过滤器压力时，通入无菌空气，保持罐压在 $1.0×10^5Pa$。补料罐、油罐应定期清除罐内堆积物。

(2) 空气过滤器的灭菌 空气过滤器的灭菌一般包括总过滤器、分过滤器和精过滤器。总过滤器的灭菌时间应根据自己所在厂家的空气质量、空气使用量、介质装填情况及气候变化情况来确定，一般一年内 2～3 次，如果总过滤器采用纤维纸为过滤介质，则不能采用蒸汽灭菌，应进行定期更换。分过滤器可结合使用情况确定灭菌次数或进行更换滤芯而不进行灭菌。精过滤器结合使用情况定期进行灭菌。灭菌蒸汽绝对压力在 $(3～3.5)×10^5Pa$。总过滤器灭菌时间：保温 1.5～2h，吹干时间则需 2～4h；中小型过滤器灭菌时间：一般保温 45～60min，吹干时间 1～2h。

① 总过滤器灭菌。开启冷凝水排出阀和排污阀，缓慢通入蒸汽，逐渐升压至 0.15MPa，然后打开过滤器顶部的下冲蒸汽阀，使蒸汽由上往下冲，经底部排污阀排出，整个过程保持压力 0.25MPa 45min。关闭下冲蒸汽阀，开大过滤器顶部排空阀，同时打开底部上冲蒸汽阀，维持过滤器内蒸汽压力 0.25MPa 45min，充分灭菌。最后关闭蒸汽阀并开启进风阀，让干燥空气以 0.1～0.3MPa 的压力通过滤层而带走水分，用玻璃片检查排气口无水珠为止。

② 种子罐及发酵罐的精过滤器灭菌。关闭精过滤器前空气阀，待过滤器压力放尽后，打开精过滤器，拆下滤芯进行检查。视具体情况而定是否更换。安装滤芯，并将过滤器下吹口全开。缓慢开启消空气精过滤器用蒸汽阀，平缓升压，按工艺要求灭菌。灭菌时间到，首先将过滤器下吹口缓慢关闭，再关蒸汽阀。当压力降至 0.03MPa 时，缓慢微开精过滤器前空气阀，使压力升至 0.1MPa。再微开过滤器下吹口。待过滤器基本冷却干燥后，将过滤器前空气阀打开，关闭下吹口。

③ 消沫剂及补料系统空气过滤器及空气管路灭菌。关闭过滤器前的空气阀，待过滤器压力放尽后，打开精过滤器，拆下滤芯进行检查，视具体情况而定是否更换。先不装滤芯，安装好过滤器空盖。开待消过滤器用蒸汽阀，对管路进行空消，调节蒸汽阀，控制灭菌压力。空消 0.5h 后，关闭蒸汽阀，待压力放尽后，拆开过滤器安装滤芯，进行过滤器灭菌，

灭菌处理过程类似种子罐过滤器灭菌过程。

空气过滤器灭菌前必须检查进汽阀门有无泄漏，防止蒸汽进入空气管道或空气进入过滤器，以免造成大量冷凝水及假压等问题。精过滤器应减少灭菌次数，因为灭菌本身会对过滤器造成伤害。灭菌开始时，一定要注意蒸汽冷凝水的排放，确保空气过滤器接触到较为干燥的饱和蒸汽。灭菌工艺指标的掌握应以温度为准，不必苛求压力与温度必须呈对应关系。需要特别指出的是，过滤器下吹口在整个灭菌过程中，只能越关越小，不能有一次的突然开大动作。调节和保持压力只能通过调节蒸汽阀来实现。灭菌期间，不得离开现场，注意及时调节蒸汽阀以保证灭菌温度和压力，并防止高温、高压损伤过滤器滤芯，避免活性炭、棉花等过滤介质着火。在过滤器灭菌时，流经空气过滤器的蒸汽流量不能太大，只需有少量的蒸汽流出即可，否则过滤器滤芯会被损坏失去活力。

为了使空气过滤器始终保持干燥状态，当过滤器用蒸汽灭菌时，应事先将蒸汽管和过滤器内部的冷凝水放掉，然后再将蒸汽通入，灭菌时蒸汽压力应缓慢上升，蒸汽压力和排汽速率不宜过大，以避免损坏滤芯或将填充型过滤介质冲翻而造成短路；小型过滤器灭菌蒸汽从上向下冲；大型过滤器灭菌蒸汽一般先从下向上冲，再从上向下冲。过滤器灭菌后应立即引入空气，以便将介质层内部的水分吹出。对于滤芯型过滤器空气通入速率要缓慢，实现缓慢降温；对于填充型过滤器，空气通入速率要控制合理，不能太快，太快易使介质层冲翻，甚至由于摩擦力增大，引起介质烤焦或焚化。

（3）管路的灭菌　补料管路、消沫剂管路与补料罐及油罐同时进行灭菌，灭菌保温 1h。移种管路的灭菌时间为 1h，蒸汽压力一般为 $(3\sim3.5)\times10^5\,Pa$。移种及补料管路，用后必须用蒸汽冲净，以防杂菌繁殖。管路灭菌后，管子冷却会造成真空，有遭外界空气入侵的危险。为避免这种危险，宜于灭菌之后，通入无菌空气或醪液填充真空。

# 第四节　问题分析及处理手段

## 一、影响培养基灭菌的因素

影响培养基灭菌的因素除了培养基中所含杂菌的种类、数量以及灭菌温度和时间外，培养基成分、pH 值、培养基中颗粒、泡沫等因素也有影响。培养基中所含杂菌的种类及数量很难控制，灭菌温度和时间前面已经阐述，这里只讨论其他几方面因素对灭菌的影响。

（1）培养基成分　油脂、糖类及一定浓度的蛋白质增加微生物的耐热性，高浓度有机物会包于细胞的周围形成一层薄膜，影响热的传递。因此，在固形物含量高的情况下，灭菌温度可高些。低质量分数 1%～2% 的食盐溶液对微生物有保护作用，随着食盐质量分数的增加，保护作用减弱，当质量分数达 8%～10% 以上，则减弱微生物的耐热性。

（2）pH 值　pH 值对微生物的耐热性影响很大。pH 值在 6.0～8.0 范围内，微生物最耐热；pH<6.0，氢离子易渗入微生物细胞内，从而改变细胞的生理反应促使其死亡。所以培养基 pH 值越低，灭菌所需时间越短。

（3）培养基中的颗粒　培养基中颗粒越小，灭菌越容易；颗粒越大，灭菌越困难。一般含有小于 1mm 的颗粒对培养基灭菌影响不大，但颗粒大时，影响灭菌效果，应过滤除去。

（4）物料结块　如果罐内物料不是通过配料岗位配制后送来的物料而是在罐内直接配料进行灭菌，往往由于操作不当而引起物料结块，这些结块表面被水冲洗得光滑并且黏结，而内部非常松散，不易被蒸汽穿透，也不易被搅拌打碎。因此在操作中应当采取正确方式，加以避免。一般是在罐内加水至底层搅拌叶盘，然后停止加水，开启搅拌运转，在形成搅拌运转和水花飞溅的情况下，开始投入固体物料，固体物料因受搅拌和水花作用不会形成结块，待全部固体物料均匀投入后再加水至规定体积。

(5) 泡沫　培养基的泡沫对灭菌极为不利，因为泡沫中的空气形成隔热层，使传热困难，进而难以杀灭微生物。对易产生泡沫的培养基在灭菌时，可加入少量消泡剂。

## 二、常见问题及其处理手段

(1) 灭菌后培养基质量差　主要是由于较高温度下长时间灭菌，发生了化学反应，破坏了营养成分，甚至产生沉淀或有毒物质。如葡萄糖等碳水化合物的醛基与氨基酸等含氨基化合物的氨基发生美拉德反应，生成对菌体有毒性的物质；磷酸盐与碳酸钙、镁盐、铵盐也能反应，生成沉淀或络合物，降低了磷酸和铵离子的利用；维生素、激素等在高温下分解、破坏、失活。因此，为保证灭菌后培养基质量不下降，要控制好灭菌温度与时间、调整好原料的灭菌顺序等。

(2) 在实消过程中搅拌电机或减速机故障，搅拌不能运转　在实消中出现这种情况应该加大实消罐底部的蒸汽进汽量，加大热传递速率和料液的翻腾程度，避免可能产生的假压力。在操作中一般要加大空气分布管蒸汽、压出管蒸汽、罐底蒸汽以及取样管蒸汽的进汽量。

(3) 连消过程中打料速率不均匀　连消过程中打料速率不均将会引起料液温度忽高忽低的变化，引起灭菌质量下降，控制好打料速率尤其重要。为此采取如下措施：①操作者责任心要强，随时观察温度变化快慢调整进料流速；②总蒸汽压力保证在 5kgf/cm² 以上，并且要稳定无较大波动；③进消毒塔前物料应当预热在 50℃ 左右，低于这个温度蒸汽和物料温差大，会引起设备震动，高于这个温度对打料泵而言，会产生气体进而影响打料泵的正常工作；④打料泵的压力要保证在 6kgf/cm² 以上，并且要稳定无波动，打料泵本身的轴封和泵体连接处不得有泄漏；⑤打料泵的前筛板过滤器要定期清理，不能有堵塞现象；⑥消毒塔、维持罐、冷却器及管路要定期清理，不能有堵塞和不畅通现象发生，否则直接影响消毒塔的流速和温度；⑦物料培养基的配比浓度要适当。

(4) 假压力　在实消中，如没有搅拌，一般罐顶温度高于罐底温度，随着时间的延长，高温度区逐渐向下扩散，最终才能形成温度一致。这是由于对流传热所致，热物料密度小，向上运动，冷物料密度大向下运动。因此在实消中，在灭菌操作中热传递的对流进行得不迅速、不充分，即升温时间和升温温度都很短，物料没有达到均匀灭菌温度，而罐内不凝气体又没有充分排出，并且还在继续产生，这是产生假压力的主要原因。防止假压力：开动搅拌使物料均匀升温，升温达到一定时间后才能开始保温，同时注意不凝汽体的彻底排出。具体做到如下几点：进汽分主次，空气分布管蒸汽、压出管蒸汽、罐底蒸汽以及取样管蒸汽的进汽量要加大，其他进汽点（次进汽点）不能开大蒸汽进汽量；注意调节进汽量和排汽量，一般开始时罐上排汽阀稍大，保证不凝汽体的排出，当物料均匀受热温度迅速上升，罐压达 0.5kgf/cm² 时，应当注意调节进排汽量，使消毒罐压稳定，缓慢上升至保温压力。可用手感应排汽管的温度变化情况，判断罐内不凝汽体的排出情况。

(5) 空气突然中断　要尽快关闭各设备的空气进气阀，防止发酵液等倒流入空气过滤器内。处理顺序为：发酵罐→种子罐→补料罐→消泡剂罐→计量罐。同时关闭罐排气阀。

(6) 蒸汽压力变化　为确保灭菌彻底，如遇蒸汽压力突然下跌，一时上不来，温度下降到规定范围以下，可适当延长灭菌时间；如遇蒸汽压力突然升高，温度超过规定值时，可适当缩短灭菌时间。

(7) 灭菌时空气过滤器压差过大　若空气过滤器前后两个压力表的压力差大于 0.03MPa，说明滤芯已被浸湿或已损坏，这时应立即停止灭菌，拆开过滤器检查，将滤芯吹干或更换滤芯后，重新开始灭菌。

（8）饱和蒸汽温度与压力不对应　种子罐、发酵罐空消灭菌操作必须使用饱和蒸汽，如种子罐、发酵罐在进行空消灭菌和物料连续灭菌操作前，总蒸汽温度和压力不相互对应，即空消灭菌的蒸汽温度高于对应压力下饱和蒸汽温度或物料连续灭菌的蒸汽温度超过对应压力下饱和蒸汽温度 20℃以上，须启用蒸汽增湿系统，将过热蒸汽增湿制成饱和蒸汽。

（9）泡沫　消毒过程中由于培养液黏度大，内有表面活性物质如蛋白质进而引起泡沫的产生。如培养基内含有各种饼粉、酵母粉、蛋白胨、玉米浆等发泡性蛋白质也极易产生泡沫。此外，灭菌时间长，培养基成分破坏也易产生泡沫。再者配料体积偏大，消泡剂用量不准确，灭菌中进汽量和排汽量的控制不平衡也会产生大量泡沫。防止泡沫产生的措施主要有：注意基础配料的质量、配比浓度；严格控制投料体积（要了解灭菌中会产生多少冷凝水，使料液体积增大多少，以便确定投料量）；严格控制消泡剂用量的准确性；保持进汽量与排汽量的稳定和平衡，切忌进汽太快、太猛，排汽量不协调。

（10）泡沫顶罐　当泡沫量很大出现泡沫顶罐的现象时采取如下措施：在开启搅拌的前提下，首先应当果断地关闭进汽阀门和排汽阀门，维持消毒罐内现有压力 3～5min，观察泡沫自行下降情况，然后开始重新进汽和排汽，并注意其调节和控制，保持消毒罐进汽量和排汽量的平衡和稳定，适当延长消毒时间。

（11）消后培养基带菌　消后培养基带菌的原因及处理详见第五章微生物发酵及工艺控制中的"染菌及其防治处理"。

📝 思考题

1．名词解释：热阻、致死温度及致死时间、实消、空消、连消、美拉德反应、假压力。
2．根据对数残留定律，如何确定培养基的最佳灭菌时间？工业生产中采用高温瞬时灭菌的依据是什么？
3．有一发酵罐，内装 80t 培养基，在 121℃温度下实消灭菌。假设每毫升培养基中含有耐热菌的芽孢数为 $1.8×10^7$ 个，121℃时灭菌速率常数为 $0.0287s^{-1}$。求灭菌失败概率为 0.001 时所需的灭菌时间。
4．简要叙述种子罐、通用式发酵罐的基本结构及操作要点。
5．简述空消、实消与连消灭菌过程。对应的灭菌过程应注意哪些问题？
6．简述如何进行空气过滤器的湿法灭菌？过滤器灭菌过程中应注意哪些问题？
7．简述影响培养基灭菌的因素有哪些？如何提高灭菌的质量？
8．简述假压力是如何造成的？怎样防止？
9．简述如何确保连消过程中打料速率均匀？

第四章 种子的制备

现代发酵工业的生产规模越来越大，每只发酵罐的容积有几十立方米甚至几百立方米，要使小小的微生物在几十小时的较短时间内，完成如此巨大的发酵过程来生产药用物质，必须在微生物菌体接入发酵罐前进行扩大培养，以获得一定数量和质量的微生物菌体（菌体纯而健壮、活力旺盛、接种数量足够）。这种在一定条件下培养满足产物发酵所需微生物菌体的过程，称为种子的制备，也称为种子的扩大培养。种子的制备是发酵生产的一个关键过程，绝大多数是在无菌的条件下进行纯种培养。

# 第一节　主要工作任务及岗位职责要求

种子制备过程一般分为两个阶段，即菌种室种子培养阶段和生产车间种子培养阶段。菌种室种子培养主要是在试管、茄瓶、摇瓶等玻璃仪器内进行。生产车间种子培养一般是在种子罐内进行。菌种室种子培养阶段一般要根据菌种的生理特性进行培养，可以在固体培养基上培养得到大量孢子，也可以进一步将孢子移种至液体培养基中培养得到足量的菌丝体；或者是在固体培养基上培养一定量的菌丝体再移种至液体培养基中培养得到足量的菌丝体。生产车间种子培养阶段是在液体培养基中进行的种子制备过程，主要是让孢子发芽得到大量的菌丝体，或者是让菌丝体进一步增殖得到大量的菌丝体，满足发酵罐接种的需要。

## 一、种子制备岗位主要工作任务

菌种室种子培养过程的主要工作任务如下。
① 按生产指令，将保藏的菌种接种至试管斜面，放入培养箱进行培养（活化）。
② 将活化的菌种接种至摇瓶或茄瓶，放入摇床等装置内进一步培养，培养一定菌龄和数量的菌种，并将培养合格的菌种转入适宜的接种瓶。
③ 清洗各种玻璃仪器并进行灭菌。

④ 制备不同类型或用途的培养基。

⑤ 菌种进行留样保藏。

⑥ 按照要求在不同阶段进行菌种分析检测，判断菌种质量。

生产车间种子培养过程的主要工作任务如下。

① 按生产指令，将菌种室培养合格的菌丝体或孢子接种至种子罐。

② 控制好种子罐生产工艺指标，将接种后的菌丝体或孢子培养至一定浓度和种龄。

③ 按照生产指令，将种子罐内培养合格的种子压入下一级种子罐、发酵罐或种子站。

④ 对种子罐进行清洗，接收新鲜培养基待灭菌。

⑤ 定期从种子罐取样进行分析检测，判断种子培养质量。

## 二、种子制备岗位职责要求

种子制备（或称消毒）岗位操作人员除了要履行"绪论——微生物发酵生产过程岗位基本职责要求"相关职责外，还应履行如下职责。

① 严格按照发酵生产中种子制备的标准操作制备种子（孢子），控制好罐温、罐压、通气量及搅拌强度，避免异常情况发生。

② 处理生产过程中相关工艺问题，保证种子质量和数量以使发酵生产正常进行，产品质量稳定。

③ 生产种子制备过程中要严格控制，严格操作，做到种子不染菌，不带杂菌。

④ 生产用种子和保藏菌种由专人负责，随时加锁，要提高警惕，发现异常情况及时汇报。

⑤ 要认真准备各种无菌器皿，无菌室要严格消毒，培养间，摇瓶间要经常检查生长情况，并做好记录。

⑥ 按操作规程做好菌种的保藏工作。

⑦ 采取自然筛选等方法对生产菌种进行定期复壮，维持菌种的代谢能力。

⑧ 用特定的方法对生产菌种进行选育，提高菌种的生产能力。

⑨ 定期对种子培养液进行检查，检查种子生长及代谢情况。

⑩ 如果种子需要抽干，要在真空干燥过程中经常检查真空度和真空泵运转情况。

⑪ 种子制备过程要详细填写操作记录，每一步操作都要有专人复核，并严格与菌种室交接，做好菌种使用记录。

⑫ 没有正常使用的生产用种子要按规定程序进行销毁，不允许私自带出种子组。

⑬ 熟练掌握本岗位工艺流程和操作要点，能有效预防和及时处理生产异常情况。

⑭ 做好生产种子的相关保密工作，做到不流失，不泄密。

# 第二节 种子制备过程

从保藏在试管中的微生物菌种逐级扩大为生产用的种子，是一个由实验室制备到车间生产的过程，其生产方法与培养条件随不同的生产品种和菌种种类而异。因此，种子制备应根据菌种的生理特性，选择合适的培养条件来获得代谢旺盛、生产性能稳定、数量足而且不被其他杂菌污染的生产菌种。优良的种子可以缩短生产周期、稳定产量、提高设备利用率。培养种子的过程大致可分为以下几个步骤：

① 沙土孢子或冷冻孢子或低温保藏的菌种接种到斜面培养基中活化培养；

② 长好的斜面孢子或菌丝移种到扁瓶固体培养基或摇瓶液体培养基中扩大培养，完成

实验室种子制备；

③ 扩大培养的孢子或菌丝接种到一级种子罐，制备生产用种子；如果需要，可将一级种子再转种至二级种子罐进行扩大培养，完成生产车间种子制备；

④ 将种子罐内培养好的种子移种至发酵罐进行发酵。

## 一、基本概念

(1) 种子培养　是指提供给种子适宜的生长繁殖条件，使种子能够迅速生长成合格的菌体的过程。

(2) 种子的扩大培养　菌种的扩大培养是发酵生产的第一道工序，该工序又称之为种子制备。是指将沙土管、冷冻干燥管中处于休眠状态的生产菌种接入试管斜面活化后，再经过扁瓶或摇瓶及种子罐逐级扩大培养而获得一定数量和质量纯种的过程。这种纯培养物称为种子。种子扩大培养的目的是使发酵罐能够在短时间内达到一定的菌体浓度，并使菌种能够快速地适应发酵环境，缩短发酵周期。

(3) 种子及发酵　孢子（或菌丝）接入到体积较小的种子罐中，经培养后形成大量的菌丝，这样的种子称为一级种子，把一级种子转入发酵罐内发酵，称为二级发酵。如果将一级种子接入体积较大的种子罐内，经过培养形成更多的菌丝，这样制备的种子称为二级种子，将二级种子转入发酵罐内发酵，称为三级发酵。同样道理，使用三级种子的发酵，称为四级发酵。

(4) 接种　是指将无菌状态分离的菌落或斜面孢子或菌落，或是试管或三角瓶或种子罐中菌体接入斜面或液体试管或其他培养容器（如三角瓶、种子罐、发酵罐等）内灭菌后的生长培养基中的操作过程。

(5) 接种量　是指移种的种子液体积和培养液体积之比。接种量的大小是由发酵罐中菌体的生长繁殖速度决定的。

(6) 接种菌龄　是指种子罐中培养的菌体开始移种到下一级种子罐或发酵罐前的培养时间。选择适当的接种菌龄十分重要，一般接种菌龄以对数生长的中后期为宜。

(7) 双种法　即2个种子罐的种子接入1个发酵罐的接种方法。

(8) 倒种法　即以适宜的发酵液倒出部分对另一发酵罐作为种子的接种方法。

(9) 混种法　即以种子液和发酵液混合作为发酵罐的种子的接种方法。

(10) 种醪　接入至种子罐中的种子经培养后所得的含有一定菌体浓度的种子液。

(11) 专性好氧菌　只有在空气或有分子氧存在的条件下才能生长的菌体，氧作为呼吸过程中的最终受氢体。如抗生素、液体曲、有机酸等的生产菌。

(12) 专性厌氧菌　只有在没有空气或无氧条件下才能生长的菌体，分子态氧对它们有毒害作用，如丙酮丁醇梭状芽孢杆菌。

(13) 兼性好氧菌或兼性厌氧菌　既能在空气或有氧条件下生长，又能在没有空气或缺氧条件下生长的菌体。包括酵母菌及部分细菌。如酵母菌在有氧条件下迅速生长繁殖，产生大量菌体；在无氧条件下，则进行发酵，产生大量的酒精。

## 二、种子制备工艺及生产操作过程

种子制备分两个阶段完成，即实验室阶段和种子罐生产培养阶段。实验室阶段主要完成菌种斜面培养（即活化培养）和三角瓶液体培养（实现固体培养向液体培养转化）；种子罐生产培养阶段是实现真正意义的扩大培养，以达到培养出活力强、数量多、无杂菌的发酵用的种子来。因此，种子制备可用如下一般流程表示：

种子→斜面种子培养→{扁瓶固体培养基培养 / 液体种子培养}→一级种子罐培养→二级种子罐培养→发

酵罐培养

种子的优劣对发酵生产起着关键性作用。因而,种子培养过程中,应重点抓好种子的质量关。除了考核种子的生长状况、孢子数量外,特别要注重考核成熟种子中的杂菌控制,绝对不允许杂菌的存在。因此,作为种子应该具备以下条件:

① 菌种细胞的生长活力强,转种至发酵罐后能迅速生长,延迟期短;

② 生理状态稳定;

③ 菌体总量及浓度能满足大容量发酵罐的要求;

④ 无杂菌污染,保证纯种发酵;

⑤ 保持稳定的生产能力。

**1. 实验室种子制备**

(1) 斜面种子培养或扁瓶固体培养基培养 斜面种子的活化培养是将保藏在砂土管或冷冻管中的菌种经无菌操作接入适合孢子发芽或菌丝生长的斜面培养基中进行培养的过程。其目的就是活化菌种,同时也培养一定数量的斜面种子。一般培养成熟后挑选菌落正常的孢子可再一次接入试管斜面培养。对于产孢子能力强及孢子发芽、生长繁殖迅速的菌种可以采用扁平固体培养基培养孢子,孢子可以直接作为种子罐种子,这种方法称孢子进罐法。孢子进罐法操作简便,不易污染,可减少批与批之间的差异,适合于孢子在种子罐内易发芽的菌。孢子的培养是将砂土管或冷冻管中的菌种制成悬液,再以一定量的悬液直接接入大(小)米或其他固体培养基上,培养成熟后称为"亲米",由"亲米"再转至大(小)米培养基上进一步放大,培养成熟后称为"生产米",用生产米接入种子罐。也可将保藏的菌种经琼脂斜面繁殖、再制成孢子悬液,然后将孢子悬液接入大(小)米培养基上,培养成熟后转入种子罐。对于产孢子能力不强及孢子发芽慢的菌种可采用摇瓶液体培养法制备菌丝体作为种子罐的种子,这种方法称摇瓶菌丝进罐法。对于不产孢子的菌种,生产上一般采用斜面营养细胞保藏法,2~3个月移种一次,在一定温度下培养斜面菌种,然后移种至茄子瓶或摇瓶液体培养基中,培养后即可作为种子罐的种子。菌种不同,斜面培养基的配方也不同。

大米孢子的制备是将大米用水浸泡[大米:水=1:(0.5~0.6),水中加一定量的玉米浆]4h左右,晾至半干(能散开,表面无水即可),装入垫有纱布的搪瓷盘内,并在上面用4层牛皮纸盖好,放入蒸锅内在100℃下蒸20min左右蒸熟。降温至温热时打散,晾至半干,分装于罗氏瓶中(厚度1~2cm)在121℃下灭菌20min,降温至温热时摇散,放置不超过1天。将保藏菌种接种于罗氏瓶中,摇匀,放置于培养装置内进行培养,定期进行摇动,培养后,玻璃珠打碎,洗下孢子接种或火焰接种直接倒入种子罐。小米孢子的制备与大米孢子制备相近。

(2) 液体培养 经过活化后的斜面培养种子,需要由固体培养状态转移到液体中培养,以便于下一步的种子罐扩大培养。通常液体培养包括液体试管和三角瓶摇床振荡或回旋式培养。其流程为:斜面试管培养→液体试管培养→三角瓶培养→种子罐培养。当然,有些情况下可不采用液体试管,而直接将孢子接入含液体培养基的三角瓶中,在摇床上恒温振荡培养,获得菌丝体,作为种子。液体培养在培养基的使用上与斜面培养的有所不同,营养素使用上逐渐向工业化状态过渡。

① 液体试管培养。在无菌条件下,用接种针自斜面试管挑取一环斜面种子菌体,接入装有液体培养液的试管,摇匀后,置培养箱培养,待培养成熟后,再接入三角瓶培养。

② 三角瓶液体培养(摇瓶种子)。三角瓶培养阶段,视三角瓶容量大小不同,制备培养基时装入的培养基量也不同。例如使用250ml的小三角瓶,可装入100ml培养基,如果使用3000ml的大三角瓶,则可装入500ml培养基,经灭菌后备用。接种时,应先用酒精消毒

三角瓶瓶口，在无菌条件下，将液体试管培养成熟液全部接入小三角瓶或将一定量的斜面孢子或菌丝体接入小三角瓶，放入摇床在工艺要求的温度下培养至成熟。另外，有的工厂也有不采用三角瓶的液体培养，而是采用茄子瓶斜面培养来代替。摇瓶种子常用母瓶、子瓶二级培养。

（3）培养方式　实验室种子培养按照培养过程中是否需要氧气，分为好氧培养和厌氧培养两种方式。

① 好氧培养。对于固体培养基培养，好氧培养过程是在培养瓶（或试管）口加棉塞或硅胶塞，通过其自然过滤使空气中的氧扩散至装置内供菌体生长需要，培养瓶（或试管）需放在恒温培养箱内，培养箱有送风和排气装置，可实现箱内空气的置换，保证箱内有良好的氧气环境。对于摇瓶液体培养，一般在瓶口加几层纱布或硅胶塞，将摇瓶置于摇床内，通过摇床的振荡来使氧气通过纱布层或硅胶层扩散至瓶内，进而扩散至液体内并溶解在液体中供菌体生长需要。

② 厌氧培养。厌氧培养就是要除去培养基中的氧气或使培养环境不存在氧气，一般可采取如下方式。在培养基中加入还原性物质，如谷胱甘肽、巯基醋酸盐等；在培养环境中放置焦没食子酸、植物的发芽种子等吸收氧气；用 $CO_2$、$N_2$ 等驱除代替氧气；抽真空驱除氧气；液体深层培养、半固体穿刺培养或石蜡油封存培养隔绝氧气。

**2. 生产车间种子制备**

生产车间种子制备是指将实验室制备的孢子悬浮液或摇瓶种子接入装有培养基的种子罐，通过控制工艺条件，将菌种培养繁殖成为大量菌丝体的过程。种子罐的作用在于使有限数量的孢子或菌丝生长并繁殖成大量的菌丝体。目的就是要大量培养用于发酵罐接种的活力强的、无杂菌的种子，即扩大培养。在种子罐培养中，除了培养种子的数量、质量外，还要考虑对种子进行发酵前的菌种驯化。为了驯化种子适应发酵罐环境，种子罐培养基逐渐采用发酵的碳源、氮源、生长素等。例如谷氨酸的种子罐培养基就开始使用发酵罐用的水解糖。另外，种子罐培养应采用易被菌体利用的成分，同时还需供给足够的空气并不断搅拌，使菌丝体在培养液中均匀分布，获得相同的培养条件。

（1）接种工艺条件

① 接种量的确定。接种量的大小与该菌在发酵罐中生长繁殖的速度、种子质量和发酵条件等有关。有些产品的发酵以接种量大一些较为有利。采用较大的接种量，种子进入发酵罐后容易适应，可以缩短发酵罐中菌丝繁殖到达高峰的时间，使产物的合成期提前到来，加快产物合成速度。因为种子液中含有大量的体外水解酶类，有利于基质的利用，促进菌体快速生长；同时种子量多，使生产菌迅速占据了整个培养环境，成为优势菌，减少了杂菌生长的机会。但是如果接种量过多，菌丝往往生长过快、过稠，培养液黏度增加，造成营养基质缺乏或溶解氧不足，影响产物的合成。接种量过小，则会引起发酵前期菌体生长缓慢，使发酵周期延长，菌丝量少，还可能产生菌丝团，导致发酵异常等等。但是，对于某些品种，较小的接种量也可以获得较好的生产效果。例如，生产制霉菌素时用1%的接种量，其效果较用10%的为好，而0.1%接种量的生产效果与1%的生产效果相似。

不同的微生物其发酵的接种量是不同的。如制霉菌素发酵的接种量为0.1%～1%，肌苷酸发酵接种量为1.5%～2%，霉菌的发酵接种量一般为10%。多数抗生素发酵的接种量为7%～15%，有时可加大到20%～25%。

近年来，生产上多以大接种量和丰富培养基作为高产措施。如谷氨酸生产中，采用高生物素、大接种量、添加青霉素的工艺。为了加大接种量，有些品种的生产采用双种法。有时因为种子罐染菌或种子质量不理想，而采用倒种法。有时2只种子罐中有1只染菌，此时可采用混种进罐的方法。以上三种接种方法运用得当，有可能提高发酵产量，但是其染菌机会和变异机会增多。

② 接种龄的确定。接入种子罐中的种子，随着培养时间的延长，菌丝量增加，同时基质不断消耗，代谢产物不断积累，直至菌丝量不再增加，菌体趋于老化。因此，选择适当的接种龄十分必要。一般情况下，接种龄以处于生命力旺盛的对数生长期的菌丝最为合适，此时培养液中的菌体量还未达到最高峰，移种至发酵罐后种子能很快适应环境，生长繁殖快，可大大缩短在发酵罐中的调整期，缩短在发酵罐中的非产物合成时间，提高发酵罐的利用率，节省动力消耗。如果种龄控制不适当，种龄过老，虽然菌丝量多，但接入发酵罐后则会因菌体老化而导致生产能力衰退，甚至菌体容易过早出现自溶，不利于发酵后期效价的提高。如在土霉素生产中，一级种子的种龄相差 2～3h，转入发酵罐后，菌体的代谢就会有明显的差异。种龄过于年轻，种子接入发酵罐后，往往会导致前期生长缓慢、泡沫多、整个发酵周期延长、产物形成时间推迟，甚至会因菌丝量过少而使菌丝结团，造成发酵异常等。最适接种龄因菌种不同而有很大的差异。细菌的种龄一般为 7～24h，霉菌种龄一般为 16～50h，放线菌种龄一般为 21～64h。同一菌种的不同罐批培养相同的时间，得到的种子质量也不完全一致，最适接种龄一般要经过多次实验，根据发酵罐中产物的产量来确定。

（2）接种操作　有关实验室的接种操作这里不再陈述，下面主要介绍工业上常用的接种方法及其操作过程。一般孢子悬液易采用微孔接种法，摇瓶菌丝体种子可在火焰保护下接入种子罐或采用压差法接入，种子罐或发酵罐间的移种方式，主要采用压差法。

① 压差接种。是利用两端压力差，液体从高压流向低压的接种方法。例如孢子悬液接种和种醪接种。

a. 孢子悬液接种。如图 4-1 所示，孢子悬液接种一般是用接种瓶，瓶口连接短管和带旋转塞的球心阀 2，管口装于活接头下端。短管与接种瓶一同灭菌。罐顶的接种管口连接带旋塞的球心阀 1 和短管，管口装于活接头的上端，短管中部又与蒸汽管连通。灭菌时先将灭过菌的接种瓶与罐顶接种短管上的活接头连接起来，打开阀 1 和阀 2 上的旋塞，开蒸汽阀 3，通入蒸汽灭菌 20min，灭菌完毕，关闭阀 1 和阀 2 上的旋塞，开动阀 1，让罐中的无菌空气填充管内。待接种管冷却后，打开阀 2，让罐中的无菌空气进入接种瓶，使瓶与罐中的压力平衡。关闭阀 1 和阀 2，再将罐压稍稍降低，打开阀 1 和阀 2，于是悬浮液借瓶和罐的压差而流入罐中。接种完毕，关闭阀 1 和阀 2，打开旋塞，通蒸汽再度灭菌，撤卸活连接，包扎好接种管口。

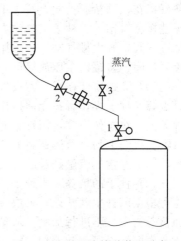

图 4-1　孢子悬液接种装置示意
1,2—球心阀；3—蒸汽阀

b. 种醪接种。一般在种子罐排醪管口与发酵罐接种管口各装带旋塞的球心阀，两阀之间管道与蒸汽管连通，如图 4-2(a) 所示。接种前先对管 1～2 段进行灭菌，将阀 1 和阀 2 上的旋塞打开，开阀 3，通入蒸汽，蒸汽充满全管从阀底旋塞排出。灭菌 20min 后，关闭阀 3 及阀 1 和阀 2 上的旋塞，打开阀 1 和阀 2，于是种醪借压差而被压入发酵罐。接种完毕，关闭阀 1 和阀 2，打开阀上的旋塞，通蒸汽再度灭菌，关闭旋塞。

如果种子罐容积很大，连接管道也粗，则可采用如图 4-2(b) 所示的装置。接种前连接 1～2 间的短管，打开阀 4、阀 5、阀 7、阀 8、阀 9、阀 10，通蒸汽灭菌，蒸汽通过阀 9 和阀 8 排出。灭菌后，关闭阀 7、阀 8、阀 9、阀 10，打开阀 4、阀 5、阀 6，培养液由发酵罐充满全管，提高种子罐液面，打开阀 3，借助两罐压差进行接种。接种后关闭阀 3、阀 6，打

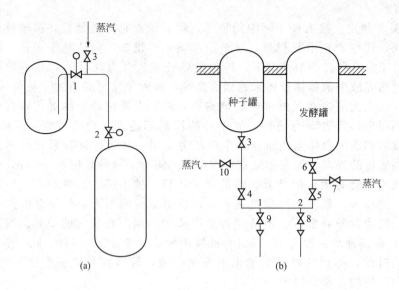

图 4-2　种醪接种管道灭菌装置示意

1,2—球心阀；3～10—阀

开阀 7、阀 8、阀 9、阀 10，再度灭菌，灭菌完毕，拆卸短管 1→2。

② 注射接种。一般用于种子罐接种，装置比较简单，只在罐顶接种管口压盖一层橡胶膜。接种时用酒精在橡胶膜外表涂抹灭菌，将注射器针嘴插入橡胶膜进行接种。

③ 摇瓶直接进罐法。本法适合种子罐接种，一般需三人配合操作。接种时消毒工要准备好棉花、酒精、火圈、石棉手套，将浸透酒精的火圈套在种子罐接种口周围，并用酒精棉擦洗接种口帽。当种子组操作人员准备好后，消毒工用火把点燃火圈，看罐人员关闭无菌空气进气阀，开大排气阀，待罐压降至 0.01MPa 时，关排气阀。消毒工手戴石棉手套，旋松接种口帽，将罐内余压放尽后，旋开接种口帽，并使其在火焰中保护。在最后开启接种帽的一刹那，火把应处在接种帽放气方向的反方向，以防止吹灭火把，在火圈被吹灭后，能够及时点燃。种子操作者按无菌操作规程开始接种操作，将摇瓶种子液倒入种子罐。如果有几瓶种子液，在操作间隙，消毒工应用接种口帽将接种口暂时遮盖。接种完毕，消毒工要将接种口帽在火焰上灼烧后迅速将其在接种口内旋紧，看罐人员迅速开无菌空气进气阀及罐排气阀，调节好空气流量及罐压。

（3）种子的培养　当种子接入种子罐后，即进入种子在生产车间的培养阶段。种子的培养可根据菌种生理特性，采取一级培养，也可以进行多级培养。在种子培养阶段，一般不补加营养物质，不进行加酸、加碱或生理酸碱性物质操作，也不加入消泡剂等。生产上，工艺调节主要是通过调节冷却（或加热）介质量的大小来调节种子培养温度；调节空气进气量的大小来控制溶氧量；调节排气量的大小调节罐压等；搅拌速率可根据溶氧的需要适当调整，一般调整范围不大。除了调整相关工艺参数外，还需定期取样进行检测判断种子的质量，当种子质量达到要求后压入下一级种子罐或发酵罐。

① 种子罐级数的确定。种子罐级数是指制备种子需逐级扩大培养的次数。种子罐级数主要取决于菌种的生长特性、孢子发芽及菌体生长繁殖速度，以及所采用的发酵罐容积。车间种子制备的工艺过程，一般可分为一级种子、二级种子和三级种子的制备，经过的级数越多，接入发酵罐中的菌体量就越大。种子制备的目的是要形成一定数量和质量的菌体。孢子发芽和菌体开始繁殖时，菌体量很少，在小型罐内即可进行。一级种子罐如果接入的是孢子，常用于孢子发芽，繁殖少量菌体，称为发芽罐；将发芽罐内的种子转入下一级种子罐继

续扩大培养，则第二级种子罐称为繁殖罐。发酵的目的是获得大量的发酵产物，产物是在菌体大量形成并达到一定生长阶段后形成的，需要在大型发酵罐内才能进行。同时许多发酵产物的产生菌，其不同的生长阶段对营养和培养条件的要求有差异。因此，如将两个目的不同、工艺要求有差异的生物学过程放在一个大罐内进行，既影响发酵产物的产量，又会造成动力和设备的浪费。另外，有些菌种生长非常缓慢，如果没有经过多级种子扩大培养就接种到发酵罐，必将延长发酵周期，使生产能力下降。因此，进行多级种子扩大培养后再移种至发酵罐是工业化生产所必需的。当然，种子罐级数越少，越有利于简化工艺和控制，并减少由于多次转种而带来的染菌机会，减少消毒、值班工作量以及减少因种子罐生长异常而造成的发酵波动。

② 种子质量的判断方法。由于种子在种子罐中的培养时间较短，可供分析的参数较少，使种子的内在质量难于控制，为了保证各级种子移种前的质量，除了保证规定的培养条件外，在培养过程中还要定期取样测定一些参数，来了解基质的代谢变化和菌丝形态正常与否，以保证种子的质量。在生产中通常测定的参数有：a. pH 值；b. 培养基灭菌后的糖、氨基氮、磷的含量；c. 菌丝形态、菌丝浓度和培养液外观（色素、颗粒等）；d. 其他参数。如转种前的抗生素含量、某种酶活力等。

③ 种子质量的控制措施。种子质量的最终考察指标是其在发酵罐中所表现出来的生产能力。因此，保证种子质量首先要确保菌种的稳定性，其次是提供种子培养的适宜环境，保证无杂菌侵入，以获得优良种子。控制措施可从如下几方面入手。

a. 菌种稳定性检查。要保持菌种具有稳定的生产能力，需要定期考察和挑选菌种；对菌种进行自然分离；摇瓶发酵，测定其生产能力，从中挑选具有较高生产能力的高产菌株，防止菌种生产能力下降。

b. 适宜的生长环境。确保菌种在适宜的条件下生长繁殖，包括营养丰富的培养基、适宜的培养温度和湿度、合理的通气量等。

c. 种子无杂菌检查。种子无杂菌是纯种发酵的保证。因此，在种子制备过程中每移种一步均需要进行无菌检查，并对种子液进行生化分析。无菌检查是判断杂菌的主要依据，通常是采用种子液的显微镜观察和无菌试验；种子液生化分析项目主要是测定其营养基质的消耗速率、pH 值变化、溶氧利用、色泽和气味等。

（4）生产操作过程

① 种子罐接种及种子培养操作过程。当种子罐及罐内培养基灭菌结束，降至正常温度，经检查无菌后，即可对种子罐进行接种操作。接种前要搞好种子罐周围的卫生，并关好门窗，检查摇瓶菌丝或固体培养基上的孢子生长情况，当一切合乎接种要求后，按种子罐接种操作规范进行接种，将实验室培养的菌种按工艺要求的接种量接入种子罐。按种完毕后，迅速打开种子罐无菌空气进气阀及排气阀，将空气流量及罐压调节至工艺要求范围，检查接种帽的关闭情况，确保接种帽已经旋紧关严，然后按种子培养工艺操作条件，控制好培养温度、培养压力、通气量及搅拌速率，培养种子至符合发酵罐接种要求。种子罐温度低于规定要求时，用热水加热至相应温度；当温度高于规定值时通入冷水进行降温操作；当溶氧不足时可适当加大通气量或提高搅拌速率。当种子培养合格后通知发酵岗位，准备进行发酵罐接种。

② 发酵罐接种操作过程。当发酵系统辅助管路、阀门、管件、辅助设备（补料罐、酸或碱罐、计量罐、消泡剂罐等）及其罐内物料已灭菌并降至正常温度，发酵罐及罐内培养基灭菌结束，并降至正常温度，调整培养基至规定 pH 值，检查消后培养基，确认无菌后，即可对发酵罐进行接种操作。发酵罐岗位在取得接种通知后与相关人员核实罐号、批号及接种通知单，确定无误后进行种子罐与发酵罐间的接种操作。接种前停待用种子罐搅拌，关种子

罐排气阀，开大空气进气阀，调节罐压至 0.15～0.2MPa，按压差法接种操作进行接种，将种子罐内培养合格的种子接入发酵罐中。当种子罐观察不到液面，且罐压迅速下降，证明已接种完毕。接种完毕后关种子罐空气进气阀，开排气阀放尽压力，打开罐盖，用水对罐进行清洗，合格后待用。

### 三、注意事项

种子培养过程，除了要获得种子的扩大培养物，保证种子强的活性以外，最突出的一个问题就是要保障种子不被杂菌污染。基于这一点，在种子培养中，有以下几点值得特别注意。

① 实验室阶段的培养一定要按照无菌操作进行，不允许在这一阶段发现有染菌现象。每批斜面菌种培养完成后，要仔细观察菌苔生长情况、菌苔的颜色和边缘等特征是否正常，有无感染杂菌的征象，一旦发现有染菌的，立即停止培养，弃用。无菌室要加强管理，经常打扫和灭菌，防止杂菌和噬菌体的污染。

② 培养基、器皿、设备的消毒灭菌一定要彻底、干净；定时检查无菌空气制备的运行设备，经常消毒、杀菌；经常打扫环境卫生，消除杂菌滋生地。

③ 在接种操作中，一定要严格按照无菌操作进行，规范生产操作，严禁误操作带来的杂菌污染，经常提醒，建立严格的无菌概念，避免出现二次污染。

④ 生产中使用的斜面菌种不宜多次移接，一般只移接三次（三代），以免由于菌种的自然变异引起菌种不纯。因此，要经常进行菌种的分离纯化，不断提供新的斜面菌株供生产使用。

⑤ 按不同菌种的不同生理特征，选用不同的工艺来生产发酵所用的种子。即使是相同的发酵生产，也要根据本单位的具体条件对工艺操作方法加以调整。

⑥ 在种子制备过程中，要特别加强对影响种子质量的各种因素的调控。

⑦ 对已有的优良生产品种的菌种，要采取相应的方法，使其在尽量长的时间内保持生产性能稳定、死亡率低、变异少。

⑧ 已经退化的菌种，要及时进行分离纯化，通过复壮，恢复菌种的优良性能。

⑨ 种子通过接种管道进行移种时，移种过程中要防止接受罐表压降至零，否则会引起染菌。

## 第三节　问题分析及处理手段

### 一、种子培养过程中影响因素

种子培养不仅是要提供一定数量的菌体，更为重要的是要为发酵生产提供适合发酵、具有一定生理状态的高质量菌体。因此，要注重培养过程中各种因素对种子质量的影响。发酵种子的质量主要受孢子质量、培养基、培养条件、种龄和接种量等因素的影响。摇瓶种子的质量主要以外观颜色、效价、菌丝浓度或黏度以及糖氮代谢、pH 值变化等为指标，符合要求方可进罐。

#### 1. 孢子培养过程中的影响因素

影响孢子质量的因素很多，概括起来主要有以下几个方面。

（1）原材料质量　由于所用原料的产地、品种和加工方法不同引起原材料质量的波动，使得培养基中所含的营养成分含量发生变化，影响孢子的质量。起主要作用的是其中的无机离子含量不同，如微量元素 $Mn^{2+}$、$Cu^{2+}$、$Ba^{2+}$ 能刺激孢子的形成，磷含量太多或太少也会影响孢子的质量。为了保证孢子培养基的质量，斜面培养基所用的主要原料需经过化学分析及摇瓶试验合格后才能使用。制备培养基时要严格控制灭菌后的培养基质量，斜面培养基在使用前，需在适当温度下放置一定时间，使斜面无冷凝水呈现，水分适中有利于孢子生长。配制培养基时还应注意氨基酸对菌种代谢菌落的影响，各种氨基酸对菌落的表现不同，氮源品种越多，出现菌落越多，不利于生产稳定。

（2）培养温度　温度对多数微生物的斜面孢子质量有显著影响。温度过低会导致菌种生长发育缓慢，温度过高会使菌体代谢活动加快，缩短培养时间，使孢子成熟早，易老化，接入发酵罐后就会出现菌丝对糖、氮利用缓慢，氨基氮回升，发酵产量降低等，甚至引起菌丝过早自溶。

（3）湿度　斜面孢子培养基的湿度对孢子的数量和质量都有较大影响。一般来说，湿度小，孢子生长快；湿度大，孢子生长慢。

（4）斜面冷藏时间　斜面冷藏时间对孢子质量的影响与孢子的成熟度有关，孢子成熟，则不易导致菌体细胞自溶，冷藏时间可长些；反之，应缩短冷藏时间。冷藏时间对孢子的生产能力也有影响，通常冷藏时间越长，生产能力下降越多。

（5）孢子龄　孢子龄对孢子质量是有影响的，过于年轻的孢子经不起冷藏，过于衰老的孢子生产能力下降。孢子龄以控制在孢子量多、孢子成熟、效价正常的阶段为宜。

（6）接种量　接种量的大小影响到在一定量培养基中孢子的个体数量的多少，进而影响到菌体的生理状况。凡接种后菌落均匀分布整个斜面，隐约可分菌落者为正常接种。接种量过小则斜面上长出的菌落稀疏；接种量过大，则斜面上菌落密集一片。一般传代用的斜面孢子要求菌落分布较稀，适于挑选单个菌落进行传代培养。接种摇瓶或进罐的斜面孢子，要求菌落密度适中或稍密，孢子数达到要求标准。

**2. 种子罐培养过程中的影响因素**

（1）原料　种子培养基原材料质量的控制类似于孢子培养基原材料质量的控制。种子培养基的营养成分应适合种子培养的需要，一般选择一些有利于孢子发芽及菌丝生长和大量繁殖菌丝体，并可以使菌丝粗壮、具有较强活力的培养基，这就要求培养基的成分在营养上要易于被菌体直接吸收和利用，营养成分要适当地丰富和完全，氮源和维生素含量较高，这样可以使菌丝粗壮并具有较强的活力。另一方面，培养基的营养成分要尽可能地和发酵培养基接近，以适合发酵的需要，这样的种子一旦移入发酵罐后就比较容易适应发酵罐的培养条件。发酵的目的是为了获得尽可能多的发酵产物，其培养基一般比较浓，而种子培养基以略稀薄为宜，以利于溶氧。种子培养基的 pH 值要比较稳定，以适合菌体的生长和发育。pH值的变化会引起各种酶活力的改变，对菌丝形态和代谢途径影响很大。例如，种子培养基的pH 值控制对四环素发酵有显著影响。因此，种子培养过程中应针对不同菌种、不同的要求配制培养基。一般种子培养基都用营养丰富且完全的天然有机氮源，因为有些氨基酸能刺激孢子发芽。但无机氮源容易利用，有利于菌体迅速生长，所以在种子培养基中常包括有机氮源及无机氮源。最后一级的种子培养基的成分最好能较接近发酵培养基，这样可使种子进入发酵培养基后能迅速适应，快速生长。有关培养基配制及对种子的影响详见"第一章培养基的制备"。

（2）培养条件　培养条件对种子罐培养过程中的影响主要集中在以下几个方面。

① 温度。种子培养应选择最适的温度。温度是影响菌体生长与存活的最重要因素之一，这种影响表现为两方面：一方面随着温度的上升，细胞中的生物化学反应速率加快，生长速率加快；另一方面菌体的重要组成如蛋白质、核酸等都对温度较敏感，随着温度的增高有可能遭受不可逆的破坏。微生物可生长的温度范围较广，总体说在$-10\sim95℃$。发酵工业所采用的菌株一般为中温菌，生长最适温度为$20\sim40℃$，过高、过低均影响生长。高于最适培

养温度，菌体初期迅速繁殖，不久会立即转为衰老状态，繁殖很慢。在较高温度下培养种子，可能种子表观指标正常，但接入发酵罐后，很容易衰老。在低于最适培养温度下培养，菌体繁殖趋于缓慢，培养出来的种子也不健壮。

　　② pH 值。培养液的 pH 值与微生物的生命活动有着密切关系，各种微生物有其可以生长的和最适生长的 pH 值范围。大多数为 pH4～9，少数在 pH 值低于 2 或高于 10 的环境中生长。环境 pH 值不同，微生物原生质膜所带的电荷也不同，进而引起原生质膜对个别离子渗透性的变化，从而影响微生物对营养物质的吸收、酶的形成及其活力、代谢途径和细胞膜透性的变化。此外，环境中的 pH 值还对氧的溶解、氧化还原电位、营养物质的物理状态都有影响。pH 值过高、过低都会影响微生物的生长繁殖以及代谢产物的积累。控制 pH 值不但可以保证微生物良好的生长，而且可以防止杂菌的污染。一般种子培养过程中不用调节 pH 值，而是通过选择适当的培养基配方，控制好培养基的浓度来达到稳定的 pH 值。

　　③ 通气量。在种子罐中培养的种子除保证供给易于利用的营养物质外，还应有足够的通气量，以保证菌种代谢过程对氧的需求，提高种子的质量。不同微生物对氧的需求不同，是由于依赖获得能量的代谢方面的差异。好氧性菌主要是有氧呼吸或氧化代谢，厌氧菌为厌氧发酵，兼性厌氧菌则两者兼而有之。不同微生物或同一微生物的不同生长阶段对通风量的要求也不相同，如生产柠檬酸的黑曲霉是好氧性微生物。在柠檬酸发酵过程中，前期以长菌丝为主，通风量要小些；后期主要是产酸，就需要加大通风量，以提高产酸速度和产酸量。各级种子罐或者同级种子罐的各个不同时期的需氧量不同，应区别控制，一般前期需氧量少，后期需氧量多，应适当增大供氧量。

　　④ 搅拌。适当控制搅拌转速，以保证溶氧及种子罐内各处条件均一，利于种子的培养。也可避免菌丝结团、粘壁等现象发生。

　　⑤ 泡沫。菌种在培养过程中会产生泡沫，这与菌体的代谢情况及发酵液的成分等有关。泡沫的持久存在影响微生物对氧的吸收，妨碍二氧化碳的排除，因而破坏其生理代谢的正常进行，不利于发酵。此外，由于泡沫大量地产生，致使培养液的容量一般只有种子罐容量的一半左右，大大影响设备的利用率，甚至发生跑料现象，导致染菌，使损失更大。在菌种培养过程中产生泡沫的原因是很多的。通气、机械搅拌使液体分散和空气窜入形成气泡，培养基中某些成分的变化或微生物的代谢活动产生气泡，培养基中某些成分（如蛋白质及其他胶体物质）的分子在气泡表面排列形成坚固的薄膜，不易破裂，聚成泡沫层。关于菌种培养过程的消泡措施，主要偏重于化学消泡和机械消泡。种子培养过程中一般不加入化学消泡剂，往往在培养基的配制过程中加入适量的消泡剂，生产过程中精心操作，严格控制操作条件。另有文献报道，在培养基配料中增加磷酸盐，可使消泡剂添加量成倍地降低。有关泡沫的影响及消除可详见"第五章微生物发酵及工艺控制"。

## 二、常见问题及其处理手段

　　在生产过程中，种子培养受各种各样因素的影响，种子异常的情况时有发生，会给发酵带来很大的困难。种子异常往往表现为菌种生长发育缓慢或过快、菌丝结团、菌丝粘壁、代谢不正常、菌丝染菌或带菌等。

　　（1）菌种生长发育缓慢或过快　菌种在种子罐中生长发育缓慢或过快与孢子质量以及种子罐的培养条件有关。种子菌丝生长缓慢可能是培养基原料质量不合适或质量差。如主要有机氮源变质，培养基消后色深，pH 值偏高或偏低，会使种子菌丝生长缓慢。培养条件不合适、供氧不足、罐温偏低或过高、罐内铁离子浓度高等，均能影响或抑制菌丝生长。菌体老化或过于年轻、接种物冷藏时间长或接种量过低而导致菌体量少，也都会使菌体数量增长缓慢。一般生产中，通入种子罐的无菌空气的温度较低或者培养基的灭菌质量较差是种子生长、代谢缓慢的主要原因。生产中培养基灭菌后需取样测定其 pH 值，以判断培养基的灭菌质量。因此，生产上一旦出现这种情况，应注重调整好培养条件。菌种生长过快往往是由于接种量过大、营养过于丰富所致，生长过快容易引起供氧不足，使菌体易衰老甚至死亡，为了避免生产过快可采用进行适当稀释并降低罐温的办法。

（2）菌丝结团　在液体培养条件下，繁殖的菌丝并不分散舒展而聚成团状称为菌丝团。这时从培养液的外观就能看见白色的小颗粒，菌丝聚集成团会影响菌的呼吸和对营养物质的吸收。在培养过程中有些丝状菌容易产生菌丝团，菌体仅在表面生长，菌丝向四周伸展，而菌丝团的中央结实，使内部菌丝的营养吸收和呼吸受到很大影响，从而不能正常的生长。如果种子液中的菌丝团较少，进入发酵罐后，在良好的条件下，可以逐渐消失，不会对发酵产生显著影响；如果菌丝团较多，种子液移入发酵罐后往往形成更多的菌丝团，进而影响发酵的正常进行。一个菌丝团可由一个孢子生长发育而来，也可由多个菌丝体聚集在一起逐渐形成。菌丝结团的原因很多，诸如通气不良、搅拌效果差或停止搅拌导致溶氧浓度不足；原料质量差或灭菌效果差导致培养基质量下降；接种的孢子或菌丝保藏时间长而菌落数少，泡沫多；罐内装料少菌丝粘壁等会导致培养液的菌丝浓度比较低；接种种龄短、接种量小也会导致菌体生长缓慢，造成菌丝结团。

霉菌或放线菌在摇瓶或种子罐培养时容易产生颗粒。基本原因是由于通气不足，也可能是培养基的性质、成分或其他条件控制不当所引起。

（3）菌丝粘壁　菌丝粘壁是指在种子培养过程中，由于搅拌效果不好、泡沫过多以及种子罐装料系数过小等原因，使菌丝逐步粘在罐壁上。其结果使培养液中菌丝浓度减少，最后就可能形成菌丝团，降低种子质量不能接种，因而影响生产。以真菌为产生菌的种子培养过程中，发生菌丝粘壁的机会较多。一般菌丝粘壁同搅拌速率快和泡沫太多的影响有关，菌丝容易被甩到罐壁形成菌丝粘壁。这种情况下可加入适量的消泡剂，降低搅拌速率。

（4）种子代谢异常　种子培养过程代谢不正常情况也较多，如 pH 值连续较长时间的偏高，糖利用慢，氨基氮或氨氮利用慢甚至不利用。有时还会发生氨基氮回升现象，这些现象有时与培养条件、培养基配比、培养基消毒后质量等有关，原因错综复杂，分析比较困难。有时罐温偏高，代谢加快，菌丝容易衰老自溶或变稀。

（5）生产菌株的变异或衰退　有些品种因种子变异引起发酵过程中菌丝突然发生衰退和自溶。这类现象在放线菌碰到较多，这类自溶与噬菌体无关。高产菌种在使用过程中容易衰退（衰退现象有的表现为提前自溶，氨氮利用停止，并提前回升等），使产量下降。生产菌株由于遗传不太稳定，常会出现突变衰退。防止生产菌株发生衰退的一般方法是定期进行自然分离、纯化和改进菌株冷藏管理，避免因保藏不善而引起的变异。

（6）泡沫　详见第五章中的"发泡及其控制"。

（7）种子带菌或染菌　详见第五章中的"染菌及其防治处理"。

（8）种子质量差　菌丝质量差的种子液，不能接种发酵罐，可改用正常发酵液来倒种或混种。在接种过程中，采取接种管道可用空白培养液冷却的措施，以防种子菌丝被烫伤。若质量差的种子液已接进发酵罐，前期情况不正常，菌丝生长缓慢，加油消沫无效，同时由于加油过多，发酵液面上形成一层肥皂泡似的乳状液，菌丝长不好且特别稀，这种情况可放掉部分发酵液，重新补些种子，延迟降温，加大空气流量，还可酌情补入适量尿素及大苏打（如青霉素发酵）促进菌丝生长。

✏ **思考题**

1. 什么叫种子？种子培养分哪几个阶段？种子制备过程的主要工作任务有哪些？
2. 写出种子制备的一般流程。作为种子应该具备哪些条件？
3. 斜面培养、液体培养、种子罐培养对培养基的营养要求有何变化？
4. 种子罐的级数由什么决定？什么叫接种量？什么叫接种龄？
5. 接种的方法有哪些？怎样进行接种？
6. 影响种子质量的因素有哪些？如何控制？
7. 种子培养过程中的异常主要表现在哪几方面？各是什么原因造成的？
8. 简述生产车间种子制备的操作过程。

# 第五章 微生物发酵及工艺控制

**学习目标**

① 了解微生物发酵及工艺控制过程的主要工作任务。

② 了解基本概念、各种发酵方法、发酵基本过程、发酵过程中的新技术、过程参数检测及其自动控制。

③ 理解动力学方程，能够运用动力学方程，特别是分批发酵动力学方程进行计算分析。

④ 理解发酵过程中的各种影响因素，掌握发酵工艺控制方法及生产中出现的各种问题的处理手段。

⑤ 能够按生产工艺要求控制发酵过程工艺参数，会分析判断染菌及泡沫等异常情况并进行处理。

微生物工业发酵过程不同于一般化工生产，有其特殊性。它是借助于活的微生物个体在一定培养条件（营养、温度、氧气、酸碱度等）下，在培养设备内进行的生化反应过程，其目的是要实现目标产物的生产。整个过程既具有代谢的自动调节、辅酶再生、生物能产生和转换等机制，又具有微生物细胞的生长和产物的形成等量的变化。反应可进行到基质原料耗尽。发酵过程的生化反应与化学物质跨膜输送相叠加，其微生物细胞生长阶段和发酵产物形成阶段的最优化控制条件往往不一致。相当一部分发酵过程中的化学变化，即从培养基转化为菌体及产物的确切途径还不太清楚，难以进行精确的计量。因此，做好微生物发酵过程中的工艺控制工作，使微生物大量分泌目标产物，实现稳产高产尤其重要。

## 第一节　主要工作任务及岗位职责要求

### 一、发酵控制岗位主要工作任务

微生物发酵过程的工艺控制就是要采取有关措施将各种工艺参数控制在合理的范围内，并对发酵罐的生产情况进行判断，处理发酵过程中的异常情况，实现发酵过程的最优化生产，得到大量易于分离的目标产物。控制过程的主要工作任务如下：

① 控制发酵液的温度；

② 控制发酵液 pH 值；

③ 控制罐压；

④ 控制泡沫层高度；

⑤ 定期取样进行无菌培养和检查，定期取样对发酵液的生理生化指标进行分析，随时通过视镜观察发酵罐内发酵情况，分析判断发酵情况并对异常情况进行相应处理；

⑥ 控制溶氧量；

⑦ 依据生产要求计算补料量，并向发酵罐内进行补料；

⑧ 定期检查设备、各种管线、阀门及仪表是否正常，并对异常情况进行处理；

⑨ 判断发酵终点，终止发酵，将发酵液压送至过滤岗位；

## 二、发酵控制岗位职责要求

发酵控制岗位操作人员除了要履行"绪论——微生物发酵生产过程岗位基本职责要求"相关职责外，还应履行如下职责。

① 严格按发酵控制标准操作规程进行操作，调节发酵过程的培养温度、罐压、空气流量等参数，保证种子罐和发酵罐搅拌的正常运转。

② 按照发酵不同阶段对各项工艺参数要求，如 pH、氨氮等参数调整各种补料量，保证菌体代谢过程处于半饥饿状态，使发酵代谢正常进行。

③ 根据罐内泡沫情况，调整消泡剂的加入量，避免泡沫过高或顶罐引起逃液。

④ 根据发酵罐效价的增长情况调整前体的加入量，避免前体残量过高，造成菌体死亡；前体残量过低又不利于产物的合成，造成产率下降。

⑤ 发酵过程中定期取无菌样进行无菌检测，及时掌握菌体代谢情况。

⑥ 搅拌不能正常运行时，要及时采取措施，把罐温尽快降下来，减缓菌体代谢，使菌体进入休眠状态，并调整补料量，保证生化参数在正常范围之内。

⑦ 遇到停空气的情况，立即采取应急措施，停止搅拌，尽快关闭进排气阀，避免造成搅拌电机烧坏和防止空气倒流污染空气高效过滤器。

⑧ 严格操作，使发酵培养过程中严格进行"纯种培养"，不能污染任何其他杂菌。

⑨ 染菌后，根据不同杂菌的菌型采取不同的应急措施进行处理。

⑩ 依据工艺要求及菌体代谢情况，及时与过滤岗位联系，进行放罐操作。

# 第二节　发酵基本原理

控制好发酵过程中各项工艺参数的目的是给微生物的生长发育和产物合成提供一个良好的外在环境，以提高生物化学反应速率，但影响反应速率的参数间往往又相互关联着，这些都给反应过程控制带来很大的困难。大多数发酵过程需在无杂菌（纯培养）的情况下进行，这对设备的严密性，培养基、设备、空气的灭菌或除菌，变量检测取样都有特殊的要求。而用于发酵的微生物细胞又具有易变异的特点，在每次细胞分裂时都可能产生遗传突变或回复突变，降低甚至丧失其高水平合成目标产物的能力。发酵过程中当发酵液中菌体（尤其是菌丝体）逐渐增多或形成黏性产物时，醪液黏度会有很大增加，常呈非牛顿流体性质，这也会给气-液、液-固间的混合及传质和传热的控制带来困难。而发酵产品可能是胞内产品，也可能是胞外产品，这又给产品的分离及提取带来了一定困难。因此，要提高发酵产品的产率就应从培养条件、培养设备及微生物个体本身考虑来实现工业的最优化配置。

## 一、基本概念

（1）微生物发酵　指利用微生物体来制得产物的需氧或厌氧的任何过程。其产物可以是微生物体的初级代谢产物，亦可以是次级代谢产物。其来源可来自微生物菌体或排出其体内的体外代谢产品。

（2）初级代谢产物　指关系到微生物新陈代谢过程中的能量代谢、细胞生长和细胞结构的代谢产物。如酒精、乳酸、蛋白质与酶、氨基酸、含嘌呤或嘧啶碱基的化合物、糖、糖的磷酸酯、脂肪酸、维生素、甘油、甘油三酯等。

（3）次级代谢产物　指微生物菌体在生长期不能合成的，一般在菌体生长静止期中合成的与菌体成长繁殖无明显关系的产物。典型产物如下：

① 色素、生物碱、萜类、毒素、植物生长因子；

② 生物药物类，如抗生素、酶抑制剂、免疫调节剂、受体、拮抗剂、激活剂、离子载体、类激素等；

③ 其他发酵产品，如微生物农药、甾体转化物、微生物降解物等。

（4）菌体量　一般指微生物菌体干重量。

（5）生长期　指微生物接种后，经短暂迟滞期后，至某种必需营养消耗造成生长限制这一时期。这一时期微生物快速生长，菌体浓度迅速增加。

（6）生产期　微生物开始积累代谢产物的时期。

（7）二次或隐性生长　由于细胞的自溶作用，一些新的营养物质，诸如细胞内的一些糖类蛋白质等被释放出来，又作为细胞营养物质，从而使活细胞在稳定期又缓慢地生长，通常称为二次或隐性生长。

（8）生长相关型（偶联型）　其特点是菌体生长、碳源利用和产物形成几乎都在相同的时间出现高峰，即表现出产物形成直接与碳源利用有关。这一型中又分为两种情况，即菌体生长型和代谢产物型。

（9）菌体生长型　指的是终产物就是菌体本身，菌体增加与碳源利用平行，且两者之间有定量关系。如酵母、蘑菇菌丝、苏云金杆菌等的培养。在单细胞微生物中，菌体增长与时间的关系多为对数关系。在一定的培养条件下，菌体产量与碳源消耗之比称作"产量常数"。酵母培养中，其产量常数显著地受到碳源浓度的影响，大肠杆菌培养中受 C/N 比的影响。酵母生产就是根据对数生长的关系和菌体产量常数计算加糖速率，以防止过量糖的加入引起酒精产生。

（10）代谢产物型　指的是产物的积累与菌体增长相平行，并与碳源消耗有准量关系。如酒精、乳酸、山梨糖、葡萄糖酸、α-酮戊二酸等，这些都是碳源的直接氧化产物。另外，氯霉素和杆菌肽这两种次级代谢产物的发酵也属于生长相关型。

（11）生长部分相关型（混合型）　其特点是在发酵的第一时期菌体迅速增长，而产物的形成很少或全无；在第二时期，产物以高速度形成，生长也可能出现第二个高峰，碳源利用在这两个时期都很高。因此，这一类型其产物形成及菌体生长一般是分开的，从生长源来看，这一类型的发酵产物不是碳源的直接氧化，而是菌体代谢的主流产物，所以一般产量较高。也可以分为如下两类：

① 产物的形成是经过连锁反应的过程，如丙酮丁醇、丙酸等发酵；

② 产物的形成不经过中间产物的积累，如酵母体内脂肪、延胡索酸、谷氨酸等；其菌体生长与产物积累分在两个明显的时期，如柠檬酸。

（12）生长不相关型　这一型的特点是产物形成一般在菌体生长接近或达到最高生长时期，即稳定期。产物形成与碳源利用无准量关系，产量远低于碳源的消耗量，所以也称为与生长不相关型。次级代谢产物如抗生素、维生素多属于此类，最高产物量一般不超过碳源消耗量的 10%。抗生素中的土霉素、氯霉素和杆菌肽不属于这一类型。

（13）临界比生长速率　在发酵过程中，不断有菌体细胞的衰老和死亡，也不断有生物合成酶系的蜕变与失活。为了使死亡的细胞和失活的酶系不断得到更新，就必须保持一定的菌体生长速率。满足这种更新需要，从而确保产物持续合成（即保持比生产率稳定）的最低比生长速率称为临界比生长速率，它因菌体细胞的寿命和酶系的稳定性不同而异。

（14）发酵罐染菌　是指在发酵过程中，生产菌以外的其他微生物侵入了发酵系统，从而使发酵过程失去真正意义上的纯种培养。

## 二、发酵方法

根据发酵条件的要求不同，微生物发酵过程可分为好氧发酵和厌氧发酵。好氧发酵有液体表面培养发酵、多孔或颗粒固体培养基表面发酵和通氧深层发酵几种方法。厌氧发酵采用不通氧的深层发酵。深层发酵反应在一定径高比的圆柱形发酵罐内完成。就其操作方式和工艺流程可分为分批式发酵、流加式发酵、半连续式发酵、灌流式发酵及连续式发酵等几种方法。

### 1. 分批式发酵

分批式（batch fermentation）发酵又称间歇式（intermittent fermentation）发酵或不连续式（discontinuous fermentation）发酵，也称原位发酵，是把培养液一次性装入发酵罐，灭菌消毒后接入一定量的种子液，在最佳条件下进行发酵培养。经过一段时间完成菌体的生长和产物的合成积累后，将全部培养物取出，结束发酵培养。然后清洗发酵罐，装料、灭菌后再进行下一轮分批操作。每一个分批发酵过程都经历发酵罐的清洗、装料、灭菌、接种、生长繁殖、菌体衰老进而结束发酵，最终放罐进行提取产物。分批式发酵的操作时间由两部分组成：一部分是进行发酵所需的时间，即从接种后开始发酵到发酵结束为止所需的时间；另一部分为辅助操作时间，包括装料、灭菌、卸料、清洗等所需的时间总和。

分批式发酵菌体培养过程一般可粗分为四期，即适应期（停滞期）、对数生长期、生长稳定期（静止期）和死亡期；也可细分为六期，即停滞期、加速期、对数期、减速期、稳定期和死亡期。

在分批式操作过程中，无培养基的加入和产物的输出，发酵体系的组成如基质浓度、产物浓度及细胞浓度都随发酵时间而变化，经历不同的生长阶段。物料一次性装入，一次性卸出，发酵过程是一个非衡态过程。分批式发酵的缺点是发酵体系中开始时基质浓度很高，到中后期，营养物质浓度很低，这对很多发酵反应的顺利进行是不利的。基质浓度和代谢产物浓度过高会对细胞生长和产物生成产生抑制作用；营养物质减少则细胞生长和代谢缓慢，使培养效率降低。分批发酵不适用于测定其过程动力学，因使用复合培养基，不能简单地运用Monod方程来描述生长，发酵过程中易出现二次生长现象。但分批发酵也有自身的优点：发酵周期短，产品质量易掌握，不易发生杂菌的污染，即使发生杂菌的污染，也能很容易终止操作；当运转条件发生变化或需要生产新产品时，易改变处理对策；对原料组成要求较粗放等。对基质浓度敏感的产物，或次级代谢产物等采用分批发酵不合适，因其周期短，产率较低。

分批发酵的具体操作如下（图5-1）：首先种子培养系统开始工作，即对种子罐用高压蒸汽进行空罐灭菌，灭菌后通入无菌空气维持罐压至一定值，之后投入已灭菌的培养基，然后接种，即接入用摇瓶等预先培养好的种子，进行培养。在种子罐开始培养的同时，以同样程序进行主发酵罐的准备工作。对于大型发酵罐，一般不在罐内对培养基灭菌，而是利用专门的灭菌装置对培养基进行连续灭菌（连消）。种子培养达到一定菌体量时，即移入发酵罐中。发酵过程中要控制温度和pH值，对于好氧发酵还要进行搅拌和通气。发酵结束放罐将发酵液送往提取、精制工段进行后处理。对发酵罐进行清洗，然后转入下一批次的生产。

### 2. 流加式发酵

流加式发酵又称单一补料分批发酵（fed-batch fermentation），是指在分批式操作的基础上，开始时投入一定量的基础培养基，到发酵过程适当时期，开始连续补加碳源或（和）氮源或（和）其他必需物质，但不取出培养液，直到发酵终点，产率达最大化，停止补料，最后将发酵液一次全部放出。补料是由于随着菌体的生长，营养物质会不断消耗，加入新培养基，满足了菌体适宜生长的营养要求。

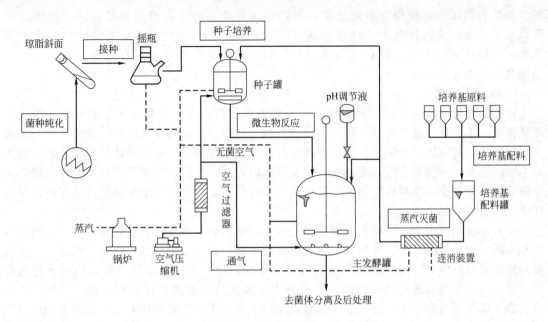

图 5-1　典型的分批发酵工艺流程示意（引自刘如林，1995）

流加式发酵在发酵过程中慢慢地加入培养基，使其在发酵液中保持适宜水平，同时又稀释了生成产物的浓度，避免了高浓度产物和底物的抑制作用，也防止了后期养分不足而限制菌体的生长。它还可以在某些情况下减少菌体的生成量，提高有用产物的转化率。另外，不断的补料稀释，对降低发酵液的黏度、改善流变学性质、强化好氧发酵的供氧是十分有利的。但流加式发酵由于不断补充新的培养基，整个发酵液体积与分批式发酵操作相比是在不断增加，受发酵罐操作容积的限制。因此，该法适用于发酵周期较短的发酵过程。

控制流加式操作的形式有两种，即反馈控制和无反馈控制。无反馈控制包括定流量和定时间流加，而反馈控制根据反应体系中限制性物质的浓度来调节流加速率。最常见的流加物质是葡萄糖等能源和碳源物质及氨水等控制发酵液的 pH 值。流加式发酵不仅被广泛用于液体发酵，在固体发酵及混合培养中也有应用。

**3. 半连续式发酵**

半连续式发酵（semi-continuous fermentation）又称反复分批式或换液式补料发酵。是指菌体和培养液一起装入发酵罐，在菌体生长过程中，每隔一定时间取出部分发酵培养物（行业中称为"带放"），同时补充同等数量的新的培养基，然后继续培养，直到发酵结束，取出全部发酵液。与流加式操作相比，半连续式操作过程中发酵罐内得到的培养液总体积保持不变，同样可起到解除高浓度基质和产物对发酵的抑制作用。

半连续式发酵也有其不足：①放掉发酵液的同时也丢失了未利用的氧分和处于生产旺盛期的菌体；②定期补充和"带放"使发酵液稀释，送去提炼的发酵液体积更大；③发酵液被稀释后可能产生更多的代谢有害物，最终限制发酵产物的合成；④一些经代谢产生的前体可能丢失；⑤有利于非生产菌突变株的生长。

**4. 灌流式发酵**

灌流式发酵（perfusion fermentation）是指菌体与培养液一起装入发酵罐进行培养，在培养过程中一方面不断补充新培养基，同时取出部分条件培养液，但菌体仍然滞留在发酵罐内。灌流式操作，能及时除去有害的代谢产物，并补充营养物质，满足了菌体进一步生长的需求。通过调节灌流速率，可把菌体发酵培养过程控制在稳定的、低废物水平状态下。灌流式操作是中空纤维生物反应器、固定床或流化床反应器、膜生物反应器等唯一可以操作的方式。但对于载体培养、悬浮培养和集聚培养，有效分离培养基、细胞和载体仍然是个问题。

**5. 连续式发酵**

连续式发酵（continuous fermentation）是指菌体与培养液一起装入发酵罐，在菌体培养过程中，不断补充新培养基，同时取出包括培养液和菌体在内的发酵液，发酵体积和菌体浓度等不变，使菌体处于恒定状态的发酵条件，促进了菌体的生长和产物的积累。连续操作的主要特征是，培养基连续稳定地加入到发酵罐内，同时产物也连续稳定地离开发酵罐，并保持反应体积不变，发酵罐内物系的组成将不随时间而变。连续发酵使用的反应器可以是搅拌罐式反应器，也可以是管式反应器。

罐式连续发酵由于采用高速的搅拌混合装置，使得物料在空间上达到充分混合，物系组成亦不随空间位置而改变，即培养液中各处组成相同，且与流出液组成一样，成为一个连续流动搅拌罐式反应器（CSTR），因此称为衡态操作，这种方式也适合于菌体代谢生理的研究。罐式连续发酵系统根据所用罐数，可分为单罐连续发酵和多罐连续发酵，如图 5-2 所示。为了维持或达到所需的罐内菌体浓度，发展了多种连续发酵操作方式，如不带循环的单罐连续操作、多罐串联连续培养操作、带循环的连续培养操作等。连续发酵的控制方式有两种：一种为恒浊器（turbidostat）法，即利用浊度来检测细胞生长状况，通过自控仪表调节输入料液流量，以控制培养液中菌体浓度达到恒定值；另一种为恒化器（chemostat）法，它与前者的相似之处是维持一定的体积，不同之处是菌体的密度不是直接控制的，而是通过恒定输入的养料中某一种生长限制基质的浓度来控制。

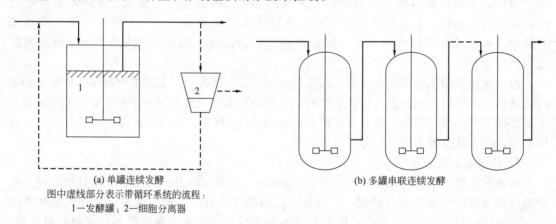

(a) 单罐连续发酵　　　　　　　　　　　　　(b) 多罐串联连续发酵

图中虚线部分表示带循环系统的流程：
1—发酵罐；2—细胞分离器

图 5-2　搅拌罐式连续发酵

管式连续发酵是培养液和细胞一起从反应器入口加入，通过一个返混程度较低的管状反应器，在向前流动中完成细胞培养和生产目标产物的发酵过程，反应器的理想形式为平推流反应器（PFR），如图 5-3 所示。在反应器内沿流动方向的不同部位，营养物质浓度、细胞浓度、氧浓度和产物浓度等都不相同。通常在反应器的出口，装一支路使细胞返回或者连接另一个连续培养罐。这种微生物反应器的运转存在许多困难，基本上还未进行实际应用。

连续式发酵在产率、生产质量、生产能力、生产的稳定性、设备的利用率和易于实现自动化方面比分批发酵优越。另外，还可以不断收获产物，能提高菌体密度。连续发酵已应用于污水处理、酒精发酵、药用酵母、饲料酵母、面包酵母等的生产。但连续发酵也存在一些技术问题：由于连续操作时间长，不断地向发酵系统供给新鲜的培养基，杂菌污染机会增多，细胞易发生变异和退化，使连续操作受到了限制。因此，连续发酵只适用于生产能力大、微生物变异小、酶活稳定、产品需连续处理的工业体系，仅限用于纯培养要求不高的情况。

### 三、发酵动力学

发酵动力学是研究发酵过程变量在活细胞作用下的规律，以及各种发酵条件对这些变量变化速率的影响。一般发酵动力学研究内容主要包括：①细胞生长和死亡动力学；②基质消耗动力学；③氧消耗动力学；④$CO_2$ 生成动力学；⑤产物合成和降解动力学；⑥代谢热生成

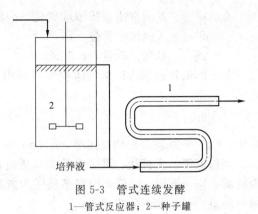

图 5-3 管式连续发酵
1—管式反应器；2—种子罐

动力学。以上各个方面不是孤立的，是相互依赖又相互制约构成错综复杂的发酵动力学体系。通过对发酵动力学的研究，可进行最佳发酵生产工艺条件的控制及生产装置的比拟放大。目前的发酵动力学模型往往是建筑在半经验或简化了的基础上的。

#### 1. 菌体生长速率

微生物发酵过程的动力学描述常采用群体来表示。微生物群体的生长速率反映群体生物量的生长速率，一般指群体平均值。群体繁殖速率是群体的各个新单体的生长速率平均值。

在液体培养基中微生物群体生长，其生长速率通常用单位体积来表示，指单位体积、单位时间里生长的菌体量；在固体培养基表面上的微生物群体生长，其生长速率以单位表面积来表示，指单位时间、单位表面积上生长的菌体量。

比生长速率是菌体浓度除菌体的生长速率，或菌体浓度除菌体的繁殖速率。在平衡条件下，比生长速率 $\mu$ 可用如下公式表示：

$$\mu = \frac{1}{c(x)} \times \frac{dc(x)}{dt} \tag{5-1}$$

$$u_x = \frac{dc(x)}{dt} \tag{5-2}$$

式中　$t$——时间，h；

$c(x)$——菌体浓度（以干菌体量来表示），g/L；

$\mu$——比生长速率，$h^{-1}$；

$u_x$——菌体生长速率，g/(L·h)。

菌体生长速率 $u_x$ 与微生物浓度 $c(x)$ 成正比，比生长速率 $\mu$ 除受细胞自身遗传信息支配外，还受环境因素影响。

#### 2. 基质消耗速率

基质的消耗速率（$-u_s$）指单位时间、单位体积发酵液中消耗的基质量，可表示为：

$$Y_{X/S} = \frac{\Delta c(x)}{-\Delta c(s)} = \frac{\Delta X}{-\Delta S} \tag{5-3}$$

$$-u_s = \frac{-dc(s)}{dt} = \frac{u_x}{Y_{X/S}} \tag{5-4}$$

式中　$-u_s$——基质的消耗速率，g/(L·h) 或 mol/(L·h)；

$c(s)$——发酵液中基质的浓度，g/L 或 mol/L；

$Y_{X/S}$——以基质消耗表示的菌体得率系数（即菌体生长量相对于基质消耗量的收得率），g/g 或 g/mol；

$\Delta c(x)$——发酵液中菌体浓度变化，g/L；

$-\Delta c(\text{s})$——发酵液中基质浓度变化，g/L 或 mol/L；

$\Delta X$——干菌体生长量，g；

$-\Delta S$——基质消耗量，g 或 mol。

基质的消耗速率常以单位体积发酵液内干菌体质量表示，称基质的比消耗速率，以 $Q_\text{s}$ 表示：

$$Q_\text{s}=\frac{-u_\text{s}}{c(\text{x})} \tag{5-5}$$

式中　$Q_\text{s}$——基质的比消耗速率，g/(g·h) 或 mol/(g·h)。

当以氮源、无机盐、维生素等为基质时，由于这些成分只构成菌体的组成成分，不能成为能源，$Y_{\text{X/s}}$ 近似一定值，但当基质成为能源的主要来源时，应对上述公式进行修饰，考虑维持能量，得出如下公式：

$$-u_\text{s}=\frac{1}{Y_{\text{gs}}}u_\text{x}+m_\text{s}c(\text{x}) \tag{5-6}$$

式中　$Y_{\text{gs}}$——以基质消耗表示的菌体纯生长得率系数（理论生长得率系数），g/g 或 g/mol；

$m_\text{s}$——以基质消耗表示的维持代谢系数（维持因数），g/(g·h) 或 mol/(g·h)。

$$m_\text{s}=\frac{1}{X}\times\left(\frac{-\text{d}S}{\text{d}t}\right)_\text{M}=\frac{1}{c(\text{x})}\times\left[\frac{-\text{d}c(\text{s})}{\text{d}t}\right]_\text{M} \tag{5-7}$$

式中　$X$——菌体干重，g；

$S$——基质量，g 或 mol；

$t$——发酵时间，h；

M——表示维持。

维持是指活细胞群体在没有实质性的生长（即生长和死亡处于动态平衡状态）和没有胞外代谢产物合成情况下的生命活动。所需能量由细胞物质的氧化或降解产生。这种用于"维持"的物质代谢称维持代谢，也叫做内源代谢（对好氧发酵称"呼吸"），代谢释放能叫维持能。维持代谢没有物质的净合成，是为在宏观上保持细胞物质总量平衡而进行的分解代谢。

维持因数是微生物菌株的一种特性值，其值越低，菌株的能量代谢效率越高。

$$Y_{\text{gs}}=\frac{\Delta c(\text{x})}{-\Delta c(\text{s})_\text{G}}=\frac{\Delta X}{-(\Delta S)_\text{G}} \tag{5-8}$$

式中　$-\Delta c(\text{s})_\text{G}$——发酵液中只用于细胞生长有关的那部分基质浓度的变化，g/L 或 mol/L；

$\Delta X$——干菌体的生长量，g；

$-(\Delta S)_\text{G}$——只用于细胞生长有关的那部分基质的消耗量，g 或 mol。

纯生长率 $Y_{\text{gs}}$ 是理论生长得率。为菌体得率系数 $Y_{\text{X/s}}$ 的极限，对于特定基质及在特定环境条件下培养特定微生物菌株，它是一个常数，又称为最大生长得率。

**3. 代谢产物的生成速率**

代谢产物的生成速率指单位体积、单位时间内产物的生成量，记为 $u_\text{p}$：

$$u_\text{p}=\frac{\text{d}c(\text{p})}{\text{d}t}=Y_{\text{P/S}}\frac{-\text{d}c(\text{s})}{\text{d}t} \tag{5-9}$$

$$Y_{\text{P/S}}=\frac{\Delta P}{-\Delta S}=\frac{\Delta c(\text{p})}{-\Delta c(\text{s})} \tag{5-10}$$

$$Y_{\text{ps}}=\frac{\Delta P}{-(\Delta S)_\text{p}}=\frac{\Delta c(\text{p})}{-\Delta c(\text{s})_\text{p}} \tag{5-11}$$

式中　$u_\text{p}$——产物生成速率，g/(L·h)；

$c(\text{p})$——产物浓度，g/L；

$c(\text{s})$——基质浓度，g/L；

$Y_{P/S}$、$Y_{ps}$——分别为以基质消耗表示的实际产物、理论产物得率系数，g/g；

$\Delta P$——产物生成量，g；

$\Delta c(p)$——产物浓度变化，g/L；

$-\Delta c(s)$——基质浓度变化，g/L；

$-(\Delta S)_p$——用于产物生成消耗的基质量，g；

$-\Delta c(s)_p$——只用于产物生成所引起的基质浓度变化，g/L。

当产物生成速率以单位体积发酵液内干菌体质量为基准时，称为产物的比生成速率，记为 $Q_p$：

$$Q_p = \frac{u_p}{c(x)} \tag{5-12}$$

式中　$Q_p$——产物的比生成速率，g/(g·h)。

当以产物 $CO_2$ 计时，产物的比生成速率常表示为 $Q_{CO_2}$。好氧微生物发酵反应中生成 $CO_2$ 的量相对于氧的消耗，称呼吸熵（$RQ$）：

$$RQ = \frac{\Delta c(CO_2)}{-\Delta c(O_2)} = \frac{u_{CO_2}}{-u_{O_2}} = \frac{Q_{CO_2}}{Q_{O_2}} \tag{5-13}$$

式中　　$RQ$——二氧化碳呼吸商；

$\Delta c(CO_2)$——二氧化碳的释放量，g；

$-\Delta c(O_2)$——氧消耗量，g；

$-u_{O_2}$——氧消耗速率，g/(L·h)；

$u_{CO_2}$——二氧化碳生成速率，g/(L·h)；

$Q_{CO_2}$——二氧化碳比生成速率，$h^{-1}$；

$Q_{O_2}$——氧的比消耗速率，g/h。

$RQ$ 是碳-能源代谢情况的指示值。在碳-能源限制及供氧充分的情况下，碳-能源趋向于完全氧化，$RQ$ 应达到完全氧化的理论值。葡萄糖的理论呼吸商为 1.0。如果碳-能源过量及供氧不足，可能出现碳-能源不完全氧化的情况，从而造成 $RQ$ 异常。在实际生产中测得的 $RQ$ 值明显低于某种碳-能源（或基质）的理论值，说明发酵过程中存在着不完全氧化的中间代谢产物和基质以外的碳源。另外，产物的形成对 $RQ$ 的影响也较明显，如产物的还原性比基质大时，其 $RQ$ 值就增加；反之，当产物的氧化性比基质大时，其 $RQ$ 值就减小。其偏离程度取决于单位菌体利用基质形成产物的量。

### 4. 微生物发酵动力学

（1）分批发酵微生物生长曲线　在分批培养过程中，随着微生物的生长和繁殖，细胞量、底物、代谢产物的浓度等就会不断发生变化。在微生物生长和繁殖过程中，依据细胞量随时间变化的特点可分为停滞期、对数生长期、稳定期和衰亡期四个阶段，也可细分将对数生长期划分为加速期、对数期及减速期三个阶段，图 5-4 为典型的细菌生长曲线。处于不同阶段的细胞成分也有很大的差异。图 5-5 为不同生长阶段细胞成分的变化曲线。

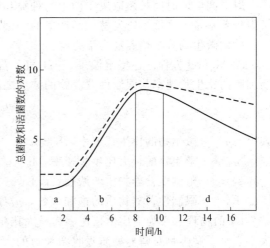

图 5-4　分批培养过程中典型的细菌生长曲线

—— 活菌数；--- 总菌数

a—停滞期；b—对数生长期；

c—稳定期；d—衰亡期

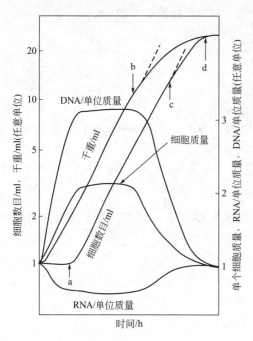

图 5-5  不同生长阶段细胞成分的变化曲线
a—停滞期；b—对数生长期；
c—稳定期；d—衰亡期

① 停滞期。是微生物细胞适应新环境的过程。接种的生理状态、接种量和培养基的可利用性和浓度是停滞期长短的关键。如果接种细胞处于对数生长期，那么就很有可能不存在停滞期，微生物细胞立即开始生长。如接种的是饥饿或老龄的微生物细胞或新鲜培养基不丰富时，停滞期将延长。

② 对数生长期。处于对数生长期的微生物细胞的生长速率大大加快。单位时间内细胞的数量或质量成指数增加，并达到最大值，在一段时间内比生长速率维持恒定。其生长率可用数学方程表示：

$$\frac{\mathrm{d}c(\mathrm{x})}{\mathrm{d}t} = \mu c(\mathrm{x}) \tag{5-14}$$

微生物的生长有时也可能用"倍增时间" $t_\mathrm{d}$ 表示。其定义为微生物细胞浓度增加一倍所需要的时间，即：

$$t_\mathrm{d} = \frac{\ln 2}{\mu} \tag{5-15}$$

$\mu$ 与 $t_\mathrm{d}$ 因受遗传及生长条件控制，不同微生物体有很大差异。

③ 稳定期。微生物细胞分裂或细胞增加速率与死亡速率相当时，微生物的数量就达到平衡，微生物生长进入稳定期。稳定期内细胞质量基本维持稳定，但活细胞数量可能下降。此期菌体的次级代谢十分活跃，许多次级代谢产物在此期大量合成，菌的形态也发生较大变化，如菌已分化、染色变浅、形成空泡等。

④ 衰亡期。当营养成分耗竭，对生长有害的代谢物在发酵液中大量积累，细胞开始在自身所含酶的作用下死亡。

以上四期的时间长短取决于微生物种类和所用培养基。因此，对于特定菌种，合理配置所需培养基是关系微生物发酵产品产率的关键。

（2）微生物分批培养动力学方程

① Monod 方程。在特定温度、pH 值、营养物质类型、营养物质浓度等条件下，微生物细胞的比生长速率与限制性营养物的浓度之间存在如下关系：

$$\mu = \frac{\mu_\mathrm{m}c(\mathrm{s})}{K_\mathrm{s} + c(\mathrm{s})} \tag{5-16}$$

式中  $\mu$——微生物的比生长速率，$\mathrm{h}^{-1}$；

$\mu_\mathrm{m}$——微生物的最大比生长速率，$\mathrm{h}^{-1}$；

$c(\mathrm{s})$——限制性营养物质的浓度，$\mathrm{g/L}$；

$K_\mathrm{s}$——限制性营养物质的饱和常数，$\mathrm{g/L}$。

$K_\mathrm{s}$ 的物理意义为当比生长速率为最大比生长速率一半时的限制性营养物质浓度。它的大小表示了微生物对营养物质吸收亲和力的大小。$K_\mathrm{s}$ 越大，表示微生物对营养物质的吸收亲和力越小；反之就越大。

$\mu_\mathrm{m}$ 随微生物的种类和培养条件不同而异，通常为 0.09～0.65（$\mathrm{h}^{-1}$）。就同一细菌而言，培养温度升高，$\mu_\mathrm{m}$ 增大；营养物质改变，$\mu_\mathrm{m}$ 也要发生变化。通常容易被微生物利用的营养物质，其 $\mu_m$ 较大，随着营养物质碳链的逐渐加长，$\mu_m$ 逐渐变小。

微生物比生长速率与底物之间有一定的关系，图 5-6 表明两者的关系。图中线段 $a$ 表示营养物质浓度很低，即 $c(s) \ll K_s$ 时微生物的比生长速率与营养物质的关系为线性关系，此时 Monod 方程可写为：

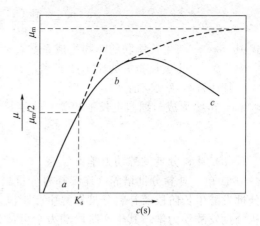

$$\mu = \frac{\mu_m}{K_s}c(s) \qquad (5\text{-}17)$$

线段 $b$ 为适合 Monod 方程段；线段 $c$ 表示营养物质浓度很高，即 $c(s) \gg K_s$ 时，微生物的比生长速率与营养物质的关系，正常情况下 $\mu = \mu_m$。但这也正是营养物质或代谢产物导致

图 5-6　比生长速率与底物之间的关系

抑制作用的区域，无相应理论方程描述，但有时可按下式表达：

$$\mu = \frac{\mu_m K_1}{K_1 + c(s)} \qquad (5\text{-}18)$$

式中　$K_1$——抑制常数。

Monod 方程只适用于单一基质限制及不存在抑制性物质的情况。也就是说，除了一种生长限制基质外，其他必需营养物质都是过量的，但这种过量又不致引起对生长的抑制，在生长中也没有抑制性产物生成。

② 细胞死亡动力学方程。微生物在培养过程中，由于基质的限制，一部分细胞得不到必需的营养而发生死亡和自溶，这种死亡动力学可用如下方程式来描述：

$$\mu_d = \mu_{dm}\left[1 - \frac{c(s)}{K_d + c(s)}\right] \qquad (5\text{-}19)$$

式中　$\mu_d$——细胞的比死亡速率，$h^{-1}$；

　　$\mu_{dm}$——细胞的最大比死亡速率，$h^{-1}$；

　　$c(s)$——限制性营养物质的浓度，g/L；

　　$K_d$——细胞死亡常数，g/L。

$K_d$ 的物理意义为使比死亡速率为最大比死亡速率一半时的限制性营养物质浓度。如果考虑细胞死亡，那么微生物生长可以分成表观（净）生长和真生长两种，并有：

$$\mu = \mu_g - \mu_d \qquad (5\text{-}20)$$

式中　$\mu$——表观比生长速率，$h^{-1}$；

　　$\mu_g$——真比生长速率，$h^{-1}$；

③ 分批培养中基质的消耗速率 $u_s$ 为：

$$u_s = -\frac{dc(s)}{dt} = \mu \frac{c(x)}{Y_G} + m_s c(x) + Q_P \frac{c(x)}{Y_P} \qquad (5\text{-}21)$$

式中各符号意义同前。

④ 分批培养中产物的形成速率（$u_p$）

a. 产物形成与细胞生长相关（偶联型）：

$$u_p = \frac{dc(p)}{dt} = Y_{P/X}\frac{dc(x)}{dt} = Y_{P/X}\mu c(x) \qquad (5\text{-}22)$$

式中　$Y_{P/X}$——以菌体细胞量为基准的产物生成系数，$Y_{P/X} = Q_P/\mu$，g/g 细胞；

　　其他符号意义同前。

b. 产物形成与细胞生长部分相关（混合型）

$$u_p = \frac{dc(p)}{dt} = \alpha\frac{dc(x)}{dt} + \beta c(x) = \alpha\mu c(x) + \beta c(x) \tag{5-23}$$

式中　$\alpha$——与生长偶联的产物生成系数，$\alpha = Y_{P/X} = Q_P/\mu$，g/g 细胞。

　　　$\beta$——非生长相关的比生产速率，g/(g 细胞·h)；

其他符号意义同前。

c. 产物形成与细胞生长不相关（非生长偶联型）

$$u_p = \frac{dc(p)}{dt} = \beta c(x) \tag{5-24}$$

（3）补料分批发酵动力学

① 单一补料分批培养（连续补料分批培养）。这类发酵在操作上分成两个阶段，即简单分批发酵生长阶段及补料分批发酵生产阶段。假定在生长阶段无产物生成，其动力学方程遵从分批发酵动力学。其生产阶段动力学可从如下方面考虑。

假定 $c_0(s)$ 为开始时培养基中限制性营养物质的浓度，刚接种时培养液中的微生物细胞浓度为 $c_0(x)$，那么在某一瞬间培养液中微生物细胞浓度 $c(x)$ 与培养基质浓度 $c(s)$ 间的关系可表示为：

$$c(x) = c_0(x) + Y_{X/S}[c_0(s) - c(s)] \tag{5-25}$$

如果在 $c(x) = c_0(x)$，开始以恒定速率补加培养基，则补料培养基中限制性营养物质浓度也为 $c_0(s)$。$F$ 为补料培养基的流量，$V$ 为发酵罐中培养基的体积，$F/V = D$ 称为稀释率。发酵过程随着补料的进行，所有限制性营养物质都很快被消耗，此时：

$$Fc_0(s) \approx \mu\frac{c'(X)}{Y_{X/S}} \tag{5-26}$$

式中　$F$——补料的培养基流量，L/h；

　$c'(X)$——$t$ 时培养液中微生物细胞总量，$c'(X) = Vc(x)$，g；

　　$V$——时间 $t$ 时培养基的体积，L。

由式(5-26)可以看出补加的营养物质与细胞消耗的营养物质相等，因此，发酵液中限制性基质浓度不随时间的变化而变化。另外，随着时间的延长，培养液中微生物细胞的量 $c'(X)$ 增加，但细胞浓度却保持不变。我们把这种状态称为"准恒定状态"。即有如下方程：

$$-\frac{dc(s)}{dt} = 0 \quad \frac{dc(x)}{dt} = 0 \quad \mu = D \tag{5-27}$$

$$c(s) \approx \frac{DK_s}{\mu_m - D} \tag{5-28}$$

$$c'(X) = c_0'(X) + FY_{X/S}c_0(s)t \tag{5-29}$$

式中　$t$——补料时间，h；

　$c_0'(X)$——开始补料时培养液中微生物细胞总量，$c_0'(X) = Vc_0(x)$，g；

　其他符号意义同前。

产物生成动力学方程为：

$$u_p = \frac{dc(p)}{dt} = Q_p c(x) - c(p)D \tag{5-30}$$

积分得：

$$c(p) = c_0(p)e^{-Dt} + \frac{Q_p c(x)}{D}(1 - e^{-Dt}) \tag{5-31}$$

式中　$c_0(p)$——生产阶段的初始产物浓度，g/L。

一般认为 $c_0(p) = 0$。

② 反复补料分批发酵。是指在培养过程中每隔一定时间，取出一定体积的培养液，同

时又在同一时间间隔内加入相等体积的培养基，如此反复进行的培养方式。反复补料分批发酵过程可以分成三个阶段：简单分批操作的生长阶段；补料分批操作的生产阶段；反复补料分批操作的生产阶段。其动力学方程可依据上述分析，结合相应的动力学方程进行求解。

（4）连续发酵动力学 以单罐连续培养动力学为例。

① 菌体生长动力学。根据细胞物料平衡关系：

流入发酵罐的细胞－流出发酵罐的细胞＋生长细胞－死亡细胞＝罐内累积细胞

则有

$$\frac{dc(x)}{dt} = \frac{Fc_0(x)}{V} - \frac{Fc(x)}{V} + \mu c(x) - \mu_d c(x) \tag{5-32}$$

式中 $c_0(x)$——流入发酵罐的细胞浓度，g/L；

$\quad\quad c(x)$——流出发酵罐的细胞浓度，g/L；

$\quad\quad F$——培养基流速，L/h；

$\quad\quad V$——发酵罐内液体体积，L；

$\quad\quad \mu$——比生长速率，$h^{-1}$；

$\quad\quad \mu_d$——比死亡速率，$h^{-1}$；

$\quad\quad t$——发酵时间，h。

对于普通的单级恒化器而言，$c_0(x) = 0$。在多数连续培养中 $\mu \gg \mu_d$，式(5-32)可以忽略细胞死亡速率。在恒定状态时，$dc(x)/dt = 0$，所以有稀释率 $D = F/V = \mu$。这说明，在一定范围内，人为调节培养基的流加速率，可以使细胞按所希望的比生长速率来生长。

② 基质消耗动力学。根据限制性营养物质的物料平衡关系：

流入反应罐的营养物－流出的营养物－生长消耗营养物－维持生命需要营养物－形成产物消耗营养物＝积累营养物

$$\frac{dc(s)}{dt} = \frac{Fc_0(s)}{V} - \frac{Fc(s)}{V} - \frac{\mu c(x)}{Y_{gs}} - m_s c(x) - \frac{Q_p c(x)}{Y_{ps}} \tag{5-33}$$

式中 $c_0(s)$——流入发酵罐的营养物浓度，g/L；

$\quad\quad c(s)$——流出发酵罐的营养物浓度，g/L；

$\quad\quad Y_{gs}$——细胞纯生长得率系数，g/g；

$\quad\quad Q_p$——产物比生成速率，g 产物/(g 细胞·h)；

$\quad\quad Y_{ps}$——理论产物得率系数，g/g。

在一般条件下，式(5-33)中 $m_s c(x) \ll \mu c(x)/Y_{gs}$，而形成产物很少，可忽略不计。在恒定状态时，$dc(s)/dt = 0$，则有 $c(x) = Y_{gs}[c_0(s) - c(s)]$。连续发酵 $D = \mu$，根据 Monod 方程，则有细胞浓度与稀释率关系：

$$D = \frac{D_c c(s)}{K_s + c(s)} = \frac{\mu_m c(s)}{K_s + c(s)} \tag{5-34}$$

式中 $D_c$——临界稀释率，即在恒化器中可能达到的最大稀释率，$h^{-1}$。

除极少数外，$D_c$ 相当于分批发酵中的 $\mu_m$。依据上述公式及相关关系，则有：

$$c(x) = Y_{gs}\left[c_0(s) - \frac{DK_s}{\mu_m - D}\right] \tag{5-35}$$

式(5-34)和式(5-35)分别表示了稀释率 $D$ 与 $c(s)$ 和 $c(x)$ 间的关系。当 $D$ 很小时，营养物被细胞利用，$c(s) \to 0$，细胞浓度 $c(x) = c_0(s)Y_{X/S}$；当 $D$ 增加，$c(x)$ 开始慢慢下降，$c(s)$ 开始随 $D$ 的增加而缓慢增加；当 $D = D_c = \mu_m$ 时，$c(s) \to c_0(s)$，$c(x)$ 下降到 0，此时发酵液中产物浓度 $c(p)$ 也等于 0。恒化器内无菌体和产物存在，这种现象称为"洗

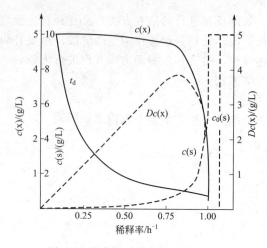

图 5-7　稀释率对营养物浓度 $c(s)$、
细胞浓度 $c(x)$、倍增时间 $t_d$ 和
菌体产率 $Dc(x)$ 的影响

出"。当 $c(x)=0$ 时，即达到了恒化器操作的"清洗点"。

③ 产物生成动力学。设单位时间、单位发酵液体积的产物生成率（产率）为 $R_P$，根据生成产物的物料平衡：反应罐内生成的产物－流出的产物＝反应罐内积累的产物，则有：

$$\frac{dc(p)}{dt}=R_P-Dc(p) \qquad (5\text{-}36)$$

在恒定状态时，$dc(p)/dt=0$，于是得 $R_P=Dc(p)$。如果连续培养主要是用于生产微生物菌体，则菌体生成率（产率）$R_x=Dc(x)$。图 5-7 显示了稀释率对 $c(s)$、$c(x)$、$t_d$（倍增时间）和菌体产率 $Dc(x)$ 的影响。

# 第三节　发酵过程及其工艺控制

用微生物发酵技术生产所需产品，无论是制备菌体、初级代谢或次级代谢产物，还是微生物转化制品，都是利用微生物在适宜的培养条件下经特异的代谢过程而实现的。有的是在有氧参与的条件下生产的，则称为好氧发酵过程；有的是在无氧条件下生产的，称为厌氧发酵过程。有的发酵培养基质是固态的称为固态发酵；有的发酵培养基质是液态的称为液态发酵。无论是什么样的发酵过程，都必须根据微生物的特征，研究微生物的生理代谢规律，控制适宜的培养条件；定期取样进行生化分析、镜检和无菌试验，以分析相关参数的变化情况，进而对代谢过程实施调节和控制。只有这样，才能使目的产物高效表达。本节主要讨论液态发酵。

## 一、厌氧发酵过程

在缺氧条件下，细胞进行无氧酵解（即无氧呼吸），仅获得有限的能量以维持生命活动。一般糖类化合物经酵解生成丙酮酸后，丙酮酸继续进行代谢可产生酒精、甘油、乳酸、丙酸、丙酮、丁醇、沼气等。

厌氧发酵过程是由微生物生理状况决定的，生产过程中要获得所需产品且使目标产物产量提高，就应注意操作中需杜绝通氧，有些菌类也可能要求在无氧条件非常苛刻的条件下进行。生产上厌氧发酵一般采用不通氧的深层发酵。厌氧发酵过程要注意整个生产过程是在少氧或无氧的条件下进行。对于严格的厌氧液体深层发酵生产还要充入无氧气体，排除发酵罐中的氧；罐内的发酵液应尽量装满，以便减少上层气相的影响；发酵罐的排气口一般要安装水封装置，培养基应预先还原。此外，厌氧发酵要使用大剂量接种（一般接种量为总操作体积的 $10\%\sim20\%$），使菌体迅速生长，减少其对外部氧渗入的敏感性。酒精、丙酮、丁醇、乳酸和啤酒等都是采用液体厌氧发酵工艺生产的。

## 二、好氧发酵过程

大多数工业发酵过程属于好氧发酵过程，反应需在通氧条件下进行，糖类化合物经酵解生成丙酮酸后，进入三羧酸循环（TCA 循环），最终将还原 H 传给最终的电子受体 $O_2$，生成水。好氧发酵有液体表面培养发酵、在多孔或颗粒状固体培养基表面发酵和通氧深层发酵等几种方法。其中间产品有各种有机酸、抗生素、氨基酸、酶等并释放出 $CO_2$。生产上氧气的供应是借助于向发酵罐内通入无菌空气。

好氧发酵过程的关键是要注意保证发酵过程对氧的需求，发酵液中氧的溶解量大小直接影响微生物代谢强度，因此，提高溶解氧量是好氧发酵的一个重要措施。

一般大型的好氧发酵过程是在设备、管线、阀门及管件等灭菌后，引入已灭菌的培养基（或引入后再对培养基进行灭菌），并通入适量的无菌空气以维持罐压，在系统正常的情况下接入事先培养好的菌种，适当时间后再开启搅拌。生产中接种量要控制好，并控制好相应的工艺条件（如发酵温度、溶氧量、pH 值、培养基质的浓度、搅拌强度等）以使生产菌生长并维持一定的浓度，满足生产菌大量分泌合成产物的要求，从而实现目标产物的生产积累。

### 三、发酵过程的影响因素

微生物发酵的生产水平不仅取决于生产菌种本身的性质，而且还要赋以合适的环境条件才能使它的生产能力充分表达出来。发酵生产受许多因素的影响和工艺条件的制约。因此，应根据不同菌种的生理特征、各厂具体设备和生产的实际情况，对发酵环境条件进行分析并合理选择，同时在工业上采取切实可行的方案进行监测控制，以确保生产菌稳产、高产。

#### 1. 温度

温度是指发酵罐中所维持的温度。微生物按对培养温度的不同要求，分为低温型、中温型和高温型三种类型。制药所用的大多数是中温型微生物，最适生长温度一般在 20~40℃。在发酵过程中，要维持适当的温度，使微生物生长代谢顺利进行。有些微生物的生长繁殖和合成次级代谢产物各阶段对温度要求不同，在发酵前后还要改变温度以获得最高的发酵单位。

温度影响微生物发酵化学反应速率。由于微生物发酵中的化学反应几乎都是由酶来催化的，酶活性越大，酶促反应速率也就越高。一般在低于酶的最适温度时，升高温度可提高酶的活性，当温度超过最适温度时，酶的活力下降，化学反应速率降低。另外，高温会引起菌丝提前自溶，缩短发酵周期，降低生物代谢产物的产量。不同菌种生长的最适温度不同，如灰色链霉菌为 27~29℃；红色链霉菌为 30~32℃；青霉素生长温度为 27~28℃，合成温度为 26℃；合成庆大霉素最适温度为 32~34℃，生长最适温度为 34~36℃。一般生物合成最适温度低于生物生长最适温度。

温度也会影响发酵液的物理性质，通过影响黏度、溶解氧量、氧的传递速率等间接影响微生物代谢产物合成。如温度影响基质和氧在发酵液中的传递，影响微生物对营养的吸收，从而影响微生物的合成。

温度也会改变产物合成方向，如用金色链霉菌进行四环素发酵时，提高温度有利于四环素合成，降低温度则有利于金霉素的合成。温度还影响产物的稳定性，在发酵后期蛋白质或其他产物水解积累较多，有些水解情况很严重，降低温度是经常采用的可行措施。

温度影响产物形式，较高温度下往往表达出包涵体，而降低温度有利于形成可溶形式，因此，精确控制生产阶段的温度十分重要。

温度对菌的调节机制亦有关系，在 20℃低温下氨基酸合成途径的终点产物对第一个酶反馈抑制作用比正常生长温度 37℃下更大，故可考虑在发酵后期降低发酵温度，使蛋白质和核酸的正常合成途径早些关闭，从而使发酵代谢转向抗生素的合成。

发酵温度取决于发酵过程中的能量变化，一般与内在因素有关。菌体生长繁殖过程中产生的热是内在因素，称为生物热，是不可改变的。另外，也与外在因素（搅拌热、蒸发热、辐射热及冷却介质移出的热量）有关。

生物热的产生有强烈阶段性，在孢子发芽以及生长初期，这种热能的产生数量是有限的，但是当微生物增殖达到一定数量，即进入对数生长期后，它就大量产生，成为发酵过程热平衡的主要因素。此后生物热产生开始减少，随着菌体逐步衰老、自溶而越趋低落。生物热也随培养基成分的不同而变化，应根据生物热量变化采取不同措施来控制适宜的发酵温度。

**2. pH 值**

在发酵过程中，培养基的 pH 值同温度一样影响各种酶的活性，进而影响产生菌的生长繁殖及产物的合成。pH 值对微生物的生长影响很明显，pH 值不当，将严重影响菌体生长和产物合成。不同微生物最适生长 pH 值和最适生产 pH 值不同。由于细胞膜的选择透过性，培养环境中 pH 值的变化尽管不会引起细胞内等同变化，但必然引起细胞内 pH 值的同方向变化。由于细胞内存在着复杂酶体系，它们通过细胞提供一个适宜催化反应的局部 pH 值环境。但由于细胞本身的 pH 值缓冲能力有限，细胞外 pH 值的变化必然对细胞内各种酶的催化活力产生影响。另外，培养环境中 pH 值变化，必然影响膜电位和细胞跨膜运输，因为许多跨膜运输是以质子的跨膜转运为前提条件。pH 值变化也会导致发酵产物的稳定性发生变化，影响其积累。一般中性条件下干扰素的产生能力比弱酸性条件下有所下降，因为酸性环境（pH5.5）有利于发挥这种菌株的生产能力。pH 值影响细胞表面电荷，从而关系到细胞结团或絮凝，对微生物生长和代谢不利。

发酵过程中 pH 值的变化是各种酸和碱的综合结果。来源有以下两方面：一方面是培养基中含有酸性成分（或杂质）。如培养基中的糖类物质在高温灭菌过程中氧化形成相应的酸，或者与培养基中其他成分反应生成酸性物质。糖被菌体吸收利用后，产生有机酸，并分泌至培养液中。一些生理酸性物质（硫酸铵等）被菌体利用后，会促使氢离子浓度增加，pH 值下降。发酵过程中当一次加糖或加油过多，且氧供应不足时，碳源氧化不完全会导致有机酸积累，pH 值下降。另一方面水解酪蛋白和酵母粉等培养基成分，在其利用后会产生 $NH_3$，造成培养液碱性。一些生理碱性物质（硝酸钠、氨基酸、尿素、氨水等）被菌体利用后，将释放出游离 $NH_3$ 或生成碱使 pH 值上升。如果培养基存在糖类物质、水解酪蛋白等，菌体优先利用糖类，从而抑制水解酪蛋白的碳源利用，不致引起 pH 值上升，甚至引起 pH 值下降。

**3. 溶氧量**

氧是细胞呼吸的底物，氧浓度的变化对细胞影响很大，也反映了设备的性能。溶氧量是指溶于培养液中的氧，常用绝对含量表示，也可用饱和氧浓度的百分数表示。

溶解氧对菌体生长的影响是直接的，适宜的溶解氧量保证菌体内的正常氧化还原反应。溶解氧量少，将导致能量供应不足，微生物将从有氧代谢途径转化为无氧代谢来供应能量，由于无氧代谢的能量利用率低，同时碳源物质的不完全氧化产生乙醇、乳酸、短链脂肪酸等有机酸，这些物质的积累将抑制菌体的生长与代谢。溶解氧量偏高，可导致培养基过度氧化，细胞成分由于氧化而分解，也不利于菌体生长。

细胞内的氧化还原反应乃至物质之间的转化也需要氧的参与。维生素 $B_{12}$ 发酵中，供氧才能实现 B 因子（咕啉醇酰胺）转化为维生素 $B_{12}$。溶解氧对产物形成的影响是多样性的。第一类是必须大量供氧气才能高产，供氧不足，产量就会下降，积累大量乳酸和琥珀酸。如谷氨酸、精氨酸发酵。第二类是对供氧量不敏感，虽然氧充足时高产，但限制供氧量对产量影响不明显。如赖氨酸、苏氨酸等的发酵。第三类是供氧充足，产物合成受到抑制，只有在供氧受到限制时才能高产。如亮氨酸、苯丙氨酸、肌苷酸等的发酵。发酵过程对氧的需求与产物的合成代谢途径有关，如果代谢途径中产生 NADH 越多，呼吸链需要的氧就越多，必须多供氧。有的发酵需要在不同的阶段进行不同的供氧。如天冬酰胺酶的生产中，前期好氧发酵，后期厌氧发酵，能提高酶的活性。

**4. 菌体质量及浓度**

发酵期间生产菌种生长的快慢和产物合成的多少在很大程度上取决于菌体的质量及菌体的浓度。菌体质量的最终指标是考察其在发酵罐中所表现出来的生产能力，如果菌体的稳定性差其生产能力将发生波动，很难维持正常生产，当菌体中含大量杂菌时，将会出现减产甚至停产，因此生产前要严格检查控制菌体质量，可以通过观察菌体形态来断定其质量。另外发酵液中菌体的质量也与接种菌龄和接种量有关。有关接种菌龄和接种量对发酵的影响详见种子的制备一章。

菌体浓度（菌浓）指单位体积培养液中菌体的含量。菌体浓度的大小，在一定条件下不仅反映菌体细胞的多少，而且反映细胞生理特性不完全相同的分化阶段。通过菌浓参数可以计算菌体的比生长速率及产物的比生产速率等参数。

菌浓的大小对发酵产物的得率有着重要影响。在适当比生长速率下，发酵产物的产率与菌体浓度成正比关系。菌浓越大，产物的产量就越大。如氨基酸、维生素这类初级代谢产物的发酵就是如此。而对抗生素这类次级代谢产物来说，菌体的比生长速率（$\mu$）等于或大于临界比生长速率时，也是如此，但是菌浓过高，则会产生其他的影响。如营养物质消耗过快、培养液的营养成分发生明显的改变、有毒物质的积累，就可能改变菌体的代谢途径，特别是对培养液中的溶解氧影响更为显著。因为随着菌浓的增加，培养液的摄氧率（OUR）按比例增加，表观黏度也增加，使氧的传递速率（OTR）成对数地减少。当 OUR＞OTR 时，溶解氧就减少，并成为发酵代谢的限制性因素，影响发酵生产。为了获得更高的生产率，需要采用摄氧速率与传氧速率相等时的菌体浓度，即临界菌体浓度，若菌体浓度超过此浓度，抗生素的生产速率会迅速下降。

临界菌体浓度是菌种遗传特性和发酵罐传氧特性的综合反映。当发酵罐的通气和搅拌强度大、传氧效率高时或当菌种的维持需要小、比耗氧速率相应降低时，都将使临界菌体浓度上升，反之则下降。

**5. 培养基**

培养基的成分对工业发酵生产尤为重要，一般其配方不发表，视为公司机密。先进的培养基组成对高产、稳产和经济发酵的过程是关键因素。因为培养基组成不仅影响微生物的生长繁殖过程，也影响产物合成过程。培养基过于丰富会使菌体生长过盛，发酵液非常黏稠，传质状况很差。细胞不得不花费许多能量来维持其生长环境，即用于非生产的能量倍增、对产物的合成不利。培养基除了作为供菌体细胞生长、繁殖的营养物质及维持代谢和合成目标产物的原料外，培养基的组成及配比是否恰当也为菌体的生长繁殖、产物合成等提供了渗透压、pH 值等营养以外的其他生长所必需的环境条件。培养基的组成及配比是否恰当对菌体的生长、产物的生成、提取工艺的选择、产品的质量和产量都有很大的影响。培养基中过高基质浓度会降低水活性而对微生物生长产生抑制作用。有些物质（如葡萄糖）在较高的浓度下对呼吸酶系产生分解代谢物阻遏作用，从而影响生长。一些基质（如甲醇、乙醇、氨、亚硝酸盐等）本身是有毒物质，只能在低浓度下使用。

**6. 二氧化碳**

二氧化碳是微生物在生长繁殖过程中的代谢产物，也是合成某些产物的基质。通常二氧化碳对菌体生长有直接影响。当空气中存在约 1％的二氧化碳时，可刺激青霉素产生菌孢子发芽，当排出的二氧化碳浓度高于 4％时，即使此时溶解氧浓度在临界溶解氧浓度以上，也会对产生菌呼吸、摄氧量和抗生素合成产生不利影响。用扫描电子显微镜观察二氧化碳对产黄青霉生长状态的影响，发现菌丝随着二氧化碳含量不同发生变化。当二氧化碳含量在 0～8％时，菌丝主要显丝状；上升到 15％～22％时，显膨胀、粗短的菌丝；二氧化碳分压继续提高到 8kPa 时，则出现球状或酵母状细胞，使青霉素合成受阻。

二氧化碳也影响发酵产物的形成。当空气中二氧化碳分压达 8kPa 时青霉素的比生产速率下降 40%，红霉素产量减少 60%。四环素的合成也有一个最适二氧化碳分压（0.42kPa），在此分压下产量才能达到最高。

二氧化碳可能使发酵液 pH 值下降，进而影响细胞生长、繁殖及产物合成，二氧化碳可能与其他物质及生长必需的金属离子发生化学反应形成碳酸盐沉淀，或造成氧的过量消耗使溶解下降，从而间接地影响发酵产物的合成。

### 7. 加料方式

加料方式有以下三种：一次性加料、一次性投入主料中间补料方式、连续加料。

一次性投料操作简单，不易染菌，但一次性投料因营养过于丰富，易造成细胞大量生长，影响发酵液流变学的性质，同时易造成底物浓度抑制、产物反馈抑制和分解代谢物的阻遏等，不利于产物合成。一次性投入主料中间补料方式除可避免上述不利因素外，还可用作控制细胞质量的手段，以提高发芽孢子的比例。连续加料易染菌，且由于长时间连续培养，生产菌易老化变异，但可提高设备利用率和单位时间产量，节省发酵罐非生产时间，便于自动控制，工业规模上很少采用。一次性投入主料中间补料方式是目前较为普遍采用的加料方式，下面重点探讨补料生产。补料类型很多，就补料方式而言有连续流加、不连续流加、多周期流加。每次流加又可分为快速流加、恒速流加、指数速率流加和变速流加。从反应器中发酵体积来分，又有变体积和恒体积之分。从反应器数目分类来分，又有单级和多级之分。从补加培养基的成分来分，又分为单组分补料和多组分补料。至于哪种补料方式更好，很难说明，生产上应根据菌种生理特征、目标产物合成机制及控制方便程度等综合考虑。

### 8. 泡沫

发酵培养液中存在一定数量的泡沫是正常的，泡沫的存在可以增加气-液接触的面积，增加氧在发酵液中的传递。但如果培养液中长时间存在大量的泡沫，则会对发酵产生极其不利的影响：①降低了发酵罐的装料系数（装料量与发酵罐的总体积之比）。如果培养液中有大量泡沫存在，就会占去大量的发酵罐容积，补料时就会减少装料量。一般发酵罐的正常装料系数应达 0.6～0.7。②影响了菌体的生长。泡沫严重时，会影响通气搅拌的正常进行，从而影响了微生物的正常呼吸和营养物质的吸收，抑制微生物的生长，导致发酵产物的产量降低。另外，还有一些菌随泡沫粘在罐顶、罐壁上不能继续生长，也使培养液中的菌体浓度降低，减小总产量。③增加了染菌的机会。大量泡沫的存在，使泡沫从罐顶轴封中渗出或从排气管中"逃液"，增加了染菌污染的机会。④泡沫降低发酵物产量，大量存在时，会从排气管中排出泡沫，引起"逃液"现象。此时，如减少通气量，则影响发酵菌的正常生长，加入消沫剂，不但影响发酵菌生长，而且给产生的代谢物提取、精制带来不利影响，这一切都将大大地降低发酵产物的产量。

### 9. 压力

罐压是指罐体内的压力，由压力表读出。培养基灭菌和发酵过程都需要检测压力变化，罐压的意义在于罐体内维持正常压力防止外界空气进入造成杂菌污染。因此，必须使发酵系统的压力保持高于外界大气压力，罐压影响 $CO_2$ 和 $O_2$ 的溶解度，增加罐压，气体溶解度提高，缩小气泡体积，可避免"逃液"现象。但过高压力影响微生物 DNA 复制，使 DNA 含量下降，从而降低生长速率，高压还降低微生物的硫酸盐还原能力。

### 10. 搅拌

搅拌影响气体的传递速率和发酵液混合均匀程度。反映搅拌的指标有搅拌转速和搅拌功率。搅拌转速是指每分钟搅拌器的转动次数；搅拌功率是指单位体积发酵液所消耗的动力功率。有如下公式：

$$P = K\rho N^3 D^5 \tag{5-37}$$

式中　$P$——搅拌功率，W/L；

$K$——常数，与搅拌器形式有关；

$\rho$——发酵液密度，$kg/m^3$；

$D$——搅拌器直径，cm；

$N$——搅拌转速，r/min。

搅拌可以阻止或减少菌丝结成团块和颗粒，减小菌丝和液体间的扩散阻力，利于溶解氧进入菌体，同时尽快排出细胞代谢产生的废气和废物，有利于细胞的代谢活动；搅拌能把通入发酵罐内的空气打碎成小泡，增加气液接触面积，加速氧溶解，增加搅拌转速将提高溶氧系数 $K_L\alpha$；搅拌产生涡流运动，细小气泡从罐底以螺旋方式上升到罐顶，路径延长，增加了气液接触时间；搅拌强化发酵液的湍流程度，产生湍流断面减少液膜厚度，减少了液膜阻力；搅拌使发酵罐体系的各种要素（如菌体、培养基、气体、产物）处于均一温度和良好的混合状态。过度提高搅拌速率会对菌体产生机械剪切，影响菌体形态，甚至损伤菌体，而且不一定能够提高溶解氧系数。因为溶解氧系数随转速逐渐提高将达到一个较高数值，再提高转速其变化很小，反而会增加动力消耗。因此，转速应控制在一个合理范围，既可以保证提高转速，$K_L\alpha$ 有明显变化来控制发酵液不同阶段对氧的需求，又很经济。

**11. 产物浓度**

产物浓度是指发酵液中所含目标产物的量。可以用质量表示，也可用标准单位表示，如 $\mu g/ml$ 和效价单位 U/ml 等。产物量的高低反映了发酵是否正常，并可判断发酵周期。

产物浓度高，设备的生产能力大，便于发酵液的后处理，但过分提高产物浓度可能会使设备生产能力下降（因为要延长发酵时间），也可能造成对菌体代谢的抑制或阻遏，还可能发生其他反应而降低最终产品收得率，对后续处理不利。产物浓度过高有时也抑制菌体本身的生长，对发酵不利。如酒精发酵中产生的酒精抑制产生菌——酵母或细菌的生长。个别情况也有抗生素（如噻纳霉素）抑制其产生菌的生长。过低的产物浓度，将增加后处理负荷，还可能造成部分培养基质未被利用而增加产品生产的整体成本。因此，产物浓度的确定要根据设备生产能力及产品经济效益综合考虑。

**12. 发酵时间**

发酵时间是指菌种接入发酵罐之时起至发酵液从罐内放出为止的时间间隔。发酵时间尽可能短，还要考虑提高产物收得率，降低物耗率，以提高经济效益。同时也要有利于后续处理及产品质量等。过度延长发酵时间可能对后续工序有很大影响。如菌丝自溶释放出菌体蛋白或体内的酶，从而明显地改变发酵液性质，使发酵液过滤困难，会使一些不稳定产物遭到破坏，降低不稳定发酵产物的产量。过度缩短发酵时间，则会减少产物的产量，另外发酵液中还残存较多的糖、氨基酸、消沫油、无机盐离子等，对发酵液过滤和产物提取时的树脂交换有影响，及增加溶剂萃取中的乳化作用等。

### 四、发酵过程工艺控制

**1. 温度的控制**

发酵过程中，菌体的生长和产物的生产处于不同阶段，所需温度是完全不同的。理论上，应针对不同阶段，选择最适温度并严格控制，以期高产。因此，合理控制温度对发酵过程尤为重要。一般生长阶段选择最适宜菌体生长的温度，生产阶段选择最适宜产物合成的温度，进行变温控制下的发酵。在许多生产中，都表现随温度升高目标产物降解加强。产物的降解酶对温度更加敏感，较高温度该种酶活性增强。因此，降低温度抑制降解是优先考虑的措施。

最适发酵温度还与菌种、培养基成分、发酵条件有关。通气较差时，搅拌强度低时，降低温度有利于发酵。因为它能降低菌体生长和代谢并提高溶解氧，对通气不足是一种弥补。但在工业生产中，由于发酵液体积很大，升温和降温控制起来较困难，往往控制在一个较适宜的温度，使产量提高，或者在可能的条件下进行适当调整。

工业上发酵温度控制，一般通过自动控制或手动控制调节夹套或蛇管中的换热介质量及温度的方案来实现温度调节。大型发酵罐一般不需加热，因发酵中产生大量发酵热，往往经常需降温冷却控制发酵温度。一般可通冷却水降温，在夏季时，外界气温较高，冷却水效果差，需要用冷冻盐水进行循环式降温，以迅速降到发酵温度。如用冷却水降温，往往存在滞后现象，需要经验及技巧。但如果发酵过程需要升温，可在夹套或蛇管内通入热水，来实现调节。温度的变化可通过温度计或温度记录仪进行检测。

培养基的组成和浓度如有改变时，则温度也要相应改变。使用稀薄配比或容易吸收利用的培养基时，过分提高罐温，容易加速菌丝生长代谢，导致营养成分过早耗尽，引起菌丝提早衰老、自溶，造成发酵损失。但在红霉素发酵中，若用豆饼粉培养基，则提高温度的效果比使用玉米浆为佳，主要是由于豆饼粉要比玉米浆难于吸收利用。

**2. pH 值的控制**

微生物发酵的 pH 值范围为 5～8，但适宜 pH 值因菌种、产物、培养基和温度不同而变化，要根据试验结果确定菌体生长和产物生产最适 pH 值，分不同阶段分别控制，以达到最佳生产。工业上控制 pH 值的方法有以下几种。①根据菌种特性和培养基性质，选择适当培养基成分和配比，有些成分可在中间补料时补充调节。例如，在青霉素发酵中，根据产生菌代谢需要用改变加糖速率来控制 pH 值，比加酸碱直接调节可增产青霉素。②加入适量缓冲溶剂，以控制培养基 pH 值的变化。常用缓冲溶剂有碳酸钙、磷酸盐等。碳酸钙的主要作用是中和各种酸类产物，防止 pH 值急剧下降。但这种方式调节能力有限，有时达不到要求。③直接加酸加碱进行控制。这种方式调节 pH 值迅速，适用范围大。但直接加酸碱对菌体伤害大，因此生产上常用生理酸性物质，如硫酸铵和生理碱性物质氨水、硝酸钠等来控制。当pH 值和氮含量低时补充氨水；pH 值较高和含氮量低时补充硫酸铵。生产上一般用压缩氨气或工业氨水进行通氨，采用少量间歇或少量自动流加，避免一次加入过量造成局部偏碱。④其他。如采用多加油、糖的办法，以及适当降低空气流量来调节，降低搅拌或停止搅拌来调节，用以降低 pH 值；提高通气量加速脂肪酸代谢也可调节，用以提高 pH 值；采用中空纤维过滤器进行细胞循环（过滤发酵液、除去酸等）亦可使 pH 值升高。

**3. 溶氧的控制**

（1）影响需氧因素　生产上影响需氧的因素主要有以下几方面。

① 溶解氧浓度。溶解氧浓度高时一般需氧量相对较低。

② 生产菌种。不同品种抗生素产生菌对氧的要求不同，即使同一菌种的不同菌株对氧的需求亦不相同。菌的需氧量以摄氧率 $\gamma$（单位体积培养液每小时消耗氧量）表示：

$$\gamma = Q_{O_2} c(x) \tag{5-38}$$

式中　$\gamma$——摄氧率，mmol/(L·h)；

$Q_{O_2}$——呼吸强度，mmol/(g·h)；

$c(x)$——菌体的浓度，g/L。

呼吸强度指单位重量的干菌体，每小时消耗的氧量。微生物的呼吸强度与许多因素有关，在一定范围内温度越高呼吸强度越强。发酵前期，特别是对数生长期，呼吸强度很强；发酵中后期，微生物呼吸强度减弱。在发酵初期，尽管呼吸强度最强但总菌量小，总需氧量不大，通气量可减小一些；进入对数生长期，微生物菌体大量增加，而呼吸强度又在较高水平上，此时需氧量增大，直到最高，这时通气量要加大，直到最大。

一般发酵前期的需氧量比中后期的需氧要大得多。菌丝浓度与需氧量成正比关系，菌丝浓度越大，微生物总体的呼吸量越高所需氧气量也就越大；反之，菌丝浓度小其需氧量就小。

③ 培养基。不同种类和不同浓度的碳源对微生物的需氧量影响最明显。当碳源浓度增加时菌种需氧量增加。如发酵中加入补料会增加微生物对氧的需求量。无机成分浓度对微生物的需氧量也有较大影响，如磷酸盐浓度升高，金霉素产生菌对氧气的需求也大大增加。

④ 有毒产物的形成和积累。发酵液中二氧化碳等代谢产物如果不能及时从培养液中排出，让其在发酵罐中积累，就会抑制微生物的呼吸并对微生物有毒害作用，减小氧的需求量。

⑤ 消沫剂的影响。如使用消沫剂可被微生物利用，则会增强需氧量。

⑥ 其他因素。发酵中接种量大，微生物生长快，菌丝浓度大，需氧量多；幼龄菌丝的呼吸强度高，需氧量大。

（2）影响供氧因素　供氧是指氧溶于培养液中的过程。氧在培养液中的溶解度很低，对于好氧发酵必须不断地通入空气并搅拌，以满足对溶解氧的需求，供氧主要由氧溶解速率决定：

$$N = K_L\alpha(c_1 - c_2) \tag{5-39}$$

式中　$N$——氧溶解速率，mmol/(L·h)；

　$K_L$——氧的总传质系数，m/h；

　$\alpha$——传质比表面积，$m^2/m^3$；

　$c_1$——氧的饱和浓度，mmol/L；

　$c_2$——实测氧浓度，mmol/L。

由于 $K_L$ 很难测量，$\alpha$ 也很难测量，所以为了方便测量，将 $K_L\alpha$ 当成一项，称为液相体积氧传递系数，单位为 $h^{-1}$。$K_L\alpha$ 与发酵罐大小、形式、鼓泡器、挡板、搅拌及温度有关。溶解氧浓度与发酵液物理化学性质、温度等有关。生产上影响供氧的主要因素有以下几方面。

① 搅拌。在深层培养过程中机械搅拌是加速氧溶解的重要条件。

② 空气流速。一般空速提高，可提高供氧量，但空气流速过大，搅拌器叶轮发生过载，即叶轮不能分散空气，此时气流形成大气泡在轴的周围逸出。当空气流速超过过载速度后通气效率就不再增加，反而增加动力消耗。

③ 罐压。罐压增大，一般溶氧量增大，但也会增大二氧化碳溶解度，降低溶液 pH 值，影响发酵。

④ 空气分布器。良好的分布器可增大氧供应量。

⑤ 温度。温度升高氧溶解量下降。

⑥ 空气中含氧量。富氧空气可提高溶解氧量，即提高氧的供应量。

⑦ 发酵液物理性质。在发酵过程中，菌体本身的繁殖及其代谢可引起发酵液物理性质的不断变化，例如，改变发酵液的表面张力、黏度和离子浓度等，而这些变化会影响气体的溶解度、发酵液中气泡直径和稳定性及其合并为大气泡的速度等。发酵液的性质还影响液体湍动以及气液交界面的液膜阻力，显著影响氧的溶解速率。一般培养液浓度增大，通气效果减弱，其供氧能力降低。发酵液越稠厚，通气效果越差，供氧能力减弱。菌丝浓度加大将会大大降低通气效果。因此，改变发酵液的物理性质也可以提高发酵液的供氧能力。

（3）工艺控制　氧的供应是用空气压缩机将空气压缩后，经除菌后通过分布管通入发酵罐内，并通过搅拌把培养液内的空气打碎，使之与培养液充分混合，增加通气效果。溶解氧量的调节一般可通过调节通气量大小及搅拌强度来实现（空气流量增大、增加搅拌转速可使供氧量提高，反之下降）。另外，控制发酵液中的菌丝浓度也可调节氧的供需情况，通过控制培养基浓度来实现菌丝浓度的控制，如青霉素发酵生产中就是通过控制补料中葡萄糖浓度来控制发酵液中菌丝浓度，进而实现氧的供需情况的调节。此外，工业生产中还可以通过调节罐温、排出二氧化碳、改善发酵液的物理性质、液化培养基、中间加水、使用表面活性剂等方法来控制溶氧浓度，通过控制补料速率、罐压及空气中氧气含量也可调节溶氧量。

**4. 菌体质量与浓度控制**

工业上控制菌体浓度是通过定期测定发酵液中菌体的浓度，进而采取适当手段控制菌体浓度范围。主要依靠调节培养基中限制性基质的浓度来控制菌体的比生长速率，进而控制菌体的浓度。首先，要确定基础培养基配方中有适当配比，避免产生过浓（或过稀）的菌体量，然后通过中间补料来控制菌体的比生长速率，如当菌体生长缓慢、菌浓太稀时，则可以补加一部分磷酸盐，促进生长，提高菌浓。但补得过多，则会使菌体过分生长，超过临界菌浓，对产物合成产生抑制作用。生长限制性基质可以是碳源、氮源、磷酸盐或其他为生长所必需的营养物，但一般以碳源作为生长限制性基质。

在生产上，还可以利用菌体代谢产生二氧化碳的量来控制补料率和稀释率，以控制菌体生长和浓度。因为二氧化碳的生成量与菌体浓度成正比。另外控制接种量的大小，也可控制发酵液中的菌体浓度。接种量过大，可使菌种生长过快，使菌体浓度升高。

对于补料分批发酵，可以通过控制稀释率的大小，来控制菌体的浓度。由补料分批发酵动力学可知，以一定稀释率连续流加补料的发酵过程，可以在某一稳定的菌体浓度下，达到比生长率与稀释率的平衡，即通过调节稀释率来控制所需的比生长速率。为了避免比生长速率的控制与菌体浓度的控制相矛盾，可以对补料液中生长限制基质的浓度进行调节。例如，当需要增加稀释率以达到所要求的比生长速率而又不致增加菌体的浓度时，就应当降低补料液中生长限制性基质的浓度；反之，如果要减少稀释率及比生长速率而不使菌体浓度减少时，可以提高补料液中生长限制基质的浓度。但改变生长限制性基质的浓度在生产上不便于实现，现实的做法是将补料液中生长限制基质固定在较高的浓度上，而采用补水的方法调节稀释速率和比生长速率。

菌体浓度控制在何种水平要由供氧与耗氧的平衡来确定。当溶氧浓度恰好能稳定在菌体生长或产物合成的临界值之上，即在这一溶氧水平上达到供氧与耗氧的平衡，这时菌体浓度便是恰当的。当然这里所说的溶氧应当排除因通气搅拌、压力、温度、pH值等环境变化引起的波动，如果溶氧浓度并非因环境条件变化下降到临界值以下，说明菌体浓度过高，这时应降低补料率或补入无菌水，以降低菌体浓度，使溶氧浓度尽快恢复到临界水平之上；反之，则提高补料率，使菌体浓度增加而遏制溶氧浓度的上升。

菌体的质量通过定期镜检、摇瓶试验等来筛选高质量的、生产稳定且不含杂菌的菌株。

**5. 发酵过程中培养基浓度的控制**

发酵过程中的培养基浓度可采用补料或补加灭菌水来加以控制。补加灭菌水除了可以调节浓度外，还可降低发酵液的黏度。另外，也可采用适量速效和迟效碳源、氮源配比来控制基质浓度，以满足机体生长需要及避免速效营养物的分解代谢阻遏。对培养基浓度的控制可从以下几方面考虑。

（1）碳源的控制　速效碳源可被菌体直接吸收，利用迅速，用于合成菌体和能量生成，产生中间代谢物如有机酸等，菌体生长快，但代谢产物可能会造成目标产物的阻遏抑制。缓效碳源被菌体产生的胞外酶降解后，才能吸收，利用过程缓慢，有利于延长目标产物的合成期。对于不同产品、不同菌株，需经试验研究，选择适宜的碳源。控制碳源浓度可采用经验方法和动力学方法，在发酵过程中通过补料控制。经验方法常根据代谢类型确定补料时间、补料量和补料方式。动力学方法是根据菌体比生长速率、糖比消耗速率、产物的比生产速率等参数进行控制。

（2）氮源的控制 速效氮源易被菌体利用，可促进生长，还有调节目标产物的作用。缓效氮源有利于延长目标产物的生产期并提高产量。生产中两者混合使用较好。为了调节发酵过程中的菌体生长和防止衰老自溶，通过补加氮源，控制其浓度。主要方法有：补加具有生长代谢调节作用的有机氮源，如酵母粉、玉米浆、尿素、氨水及硫酸铵等。发酵后期，糖利用缓慢，菌体浓度变低，pH值下降，加尿素后可改变并提高产量；当pH值下降时，常用氨水调节；当pH值升高时，可用硫酸铵调节。

（3）其他无机化合物的控制 无机化合物可根据菌体生长或产物合成的需要采用补加或一次性加入至培养基中，其浓度要经试验进行确定。

（4）前体浓度对代谢的影响及控制 为了控制生产菌的生物合成方向，通常在一些产品的发酵过程中加入前体物质，增加目的产物的产量（如青霉素发酵加入苯乙酸等）。但过多的前体物质对产生菌产生毒性。据报道，当苯乙酸的浓度为 $500\mu g/ml$ 时，不利于青霉素孢子发芽和年轻菌丝的生长；超过 $1000\mu g/ml$ 时会使青霉菌自溶并抑制青霉素的合成。

前体不仅具有毒性，而且还能被菌体氧化分解。在青霉素发酵的后期，菌体氧化苯乙酸的能力逐渐增加，有相当一部分前体可被产生菌氧化掉。因此，发酵过程中加入前体的数量一定不宜过多，必须采用少量多次或连续流加的方法加入。

**6. 二氧化碳的控制**

二氧化碳在发酵液中的浓度大小受到许多因素的影响，如菌体的呼吸速率、发酵液流变学特性、通气搅拌程度和外界压力大小等。由于二氧化碳的分压是液体深度的函数，10m高的罐中，在101kPa气压下操作，底部二氧化碳的分压是顶部分压的2倍。为了排除二氧化碳的影响，必须考虑二氧化碳在培养液中的溶解度、温度及通气情况。在发酵过程中如遇到泡沫上升而引起"逃液"时，经常采用增加罐压的方法消泡，会增加二氧化碳溶解度，这将对菌体生长不利。另外补料加糖亦会使液相、气相中二氧化碳含量升高。因为糖用于菌体生长、菌体维持和产物合成三个方面都会产生二氧化碳。通气和搅拌速率的大小，可调节发酵液中二氧化碳的浓度。在发酵罐中不断通入空气，可随气排出产生的二氧化碳，使其在液相中的浓度降低，通气量越大，液相中二氧化碳的浓度就越小；加强搅拌也有利于降低二氧化碳的浓度。因此，生产上一般采取调节搅拌速率及通气量的方法控制调节液相中二氧化碳的浓度。

**7. 加料方式的控制**

补料操作控制系统分为有反馈控制和无反馈控制两类。这两类的数学模型在理论上没有什么差别。

反馈控制系统是由传感器、控制器和驱动器三个单元所组成。根据控制依据的指标不同，又分为直接方法和间接方法。间接方法是以溶氧、pH值、呼吸商、排气中 $CO_2$ 分压及代谢产物浓度等作为控制参数。直接方法是直接以限制性营养物（如碳源、氮源或 C/N 等）的浓度作为反馈控制的参数。对间接方法来说，选择与过程直接相关的可检测参数作为控制指标，是研究的关键，这需要详尽考察分批发酵的代谢曲线和动力学特性，获得各参数之间的有意义的相互关系，以确定控制参数。对于通气发酵，利用排气中 $CO_2$ 的含量作为反馈控制参数是较常用的间接方法。直接方法，由于缺乏可靠的适时测定手段，无法控制适时补料，一直没有真正用于工业发酵控制。

无反馈控制是指无固定的反馈控制参数来使操作最优化的控制。如青霉素补料控制中，以产物浓度为目的函数，研究了葡萄糖流加的最优化方法。适用 Pontryaghin 连续最大原理（一种最优化过程的数学原理）得到一个包含流加速率连续增加阶段在内的最优操作曲线。在头孢菌素 C 的发酵研究中，采用计算机模拟的办法，考虑菌丝分化、产物诱导及分解产物对产物合成的抑制等多种因素，利用归一法原理，把复杂的多组分补料问题简化成各种单一组分的补料，从而确定了最优化的补料方式。

为了改善发酵培养基的营养条件及移除部分发酵产物，还可采用放料和补料方法（反复补料法）。即发酵一定时间后定时放出一部分发酵液，同时补充一部分新鲜营养液，并重复进行，可维持一定菌体生长速率，延长发酵周期，既有利于提高产物产量，又可降低成本，但要注意染菌等问题。

补料除了增加发酵液体积、改变营养成分比例、改善发酵液的物理性质以外，还能对发酵进行控制。通过对补料加入的时间、数量、品种及配比的调整，可控制发酵菌的生长速率及发酵液中菌体浓度，并延长发酵产物的生物合成期。例如，要降低菌体的生长速率，在补料时，碳、氮浓度就可以低一点，特别是氮浓度要低或不加氮；如果发酵液中菌体浓度太低，只要补料时间提前，补料时碳、氮浓度高一点，碳氮比低一些，并且多用一些有机氮源物质，就可以提高发酵液中的菌体浓度；前期补料时，碳、氮不过量，中、后期补料时让菌体处于半饥饿状态，就可推迟菌体的衰老与自溶，延长发酵产物的合成期，提高产量。

**8. 压力的控制**

不同生物对压力环境的耐受程度不同，一般维持在 $(0.2\sim0.5)\times10^5$ Pa。控制罐压的方法一般为调节空气进口阀门或排气出口阀门的开启度，变化进入或排出气体的流量，维持工艺所需的压力。

**9. 发酵时间的控制**

发酵时间需要考虑经济因素，即以最低的成本来获得最大生产能力的时间为最适发酵时间。在实际生产中发酵周期缩短，设备的利用率提高，但在生产速率较小的情况下，单位体积产物的产量增长就会有限，如果继续延长时间，将使平均生产能力下降，且动力消耗、管理费用支出、设备消耗费用增加，因而产物成本增加。另外，发酵时间的确定也要方便后续工序的处理。因此，合理确定发酵时间尤其重要。如不同抗生素品种的发酵，放罐时间掌握不同。有的掌握在菌丝开始自溶（一般菌丝自溶前总有些迹象，如氨基氮开始升高、pH 值上升、菌丝碎片增多、过滤速率降低等）前；有的掌握在部分菌丝自溶后；有的用残留糖/氮作为放罐标准，以使菌体内的残留产品全部释放出来。

生产中如出现异常，如染菌、代谢异常时，应根据不同情况对发酵时间进行调整，一般按正常确定时间进行。

**10. 放罐前的发酵控制**

根据各种不同的发酵特点，在发酵后期适当时间内要进行具体控制。在接近放罐时，补糖、补料或加消沫剂都要慎重考虑残留物质对提炼工序的影响。补糖需根据后期糖的消耗速率，计算到放罐时允许的残糖量来控制。消沫剂（尤其是消沫油）在不必要时可早些停止添加。其他，如通氨水、滴加葡萄糖或调节 pH 值等也应根据发酵的具体情况，尽量早些结束。

## 五、发酵生产操作过程

工业发酵生产操作过程包括以下几步：用于培养菌种及扩大再生产的各种培养基的配

制；培养基、种子罐、发酵罐及辅助设备的消毒灭菌，并将灭菌与成分合格、用量合乎要求的培养基加入至发酵罐等；发酵所需种子的培养；无菌空气的制备；培养好的有活性的纯菌种以一定的方式转接到发酵罐中；将接种至发酵罐中的菌体控制在最适条件下生长并形成代谢产物；将产物抽提并进行精制，制备合格产品；回收或处理发酵过程中所产生的废物。前5个生产操作过程已在前面几章内容中加以讨论，本节讨论第6个生产操作过程。后2个生产操作过程可查找有关资料进行学习。

**1. 取样**

液体试样取样：在取样瓶上，用特种铅笔分别写上罐号及培养时间。关取样管蒸汽阀，用火焰封住取样口（不需要取样进行培养或无菌检查时可取消此项操作），开取样一阀，放适量料液，用取样瓶接取一定体积的发酵液，关取样一阀，稍开取样蒸汽阀。

**2. 补料**

接消毒工计量罐空消结束通知后或计量罐内料液不够一次使用时，调节计量罐压力在0.03～0.05MPa，开消好备用的补料罐空气一阀，将罐压升至0.1～0.2MPa，开补料罐补料一阀、二阀，开计量罐压入阀将补料罐内料液压至计量罐的4/5处。关补料罐补料二阀、一阀，再把计量罐压力调至0.1～0.2MPa，保压。

接菌种室补料通知后，按通知单要求仔细核对罐号，批号，在指定时间，开发酵罐补料二阀、一阀，将通知单上标明的料液量补入发酵罐，关发酵罐补料一阀、二阀，结束补料。

**3. 加入消沫剂或酸（碱）类物质**

如遇发酵罐泡沫过大时，开发酵罐消沫剂二阀、一阀，加入适量消沫剂，待泡沫消失后关一阀、二阀。如遇pH值变化需加酸（碱）类物质时，开发酵罐补酸（碱）管线上一阀、二阀，将酸（碱）计量罐内的物质压入发酵罐，然后关闭相应阀门。

**4. 放罐**

接放罐通知后，与看罐人员严格核对罐号、批号、原始记录，准确无误后方可进行放罐操作。停搅拌，关排气阀，开大空气一阀，调节罐压至0.1～0.15MPa。检查罐底二阀的严密度，防止发生跑料事故。开罐底一阀、放料阀。认真与过滤岗位接料者交接罐号、批号及无菌状况，复核交料前沉降罐中料液体积，将发酵液交过滤岗位。放完罐后及时与过滤岗位取得联系，交接放罐体积。

# 第四节 问题分析及处理手段

## 一、染菌及其防治处理

发酵生产大多数为纯种培养过程，整个过程要求在无杂菌污染的条件下进行。但是由于发酵生产的环节多，有些生产如好氧性发酵，生产中系统与环境多次接触，很容易染上杂菌而影响生产。染菌对工业发酵危害极大，轻则影响产品的质和量（如抑制产生菌的生产、与产生菌共同消耗基质引起生产能力下降、降解目标产物、改变发酵液理化性质、杂菌所产生的物质增大了分离过程的难度等），重则倒罐，颗粒无收，严重影响工厂效益，甚至造成停产，特别严重的可能要停产很长时间进行处理，才能恢复。染菌的发生不仅有技术问题，也有生产管理方面的问题。在克服染菌问题时必须先树立起这样的信念，染菌不会无缘无故，是人无意识所为，如果防范得当是可以把杂菌拒之门外的。

**1. 染菌分析检测方法**

培养液是否污染菌可通过培养液生化指标变化情况、培养液的显微镜检查、无菌试验等方面进行判断，其中无菌试验是判断染菌的主要依据。生化指标的变化情况集中反映在发酵过程中的异常现象：①发酵罐罐温突然升高且难于控制；②发酵液的 pH 值发生变化；③发酵液黏度的变化，正常发酵，随着发酵生长时间增长，发酵液中菌丝浓度会增加，但染菌后，发酵液的黏度明显变稀，甚至会产生明显的沉降现象；④发酵液气味变化；⑤发酵液残糖量的变化，由于污染杂菌，对糖的消耗量增大，溶液中残糖量会突然下降；⑥发酵液效价测定的变化，一般正常发酵效价会逐步上升，染菌后，杂菌在争夺营养的同时，也破坏产生菌代谢产物，使效价下降。培养液的显微镜检查是用显微镜观察发酵液中有无杂菌，发酵液不需进一步培养处理。无菌试验是对生产菌种斜面或孢子瓶、摇瓶种子、各级种子罐和发酵罐培养液，定期取样培养，定期检查是否染菌的过程。无菌试验有如下方法：显微镜检查法、肉汤培养法、平板（双碟）培养法和斜面培养法等。

(1) 显微镜检查法（镜检法）　用革兰染色法（Grams stain）对样品进行涂片、染色，然后在显微镜下观察微生物的形态特征，根据生产菌与杂菌的特征进行区别、判断是否染菌。如发现有与生产菌形态特征不一样的其他微生物存在，就可判断为发生了染菌。必要时还可进行芽孢染色或鞭毛染色。

(2) 肉汤培养法　用组成为 0.3％牛肉膏、0.5％葡萄糖、0.5％氯化钠、0.8％蛋白胨、0.4％酚红溶液（pH＝7.2）的葡萄糖酚红肉汤作为培养基，将待检样品直接接入经完全灭菌后的肉汤培养基中，分别于 37℃、27℃进行培养，随时观察微生物的生长情况，并取样进行镜检，判断是否有杂菌。肉汤培养法常用于检查培养基和无菌空气是否带菌，同时此法也可用于噬菌体的检查。进行空气检查，可于抽滤瓶内装入适量的肉汤培养基，瓶口用数层纱布包好，瓶侧支管用胶管接好，再用牛皮纸将瓶口、管口包扎后高压灭菌，并经常温空白培养确认无菌后才能使用。检查时，分别将空气取样管和抽滤瓶胶管口消毒后，迅速将胶管接上取样管，经缓慢开启取样阀门，通入空气数分钟，恒温培养，观察肉汤是否发生混浊现象。若呈混浊现象说明空气带菌，或镜检观察，判断是否染菌。

(3) 平板划线培养或斜面培养检查法　将待检样品在无菌平板或斜面上划线，分别于 37℃、27℃进行培养，一般 24h 后即可进行镜检观察，检查是否染菌。有时为了提高培养的灵敏度，也可以将需要检查的样品先置于 37℃条件下培养 6h，使杂菌迅速增殖后再划线培养。

(4) 双碟培养法　种子罐和发酵罐培养基灭菌后就取样，称为消后取样，以后通常种子罐及发酵罐每隔 8h 取样一次（必要时种子罐每隔 4h 取样一次），种子罐取样时在装有 9ml 肉汤的试管内加入 2～5ml 试样，然后在无菌室内通过无菌操作在事先铺好琼脂培养基的双碟内划线。剩下的肉汤培养物，在 37℃条件下培养 6h 后复划一次，即另划一双碟以作比较。发酵取样时，用空白试管取样 5～15ml 左右，在 37℃条件下培养 6h 后划碟，双碟放置在 37℃条件下培养，24h 内的双碟，每隔 2～3h 在灯光下检查一次，以防生长缓慢的杂菌漏检。

无菌试验结果，一般要 8～16h 才能作出判断。为了加速杂菌的生长，特别是对中小罐无菌情况的及时判断，可加入赤霉素、对氨基苯甲酸等生长促进剂，以促进杂菌的生长。

**2. 染菌判断**

(1) 染菌罐的判断依据　以无菌试验的肉汤和双碟培养的反应为主，镜检为辅。每 8h 一次的无菌试验，至少用 2 只酚红肉汤及 1 只双碟同时取样。无菌试验时，如果肉汤连续三次发生变色反应（由红色变为黄色）或产生混浊，或平板培养连续三次发现有异常菌落的出现，即可判断为染菌。有时肉汤培养的阳性反应不够明显，而发酵样品的各项参数确有可疑染菌，并经镜检等其他方法确认连续三次样品有相同类型的异常菌存在，也应该判断为染菌。一般来讲，无菌试验的肉汤或培养平板应保存并观察至本批（罐）放罐后 12h，确认为无菌后才能弃去。无菌试验期间应每 6h 观察一次无菌试验样品，以便能及早发现染菌。

（2）染菌率的统计　以发酵罐染菌批（次）为基准，染菌罐批次应包括染菌重消后的重复染菌批（次）在内。发酵的总过程（全周期）无论前期或后期染菌，均作"染菌"论处。

$$染菌率（\%）=\frac{发酵（罐）染菌批（次）}{总投罐批（次）}\times100\%$$

**3. 染菌情况分析**

（1）染菌因素　导致染菌的因素很多，下面从三个方面加以阐述。

① 公用系统

a. 空气系统。水冷式空气冷却器穿孔，导致空气系统进水；空气夹套加热器（空气列管换热器）穿孔，导致蒸汽进入空气系统，以上两种情况的发生都无法保证空气的相对湿度在 60% 以下，可能导致空气除菌过滤器失效。

b. 蒸汽系统。不饱和蒸汽，包括过热蒸汽和低温过湿蒸汽都将影响灭菌效果，尤其是过热的干蒸汽，由于其热焓值低，"穿透力"不足，无法保证空罐的灭菌效果。

c. 种子系统。有些发酵厂家出于使用方便的考虑，设置接种站，将所有种子罐的接种管路都引至接种站。接种时，无论哪个种子罐的种子都将通过接种站和接种总管移入发酵罐。这样的配置易产生消毒死角，单罐染菌易造成整个系统污染，使种子罐和发酵罐发生大规模染菌的概率大为增加。

d. 补料系统。总补料罐染菌会造成整个补料系统和被补料发酵罐的染菌。

e. 培养基连消系统。对于培养基的连续灭菌方式而言，设备较多，管线较长，连消塔、维持罐和管路内壁易发生结垢现象，尤其对于淀粉乳、玉米浆、糖液这类较黏稠易糊化的物料，结垢现象更为严重。维持罐内的存料由于长期与高温蒸汽接触，易变性结块，其中蛋白质变性会形成海绵状物质，糖类变性会产生炭化物，这两种物质都具有很高的比表面积，容易"藏污纳垢"，形成死角，导致培养基灭菌不彻底。

连消塔混料不均匀也会导致生料进入维持罐而造成染菌。套管式连消塔蒸汽喷射孔的堵塞、罩塔式连消塔罩帽的脱落，都会导致物料和蒸汽的混合不完全。连消设备中的喷淋冷却蛇管穿孔，导致喷淋冷却水进入已灭菌完毕的培养基中。另外，连消系统的各个环节，例如阀门、法兰垫片泄漏，也会造成打料系统染菌。

f. 斜面或母瓶。种子带菌使所有罐批染菌成为必然。

② 设备渗漏和死角。设备渗漏是由于腐蚀或磨损，及加工不良等造成的微小漏孔而发生的渗漏；死角是由于操作、设备结构、安装、物料结垢及其他人为因素造成的屏障而形成的，生产上通常把这些不能彻底灭菌的部位称为"死角"。死角的存在使蒸汽不能有效到达预定灭菌部位或穿透物料而造成染菌。

a. 阀门泄漏。这是设备渗漏染菌中最常见的情况。例如：种子罐排气阀泄漏，导致接种时罐压"掉 0"造成染菌。维持罐罐底阀渗漏，导致连消时部分生料未经维持而通过旁通管路进入罐中。尤其值得注意的是罐上的冷却水阀，一旦泄漏不仅会导致空罐灭菌温度不够，还可能由于冷水与蒸汽接触时的剧烈撞击导致冷却盘管焊缝处的损坏渗漏。

b. 罐或空气管路上监控仪表套筒渗漏，导致导热油流入罐中；减速机轴封渗漏，导致润滑油沿搅拌轴流入罐中；罐内冷却盘管穿孔，导致冷却水渗入罐中。

c. 设备存在死角。罐内部件如挡板、人梯、搅拌轴拉杆、联轴器、冷却管及支撑件、监控仪表套筒焊接处、空气分布管内、罐底阀等处容易存料，形成死角而造成染菌；罐顶部位，由于发酵过程中可能发生的泡沫顶罐，泡沫粘到发酵罐封头上的人孔、视镜口、各种接管口处，若清洗不及时不彻底，粘料会变成硬块，形成死角。

③ 操作不合理。固形物含量多的培养基灭菌不彻底。

　　a. 实罐灭菌时空气未排尽，形成"假压力"，致使实际灭菌温度不足；实罐灭菌升温阶段泡沫顶罐，泡沫中夹带培养基灭菌不彻底；实罐灭菌过程中阀门调节迅速，料液大幅波动。

　　b. 连续灭菌操作的致死温度或维持时间不足；连续灭菌过程中阀门调节过于迅速，或蒸汽压力剧烈波动，都会导致维持罐内料液发生返混，使灭菌时间无法保证，更严重的是未达到致死温度的"生料"进入维持罐而导致染菌。

　　c. 空罐灭菌阀门开度不合理，造成罐内蒸汽流动不畅，形成死角。

　　d. 空气除菌过滤器灭菌操作不合理，或造成灭菌不彻底，或造成过滤器滤芯的损坏，都会导致有菌空气进入罐中。

　　e. 罐的清洗工作不彻底，尤其是染菌罐的处理措施不到位。

　　另外，异常情况的发生也能导致染菌，比如大范围的停电，造成空压机停止运行，空气系统压力"掉0"，不仅导致罐压"掉0"，严重的还可能发生料液从空气管路倒流进入空气系统的现象，污染空气过滤器；连消打料泵和指示仪表停止工作，都将导致连续灭菌操作无法进行，引起波动而导致染菌。

　　(2) 染菌原因分析及判断　当染菌情况发生时，如何迅速准确地找出染菌原因，并采取有效措施制服染菌，将染菌带来的损失降到最小是尤为重要的。以下从染菌发生的规模、杂菌类型、时间三个方面加以分析判断。

　　① 染菌规模。个别罐偶尔染菌应重点分析灭菌操作过程是否合理，种子的无菌情况，其次要从罐体方面分析，检查是否存在设备阀门渗漏及死角现象。个别罐连续染菌应重点从罐体设备本身寻找原因：检查所有与罐直接相连的阀门是否泄漏，罐内是否有渗漏和死角，检查空气除菌过滤器是否损坏失效。种子罐大规模染菌应重点检查斜面、母瓶的无菌状况。发酵罐大规模染菌就应重点从补料系统方面查找原因，如果发酵罐排气系统是并联的，也应仔细检查。种子罐和发酵罐同时大规模染菌，空气系统出现问题的可能性是最大的，如空气系统进水导致除菌过滤器失效。必须对从空压机到发酵罐的整个空气系统进行全面检查，重点检查水冷式空气冷却器是否泄漏，空气夹套加热器（空气列管换热器）是否穿孔。如果种子罐和发酵罐都采用连续灭菌的方式，还应检查蒸汽系统和连消系统，看是否压力过低或者是过热蒸汽；连消系统是否有结垢、穿孔或渗漏的现象。

　　② 染菌类型。发酵过程染菌，多种菌型出现的概率多，单菌型出现的概率较小。感染耐热芽孢杆菌时，与培养基灭菌不彻底或设备内部有"死角"关系甚大，空气中也存在芽孢杆菌。污染的杂菌是不耐热的球菌或杆菌时，可从空气净化系统、冷却系统、种子带菌、设备渗漏和操作问题等进行追查。感染大肠杆菌则怀疑是否有脏水污染，如蛇管穿孔。若污染是真菌，就可能是由于设备或冷却盘管的渗透，也可能是无菌室灭菌不彻底或无菌操作不当，糖液灭菌不彻底而引起（特别是糖液放置时间较长）。一般如果前期污染真菌应从种子制备过程的无菌情况，种子罐带菌以及空气系统查找原因；如果前期污染耐热细菌或芽孢杆菌应从种子制备的无菌情况和种子罐带菌，以及发酵罐设备的严重泄漏和消毒灭菌操作的不彻底上寻找原因。发酵生长中后期污染真菌与补料罐设备的泄漏、补料过程的操作（补料管路消毒不彻底，有冷凝水聚积，补料过程中的物料倒流，补料罐或计量罐物料冒顶，补料过程中错开阀门等）、发酵罐生长中途的放料操作（放料管路消毒灭菌不彻底，管内有冷凝水聚积，放料管路上阀门泄漏等）、发酵罐本身搅拌密封处的泄漏等有关，当然空气过滤器失效也会造成染菌。发酵生长中后期污染耐热细菌或芽孢应从发酵设备泄漏、补料罐或计量罐泄漏（多指冷却系统设备的穿孔或各个阀门的泄漏）或死角，补料过程操作以及待放料液的操作上寻找原因。

　　③ 染菌时间。消后培养基就染菌，通常是培养基或设备灭菌不彻底以及设备等原因造

成的，也不排除本罐空气系统出现问题的可能性。消后未染菌，接种后开始染菌，应重点从母瓶状况和接种操作环节、培养基或设备灭菌不彻底等方面查找原因。消后和接种都未染菌，发酵前期（多指发酵生长 20h 之前）开始染菌，可以从种子系统的带菌、种子制备带菌、发酵设备泄漏、消毒灭菌操作失误、空气系统等查找原因。如果种子制备无菌情况考察很具体，并且同一批号制备的孢子在其他发酵罐上并没有染菌现象发生，那么就应断定不是种子系统染菌的问题。消后和接种都未染菌，如果杂菌繁殖速度很快，应重点从空气系统查找原因。系统泄漏，尤其是冷却系统（夹层、蛇管或喷淋冷却器）是前期染菌的主要原因。消毒灭菌操作失误应当从实消灭菌压力、连消灭菌流速、温度控制等方面查找原因，另外也有可能是忘记开关某一阀门、忘记检查传热情况所致。发酵中期（多指发酵生长 20～70h）的染菌可从设备死角、设备泄漏以及补料设备和补料操作上查找原因。死角及泄漏多发生于内部焦化层没有清理彻底的堆积物以及搅拌轴封的泄漏，补料罐、补料贮罐内冷却设备的严密情况、补料罐上的阀门、管路的严密情况也是主要原因，补料设备灭菌中操作失误忘记开关某些阀门等也是主要原因。另外，消泡剂的加入或中途接油等操作不当也易造成染菌。中期染菌也不排除空气系统和设备方面的问题，泡沫顶盖以及操作问题也易引起染菌。发酵后期染菌（多指发酵生长 80h 以后），后期染菌多发生于设备泄漏以及补料操作、移种操作、压料操作等方面。

造成染菌的原因非常复杂，可能是多种因素叠加而成的。因此，对以上几方面的情况要综合分析，根据具体情况和实际经验综合判断，绝不能硬搬硬套。

**4. 防止和处理染菌的方法**

防止染菌的关键是加强技术管理，细化各种预防措施，并做到日常化、制度化、规范化。针对各单元操作制定并完善标准操作规程（SOP），针对可能发生的紧急事件做好预判，制订行之有效的、可行性强的应急预案并进行演练，将染菌的损失降到最小。针对染菌的因素有下列措施。

（1）重视日常工作

① 观察水冷式空气冷却器的出口温度和下吹口水量，湿热季节应加大检查频率，发生穿孔现象能及时发现。观察经过空气夹套加热器（空气列管换热器）加热后的空气温度和预总空气过滤器的下吹口排放情况，检测各罐分预过滤器的下吹口空气湿度，保证进罐的空气相对湿度不高于 60%。

② 空气除菌过滤器定期灭菌。应保证蒸汽的质量，严格按操作规程操作，避免因温度过高、流量过大或结束时的切换操作过猛而损坏滤芯。正常情况下灭菌频率为三个月一次。

③ 观察总蒸汽温度和压力是否对应，保证空罐灭菌、连续打料、设备管路灭菌以及除菌过滤器灭菌所用蒸汽均为饱和蒸汽。如果是过热蒸汽，应使用蒸汽增湿装置；如果是低温过湿蒸汽，应适当延长空消时间。

④ 对于连续灭菌工艺要定期拆检连消塔、维持罐，检查内件坚固情况、存料及结垢情况，及时清理内垢。检查喷淋冷却管路及物料管路上相关阀门的泄漏情况。在连续灭菌过程中，培养基灭菌的温度及其停留时间必须符合灭菌的要求，尤其是在灭菌结束前的最后一部分培养基也要善始善终，以确保彻底灭菌。另外，操作中要避免蒸汽压力波动过大，应严格控制灭菌的温度。

⑤ 强化菌种保藏管理，严格执行无菌室管理制度，交替使用各种灭菌手段对无菌室进行处理，除常用的紫外线杀菌外，如发现无菌室已污染较多的细菌，可采用石炭酸或土霉素等进行灭菌；如发现无菌室有较多的霉菌，则可采用制霉菌素等进行灭菌；如果污染噬菌体，通常就用甲醛、双氧水或高锰酸钾等灭菌剂进行处理，避免在种子扩培、移种过程中发生污染。对菌种培养基和器具进行严格的灭菌操作，保证灭菌锅内的空气排尽，以免形成

"假压力"而导致灭菌不彻底。

⑥ 对每一级种子的培养物均应进行严格的无菌检查，确保任何一级种子均未受杂菌感染后才能使用。

⑦ 认真做好罐的清理、冲洗工作，清除死角，这是灭菌成功的前提。原则上每批罐放罐并将有害气体置换完全后，都应下罐检查。重点是清理易存料的罐内部件如挡板、人梯、搅拌轴拉杆、联轴器、冷却管及支撑件、监控仪表套筒焊接处、压力表接口、空气分布管内、罐底阀等；认真冲洗罐顶部位的人孔、视镜口、照明灯口、各种接管口处，清除泡沫；检查冷却盘管、监控仪表套筒、减速机轴封的情况，及时发现泄漏点。

⑧ 定期进行碱水煮罐。一方面，大发酵罐罐内难免有一些因安全或角度的原因无法进行清理和冲洗的部位；另一方面，由于长期使用消泡剂，这些油类物质粘到罐顶封头部位，用水很难冲洗下来，从而形成人力难以消除的死角，这时用碱水煮罐是最有效的办法：碱水配制浓度不低于一个当量，体积加到接近排气口，蒸汽加热至90℃以上，微开罐底蒸汽阀，全开排气阀，保持碱水在微沸状态，煮8h以上。如果条件允许，通过连消系统将碱水打入罐中是更好的选择。完成后通过罐底管路用空气压入另一个发酵罐继续煮罐。根据生产的实际情况三个月到半年煮一轮即可。

⑨ 根据培养基情况选择正确的灭菌形式。一般来说，稀薄的培养基比较容易灭菌彻底，而淀粉质原料，在升温过快或混合不均匀时容易结块，使团块中心部位"夹生"，蒸汽不易进入将杂菌杀死，在发酵过程中这些团块会散开，而造成染菌。同样由于培养基中诸如麸皮、黄豆饼一类的固形物含量较多，在投料时溅到罐壁或罐内的各种支架上，容易形成堆积，这些堆积物在灭菌过程中由于传热较慢，一些杂菌也不易被杀灭，在后续过程中堆积物重新返回至发酵液中造成染菌。通常对于淀粉类培养基的灭菌采用实罐灭菌较好，一般在升温前先通过搅拌混合均匀，并加入一定量的淀粉酶进行液化；有大颗粒存在时应先经过筛除去，再进行灭菌；对于麸皮、黄豆饼粉一类的固形物含量较多的培养基，采用罐外预先配料，再转至发酵罐内进行实罐灭菌较为有效。

⑩ 严格按标准操作规程进行灭菌操作，合理控制灭菌指标在规定范围，避免超标。例如：在实罐灭菌操作的升温阶段，应合理控制主消蒸汽阀和排气阀的开度，防止升温过快，一方面易发生泡沫顶罐而逃液；另一方面冷空气可能未完全排尽，使罐内温度与压力表指示不对应，产生所谓的"假压力"，培养基及罐顶局部空间的温度达不到灭菌要求。

⑪ 对发酵辅助设备仪表进行定期保养和检修，保证其处于最佳的工作状态。例如：连消打料泵的加油保养，压力表尤其是种子罐上压力表的定期校验等。

（2）合理安装与设计

① 管路的配置和安装不合理，可能导致死角的产生。和无菌环境直接接触的管路同样也要求无菌，对这些管路的配置和安装有三个原则：一是与蒸汽管路直接或间接相连，可用蒸汽直接消毒；二是除必需外，管路尽量短，弯头和阀门尽量少，阀门与罐体直接相连的短节在不影响操作的前提下尽量短；三是直接与罐体相连的截止阀必须倒装，即安装方向与进罐物料流动方向相反，防止下游污染物通过阀门密封填料进入罐中。避免蒸汽总管路过长，支管路过于繁杂（可采取总管路系统控制为单元，单台设备或系统设备总阀控制为一单元，特殊设备系统为另一单元的安装设计思路）；蒸汽总管路不能循环使用（蒸汽总管路上的发酵罐、种子罐所使用的蒸汽，绝不可以与连续消毒系统的用汽串联在一起循环使用。发酵车间的蒸汽总管路应当采用并联设计方式，或者采用蒸汽分配站方式，严格地把连消系统使用的较高压蒸汽管路单独设计、单独使用，严格把用汽量较大的补料系统等单独设计使用，在设计蒸汽工艺管线时，充分考虑到系统用汽情况，如物料连续消毒系统、发酵大罐系统、种子罐系统、补料罐系统、补料计量罐系统、空气膜过滤系统等，根据实际蒸汽用量、蒸汽压

力，并考虑可能出现的问题，按照并联设计方案合理设计蒸汽管路的管径大小、管路走向、阀门连接及必要的防止倒流的装备）；蒸汽管路不能连接非消毒设施；蒸汽管路外要有良好的保温。

②在发酵罐数量不大的情况下，建议采用公用接种管路方案，不要采用接种站方式。发酵罐的排气管路建议单独配置，避免采用主管汇集的方式，如果通气量较大，有条件的话最好一台罐的排气管对应一台旋风分离器，这样就彻底避免了因逃液或倒压引起的各罐串联染菌的现象。接触无菌环境的管路最好使用不锈钢材质，法兰、弯头等管件焊接安装时，必须采用氩气保护焊接方式，避免采用电焊，以保证焊缝的平滑和洁净，不留死角。接触料液的管路，其法兰垫圈不要用石棉板材质的，以免使用过程中会发生老化分层现象而形成死角，最好选用耐腐蚀且光滑的聚四氟乙烯材质。垫片的安装注意中心对正，以免凸出部位挡料，而凹入部位存料。

**5. 染菌的处理**

（1）对染菌罐放罐后的处理　对于连续染菌的罐，除常规的下罐检查、清理冲洗外，根据染菌原因的判断，应拆检罐上所有阀门及相关管路上的阀门，进行打压试漏，泄漏的立即更换；拆检相关设备，如维持罐、除菌过滤器等。这些工作完成后，在进罐之前，还要以甲醛熏蒸12h以上。甲醛熏蒸对于浅表部位和排气系统的灭菌效果较为明显，但对硬垢的灭菌效果不理想，如果有条件，建议进行碱水煮罐。

以上工作都应制度化、规范化，及时记录，做到有章可循，有据可查。

（2）种子培养期染菌的处理　对于已污染杂菌的种子，不能移入发酵罐，应经灭菌后弃掉，并对种子罐及管道等进行仔细检查和彻底灭菌。同时采用备用种子，选择生长正常无杂菌的种子接入发酵罐，继续进行发酵生产。如无备用种子，可进行"倒种"处理，接入新鲜的培养基中进行发酵生产。

（3）发酵早期染菌的处理　如果早期染菌，原则上可适当改变生长参数，使有利于生产菌而不利于染菌的生长，如降低发酵温度、调节pH值、调整补料量、补加培养基等；加入某些抑制染菌的化合物也不失为一种应急办法，条件是这种化合物对生产菌无害，对生产影响不大和在下游精制阶段能被完全去除；如培养基中碳、氮含量还比较高时，终止发酵，将培养基加热至规定温度，重新进行灭菌处理后，再接入种子进行发酵；如果此时染菌已造成很大危害，培养基中碳、氮源消耗量已比较多，则可放掉部分发酵液，补充新鲜的培养基，重新进行灭菌后，再接种进行发酵。

（4）中后期染菌的处理　除非是感染噬菌体否则通常后果不会那么严重，一般可加入一定量的杀菌剂或抗生素以及正常的发酵液，以抑制杂菌的生长，继续进行发酵生产。如抗生素发酵，发酵液中已产生一定浓度的抗生素，对染菌已有一定抑制作用。也可采取降低培养温度、降低通风量、停止搅拌、少量补糖等措施进行处理。如果发酵液中产物浓度已达一定数值，则可放罐。对于没有提取价值的发酵液，废弃前应加热至120℃以上，保持30min后才能排放。实际生产中常采用大接种量的原因之一是即使不慎污染极少量杂菌，生产菌也能很快占优势。

（5）菌体污染的防止及处理　噬菌体可通过环境污染、设备的渗漏或"死角"、空气净化系统、培养基灭菌过程、补料过程及操作过程等进入发酵系统而引起染菌。造成噬菌体污染有3个条件：一是环境中的噬菌体；二是环境中有活菌体；三是噬菌体与活菌体有相互接触的机会。而活菌体排放造成环境污染是主导原因；空气是噬菌体污染的主要途径。当环境被活菌体污染后继而产生相应的噬菌体，从而通过空气媒介污染发酵系统。感染噬菌体后，常使发酵液理化性质发生变化。如氨基酸发酵过程中，感染噬菌体后，常使发酵液的光密度在发酵初期不上升或回降；pH值逐渐上升，可到8.0以上，且不再下降或pH值稍有下降，停滞在 7.0～7.2 之间，氨的利用率停止；耗糖、温升缓慢或停止；镜检时可发现菌体数量显著减少，甚至找不到完整的菌体；$CO_2$ 排气量异常，产物含量急剧下降；发酵周期延长；发酵液发红、发灰，泡沫很多，难中和，提取分离困难，收率很低等。当噬菌体危害严重时，菌丝长得稠厚的发酵液经过数小时后即迅速变稀，泡沫增多，早期镜检可见菌丝染色不均匀，对美蓝亲和力特别强，继而短期内大量菌丝自溶，最后仅存残留菌丝断片，在平板上出现典型的噬菌斑，菌体的代谢和抗生素合成均停滞。检测噬菌体可用如下方法。

① 单层琼脂法。用单层琼脂法检测噬菌体可依据下述过程进行操作。

a. 制备培养基。含蛋白胨 1%、牛肉膏 0.5%、葡萄糖 1%、氯化钠 0.5%、硫酸锰 0.05%、硫酸镁 0.1%、琼脂 1.5%，用自来水配制，用 NaOH 调 pH 值至 7.0，在 120℃下灭菌 20～30min，冷却至 40～45℃使用。另配 1% 蛋白胨液，灭菌后备用。

b. 制备试样及指示菌。取样品（发酵罐、种子罐培养液或其他），用 1% 蛋白胨液稀释至所需浓度，取活化斜面菌种一环，用蛋白胨液 4～5ml 制成菌体悬液，或直接用一级种子代替。

c. 噬菌体检测过程。取样品 0.5ml 于培养皿中，加入 0.5ml 指示菌液，将 40～45℃的培养基倾入 10ml 左右，混合后放置冷却凝固，于 34～36℃下培养 15h，若噬菌斑浓度过大，可稀释后再做一次。

d. 效价计算。效价为每毫升样品液中含有噬菌体数量，即能形成噬菌斑的单位，通常以单位/ml 表示：

$$效价(单位/ml)＝培养皿噬菌斑数×2×稀释倍数$$

② 双层琼脂法。双层琼脂法是现在普遍采用的方法，事前先分别配制含 2% 和 1% 琼脂的两种培养基（配方同上），将 2% 琼脂培养基铺成底层平板待用。取指示菌液 0.2ml 和待检样品液 0.1ml 于试管中，加入冷却至 45℃含 1% 琼脂的培养基 3～4ml，混匀后立即在平板上铺平，凝固后于 34～36℃培养。经过 18h 左右，即可观察结果，如有噬菌体，在双层平板上层出现透亮的圆形或近圆形空斑。

③ 载玻片快速检测法。将待检样品和指示菌液与含有 0.5%～0.8% 琼脂的培养基混合，取少量在无菌载玻片上涂布凝固，于 32～34℃下培养 4～6h，即可取出用放大镜或低倍显微镜观察计数噬菌斑。

④ 液体培养检测法。用 500ml 三角瓶装 50ml 一级种子培养基，经灭菌后接入 0.5ml 新鲜种子及 0.5～1ml 待检样品，在摇床上于 32～34℃恒温振荡培养 10～12h，观察液体的混浊度。若液体由混浊变清，说明被检样有噬菌体。

在实际生产中污染噬菌体，常由于空气的传播，使噬菌体潜入发酵的各个环节，从而造成污染。因此，环境污染噬菌体是造成噬菌体感染的主要根源。防止噬菌体污染是一项系统工程，从培养基的制备、灭菌，种子培养，空气净化系统，环境卫生，设备、管道、车间布局及职工工作责任心等诸多方面，分段检查把关，才能做到根治噬菌体的危害。

防止噬菌体污染的有效方法是严格活菌体的排放，如清除噬菌体载体——发酵液残渣或将发酵液经加热灭菌后再放罐，切断噬菌体的"根源"；采用漂白粉、新洁尔灭等消毒、净化生产环境、消灭污染源；改进提高空气的净化度、保证纯种培养、做到种子本身不带噬菌体；因噬菌体的专一性较强，可轮换使用不同类型的菌种、使用抗噬菌的菌种；抑制罐内噬菌体的生长；改进设备装置、消灭"死角"；药物防治等措施。

生产中一旦污染噬菌体，可采取下列措施加以挽救。

① 并罐法。利用噬菌体只能在处于生长繁殖期细胞中增殖的特点，当发现发酵罐初期污染噬菌体时，可采用并罐法。即将其他罐批发酵 16～18h 左右的发酵液，以等体积混合后分别发酵，利用其活力旺盛的种子，不进行加热灭菌，亦不需另行补种，便可正常发酵。但

要肯定，并入罐的发酵液不能染杂菌，否则两罐都将染菌。

② 轮换使用菌种或使用抗性菌株。发现噬菌体后，停止搅拌，小通风，降低 pH 值，立即培养要轮换的菌种或抗性种子，培养好后接入发酵罐，并补加 1/3 正常量的玉米浆（不调 pH 值）、磷酸盐和镁盐。如 pH 值仍偏高，不开搅拌，适当通风，至 pH 值正常，OD 值增长后，再开搅拌正常发酵。

③ 放罐重消。发现噬菌体后，放罐，调 pH 值（可用盐酸，不能用磷酸），补加 1/2 正常量的玉米浆和 1/3 正常量的水解糖，适当降低温度重新灭菌，不补加尿素，接入 2% 的种子继续发酵。

④ 罐内灭噬菌体法。发现噬菌体后，停止搅拌，小通风，降低 pH 值，间接加热到 70~80℃，并自顶盖计量器管道（或接种管、加油管）内通入蒸汽，自排气口排出。因噬菌体不耐热，加热可杀死发酵液内的噬菌体，通蒸汽杀死发酵罐及管道内的噬菌体。冷却后，如 pH 值过高，停止搅拌，小通风，降低 pH 值，接入 2 倍量的原菌种，至 pH 值正常后开始搅拌。

⑤ 当噬菌体污染情况严重，上述方法无法解决时，应调换菌种，或停产全面消毒，待空间和环境中噬菌体密度下降后，再恢复生产。

## 二、发泡及其控制

### 1. 发泡分析

(1) 泡沫产生的原因　发酵过程中通入大量空气，并配有机械搅拌，将气流粉碎产生大量气泡。另外，菌体代谢过程中产生 $CO_2$ 气体及代谢产物、菌体本身及培养基中易发泡物质（或表面活性物质）使发酵液黏度增大，引起泡沫产生。如培养基内含有各种饼粉、酵母粉、蛋白胨、玉米浆等发泡性蛋白质极易产生泡沫。

(2) 影响泡沫的因素　泡沫的出现及其量的大小主要受以下几方面因素制约。

① 搅拌强度。发酵前期罐接种后加大空气流量和全开搅拌，泡沫产生显著增加，甚至多得无法控制。从菌体呼吸需要和控制消沫两方面看，前期罐初期空气流量不需太大，应先开小流量逐步加大，待菌丝浓度达到一定程度，再加大流量然后开搅拌加消沫剂。

② 培养基及原料组成。一般天然原料浓度大的培养基，其黏度大，产泡多且持久。如葡萄糖和黄豆饼粉组成的培养基等。培养基所用原料的性质亦有关，如蛋白胨、玉米浆、花生饼粉、黄豆饼粉、酵母粉等蛋白质原料易产生泡沫。合成培养基不易产生泡沫。培养基灭菌温度、压力偏高，也会引起泡沫的产生。一般实消中温度、压力过高，培养基成分破坏、黏度升高，产生泡沫多且持久，此外在操作过程中灭菌压力波动大，亦容易引起泡沫。

③ 菌种、种子质量、菌丝阶段及接种量。菌丝生长速度越快，泡沫越少。主要原因是菌丝大量生长繁殖，使含氮物大量消耗利用。生长缓慢的菌种泡沫多且持久。菌龄在对数生长期移入，接种量大些，可减少泡沫。

④ 通气量。通气量增大，一般泡沫层会升高。

### 2. 泡沫的控制及消除

(1) 减少泡沫形成的机会　减少泡沫形成的机会是控制泡沫的内在内素。

泡沫的形成有两个必要条件：一是外力的推动；二是发酵液体本身的性质。因此，减少泡沫可以从通气搅拌的剧烈程度、罐压高低和培养基组成、原材料性质等着手。一般发酵初期泡沫较多，难以控制，空气流量往往加不上去，而有的品种加消泡剂又受到限制，在这种情况下，可从原料配比考虑进行调整，使一些易起泡的原料在不影响发酵单位的前提下少加或缓加或不加，而在菌丝长浓或空气加上去后再加入。当泡沫层较高时，也可适当降低通气量减少泡沫的生成。

含蛋白质及还原糖分子中的醛基在高温下发生一系列缩合反应，生成各种褐色色素，使灭菌后的培养基起泡能力成百上千倍地提高，因此应尽可能缩短这类培养基的灭菌时间；或者降低灭菌温度；或者把培养基中还原糖及蛋白质分开灭菌，减少泡沫形成。控制培养基中蛋白胨、酵母提取物、牛肉提取物、黄豆浸出物、豌豆浸出物等的含量，降低其可溶性蛋白质含量，降低培养基发泡能力。

另外，有些起泡物质如糖蜜，用适当方法（如用石灰乳）处理后也能在一定程度上解决培养基的起泡问题。在工艺控制中精细地调节补料和其他工艺措施，可避免因基质饥饿或环境条件恶化造成菌体自溶，引起的发酵液发泡。筛选降解蛋白质复合物的速度能与可溶性蛋白质利用速度相平衡的菌株，也可避免泡沫形成或者减少泡沫。

（2）消除已形成的泡沫　生产上一般采用机械法、化学法和分离回流法进行消泡。

① 机械消泡是靠机械引起的强烈振动或压力的变化促使气泡破裂。机械消泡可分为罐内消泡和罐外消泡两种方法。前者靠罐内消泡桨转动打碎泡沫；后者是将泡沫引出罐外，通过喷嘴的加速作用或离心力来消除泡沫。

② 消沫剂消沫（化学消沫）是靠加入表面活性物质，降低泡沫的局部表面张力，使泡沫破裂的方法。消沫剂的作用或是降低泡沫液膜的机械强度，或者是降低液膜的表面黏度，或者兼有两者的作用。理想的消除剂应具备下列条件：应在气-液界面上具有足够大的铺展系数；低浓度时具有消泡活性；具有持久的消泡或抑泡性能，以防止形成新的泡沫；对微生物、人及动物无毒害性；对产物的提取不产生任何影响；对氧的传递不产生影响；能耐高温灭菌。

常用消沫剂主要有天然油脂类，高碳醇、脂肪酸和酯类，聚醚类，硅酮类4大类。其中以天然油脂类和聚醚类最为常用。天然油脂类常用的有玉米油、米糠油、鱼油、蛹油等非食用油，以及豆油、棉籽油、菜籽油、猪油等食用油。在发酵中油脂既可用作消沫剂，还可作为发酵中的碳源和中间控制手段。油脂越新鲜，酸价越低，消沫作用越好，酸价高的油脂已经酸败变质，非但缺乏消沫能力，而且对菌体有抑制作用，应严格防止投入使用。

聚醚类消泡剂品种多，如聚氧丙烯甘油（简称 GP 型）、聚氧乙烯聚氧丙烯甘油醚（简称 GPE 型）等，这类聚醚型消沫剂称为"泡敌"。化学消沫剂的应用，能节约大量食用的植物油，对改善发酵条件、提高溶氧系数有良好作用，其添加量一般为培养基总体积的0.02%～0.035%，消沫能力约为植物油的8～15倍。实践证明，四环素、土霉素等品种使用 GPE 型比 GP 型效果更好。甘油聚醚脂肪酸 GPES 型消沫剂，效果更好，其用量在0.003%左右。

另外，还有十八醇、聚乙二醇、硅酮等消沫剂也用于生产，消沫剂在使用时要考虑它的黏度和提高它的分散性，来增加它们的消沫效果，使用的增效方法有：a. 加载体增效，即用惰性载体（如矿物油、植物油等）将消沫剂溶解分散。b. 消沫剂的并用增效。取各个消沫剂的优点进行互补，达到增效。如 GP 和 GPE 按 1:1 混合使用于土霉素发酵，结果比单用 GP 效力提高 2 倍。c. 乳化消沫剂，用乳化剂或分散剂将消沫剂制成乳剂，提高分散能力，一般用于亲水性差的消沫剂。

消沫作用的持久性，除取决于消沫剂外，还与添加方式及加入时间密切相关。消沫剂的用法可以一次添加、少次多量与多次少量，效果各不相同。定量自动加入及人工添加的效果也有差别，具体采用哪种方法，要根据具体情况反复实践来决定。例如在青霉素发酵中采用滴加玉米油的方法，防止了泡沫的大量形成，减少了用油量，有利于发酵代谢和抗生素的合成。在链霉素发酵中则用 0.02% 泡敌在配料时一次添加，解决了前期罐的消沫问题，并使中后期泡沫大大减少，节省了用油量。

消沫剂使用中应注意：贮存消沫剂的容器应采用耐腐蚀材料制成，如用铁制容器会产生腐蚀作用，过多铁离子的存在对抗生素发酵不利；消沫剂用量应事先通过摇瓶试验来确定其极限值。

　　③ 分离回流法是利用特殊分离装置，将逃逸泡沫中的气体和料液、菌体分离，经过过滤除菌的气体排入大气，而料液和菌体通过回流管回流入罐。这种设备称为尾气处理器，它利用逃液和排气本身的动力工作，没有动力和原料消耗，可有效增加装料系数。适用于通气量大、易产生泡沫的发酵生产，在需要严禁菌株外逃的场合，如基因工程菌的生产，则必须使用尾气处理器。

　　目前，国外用户主要选用 TURBOSEP 型尾气处理器（涡轮分离器），如图 5-8 所示，由英国多明尼克汉德公司研发。这种专利产品根据发酵罐的实际运行工况进行具体设计选型，在设计流量±40％的范围内，可保证 98％以上的气液分离效率和 100％的菌体回收，压降只有 0.04～0.08MPa。不仅装料系数可以增加10％～15％，而且由于消泡剂用量的减少和传氧系数的增加，成本还可以降低 10％～25％。

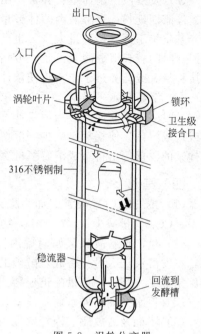

图 5-8　涡轮分离器

### 三、发酵液异常及其处理

　　(1) 发酵液转稀　在未进入放罐阶段，发酵液异常变稀，可能有如下原因：①污染噬菌体所致，使菌体自溶，遇到这种情况，可以补入抗噬菌体的种子液进行挽救，避免倒罐危险；②罐温长时间偏高，应注意罐温变化及时调整；③泡沫多，大量逃液，加消沫剂无效，被迫采取间歇停搅拌的方法，就在停搅拌的几分钟内溶氧迅速下降到零，菌丝窒息死亡，造成菌丝自溶变稀。

　　通常在刚出现变稀苗头时及时补充氮源可以促进繁殖新菌体，使发酵恢复正常；有些品种，补入碳源也可防止变稀。补入氮源或碳源后，由于改变了发酵液表面张力，泡沫上升的情况也有所改善。

　　(2) 发酵液过浓　发酵液过浓是发酵液中氮源过多，造成菌体浓度大大增加，降低发酵液中溶氧浓度，影响发酵正常进行。在这种条件下，向发酵罐内补入大量水，除了使菌体浓度稍加稀释外，还可降低发酵液黏度，改善发酵条件。一般视实际情况可分批或一次补水，补水量一般为发酵液体积的 5％～30％。

　　(3) 糖、氮代谢缓慢　糖、氮代谢缓慢的原因很多，如孢子及种子质量不好、接种量太少、环境条件差、培养基质量不好、培养基中磷酸盐浓度下降等等。这类情况出现时可以补充适量合适的氮源或补充一部分磷酸盐。如链霉素发酵前期菌丝生长阶段，若磷酸盐含量过低，必须立即补入一定量的磷酸盐，以利于生长，补料过迟效果就差。培养中期出现碳/氮缓慢利用时，补加 10～20mg/kg 无机磷会有一定效果。发酵后期残糖太高时，可适当提高罐温，有利于提高发酵单位及糖氮利用。有些品种发酵中，出现糖氮代谢及发酵单位生长间歇停顿，影响生产，有时 pH 值上升，氨水通不进，发酵单位下跌，这往往与菌种的性能有关。

　　(4) pH 值不正常　pH 值不正常往往是由于培养基的灭菌质量、原料质量和水的 pH 值及发酵过程控制（如空气流量太大，可以使 pH 值上升；加糖、加油过多或过于集中可以引起 pH 值下降等）引起的。如果控制不当会造成 pH 值不正常，当 pH 值不正常时，可以加入酸或碱来调节，也可以加入一些生理酸性或生理碱性物质来调节。

（5）发酵液中菌体生长异常　由于种子质量差或种子低温放置时间长，导致菌体数量较少、停滞期延长、发酵液内菌体数量增长缓慢、外形不整齐、菌体浓度偏低；环境条件差、培养基质量不好、接种量太少等也会引起菌体生长差、菌体浓度偏低；罐温长时间偏高或停止搅拌时间较长造成溶氧不足，或培养基灭菌不当导致营养条件差等使菌体生长差；如果菌体接种量大或营养过于丰富将使菌体生长过于迅速，菌浓过高。

（6）溶解氧水平异常　污染好氧性杂菌，使溶解氧量在很短时间内下降，直至接近零，且在长时间内不能回升；当污染非好氧性杂菌或噬菌体时，可使生产菌由于受污染而抑制生长或造成溶菌，使耗氧量减少，溶解氧量升高，特别是感染噬菌体后，溶氧浓度很快上升；搅拌桨的脱落等也将造成溶解氧的突然下降。

### 四、其他

（1）排气中 $CO_2$ 异常　如污染杂菌，糖耗加快，$CO_2$ 含量增加；污染噬菌体后，糖耗减慢，$CO_2$ 含量减少。

（2）生产设备故障　如遇罐内搅拌叶脱落或轴套松脱无法运转等情况，可采取紧急措施，将发酵液压入另一待放发酵液的空罐，继续运转；待放发酵液的罐可采取空罐不消毒的措施来接受发酵液，如措施迅速得当，可完全避免损失。

（3）停水　如遇停水而不能对发酵罐或种子罐降温时，要停止搅拌。

（4）不能及时放罐　因特殊原因不能按时放罐时，应将该罐罐温降低，防止因时间长菌体自溶引起放罐效价下降或使提取困难。

此外，还有一些异常发酵现象，如在青霉素发酵过程中有时会出现菌丝畸形、长不稠、不利用糖等现象，产生这种情况的原因还没有完全搞清楚，有时可能是多加了前体产生中毒现象所致。如遇到这种情况，应少加糖，不加混合料，加点尿素，往往能扭转不利的局面。

## 第五节　发酵过程参数的检测

发酵过程参数检测是为了取得所给定的发酵过程及其菌株的生理生化特征数据，以便对过程实施有效的控制。检测的具体目的包括：①了解过程变量的变化是否与预期的目标值相符；②决定种子罐移种和发酵罐放罐的时间；③对不可测变量进行间接估计；④对过程变量按给定值进行手动控制或自动控制；⑤通过过程模型实施计算机控制；⑥收集认识和研究所必需的基本数据。

检测的方法有物理测量相关参数（如温度、压力、体积、流量、质量等）、物理化学测量相关参数（pH 值、溶氧量、溶 $CO_2$ 量、氧化还原电位、气相成分等）、化学测量相关参数（基质、前体、产物的浓度等）以及生物学和生物化学测量相关参数（生物量、细胞形态、酶活性、胞内成分等）等方法。这些测量方法，可提供反映环境变化和细胞代谢生理变化的许多重要信息，作为研究和控制发酵过程的基础。工业上这些方法检测的参数可以通过传感器或其他检测系统，以各种方式把非电量信号转换成电量信号变化，方便地通过二次仪表显示、记录或送电子计算机处理和控制。

### 一、传感器

为了适应自控的需要，发酵过程中变量变化的信息，应尽可能通过安装在发酵罐上的传感器检测相应的信息，然后由变送器把非电信号转换为标准信号，让仪表显示、记录或传送给电子计算机或其他控制器处理。

**1. 发酵过程的传感器**

发酵过程的传感器按测量方式分类，可分为如下几类。

（1）离线传感器 传感器不安装在发酵罐内，由人工取样进行手动或自动测量操作，测量数据通过人机对话输入计算机。这种传感器不能直接作为控制回路的一部分，但测量精度一般较高，可用来对同类在线传感器进行校准。

（2）在线传感器 传感器与自动取样系统相连，对过程变量连续、自动测量。如用于对发酵液成分进行测定的流动注射分析（FIA）系统和高效液相色谱（HPLC）系统，对尾气成分进行测定的气体分析仪或质谱仪等。

（3）原位传感器 传感器安装在发酵罐内，直接与发酵液接触，给出连续响应信号。如温度、压力、pH 值、溶氧等的测量。

在线传感器与原位传感器统称为在线传感器，以区别于离线传感器。它们给出的信号不受操作者干预，可直接输入计算机，并作为控制回路的一部分，直接为过程控制作贡献。

**2. 发酵过程的主要在线传感器**

（1）pH 值传感器 一般采用可原位蒸汽灭菌的复合 pH 值传感器，其中包括一只玻璃电极和一只通过侧面多孔塞与培养基连通的参比电极。这种传感器装在加压护套内，能维持电极内部压力高于发酵液压力，使电极内的电解液通过多孔塞保持向外的正向流动。这种护套还可以在带压状态下使传感器自由插入或退出发酵罐，便于在罐外灭菌，以延长其寿命。

pH 值传感器的一个主要急性故障来源于玻璃电极电缆接头的受潮，故应当使接头密封，并在密封盒中加入干燥剂以保持干燥。慢性故障通常是多孔塞的沾污以至堵塞，故应当经常清洗以保持清洁。

（2）溶氧电极 一般使用覆膜溶氧探头，有由置于碱性电解液中的银阴极和铅阳极组成的原电池型，以及由管状银阳极、铂丝阴极、氯化银电解液和极化电源组成的极谱型两种。这种探头，产生的电流都正比于通过膜扩散进入探头的氧量。覆膜溶氧探头实际测量的是氧分压，与溶氧浓度并不直接相关，故测量结果称为溶氧压（DOT），一般以空气中氧饱和的百分度表示。

由于膜附近流速的波动及气泡的通过，覆膜溶氧探头的输出信号中始终应该有特征性的噪声，如果不出现这种噪声，则有可能是发酵液中的氧被耗尽，或探头被培养基或细胞完全覆盖，或膜破损。

（3）氧化还原电位计 这一测量给出发酵液中氧化剂（电子受体）与还原剂（电子供体）之间的平衡信息。用一种由 Pt 电极和 Ag-AgCl 参比电极组成的复合电极与具有"mV"读数的 pH 计连接，很容易测出氧化还原电位，它随发酵液中氧化成分与还原成分之比的对数而变化，与 pH 值呈线性关系，并受温度与溶氧压的影响。当发酵液中溶氧压很低，以至超出溶氧探头的测量下限时，氧化还原单位的测量可以弥补这一信息源的缺失。

（4）溶解 $CO_2$ 探头 发酵液中 $CO_2$ 分压的测量是溶 $CO_2$ 探头测量的信息反映。溶 $CO_2$ 探头由一支 pH 探头浸入可被 $CO_2$ 穿透的膜包裹的碳酸氢盐缓冲液中组成，缓冲液与被测发酵液中的 $CO_2$ 分压保持平衡，故缓冲液的 pH 值可间接反映发酵液中的 $CO_2$ 分压。

**3. 发酵检测用的新型传感器**

（1）离子选择电极 这种电极与 pH 值电极相似，是对某种离子呈特异反应的电化学传感器。它由一种离子选择膜、一种连通介质和一个内部参比电极组成。形成原电池的一半，而另一半是外部参比电极。

（2）生物传感器 生物传感器这一术语用于任何将生物学敏感材料固定化的传感装置，它与适当的转换系统连接，将生化信号转化成定量和可处理的电信号。

生物传感器由以下三部分组成：①由单酶、多酶系统、抗体、细胞器、细菌、哺乳动物或植物的细胞或组织片段等生物学材料，通过表面共价结合、物理吸附和包埋而固定化的生物学元件；②电位计、安培计、量热计、光度计等能感知生物学元件与被测物质特异作用造成的理论环境改变并转化成电信号的转换器；③可以远离生物学元件和转换器安装的信号和数据处理电路和装置。

发酵过程由于要满足微生物的纯培养的需要，培养前的高温灭菌和培养过程的严密性，增加了参数检测的难度和复杂性。如插入发酵罐内的传感器必须能耐受高温灭菌，菌体及其他固体物质附在传感器表面，会影响传感器的使用性能；罐内气泡对测量产生的干扰；传感器结构容易产生灭菌死角；化学成分分析是重要的检测内容，但电信号转换困难等。

为了克服这些困难，主要在灭菌或取样方式上采取补救方法，避开高温对传感器的破坏。主要包括传感器采用化学试剂灭菌；采用连续采样或罐外循环；用微孔氟塑料管扩散导气法，检测培养液中挥发性成分；利用培养液连续透析器法检测，防止杂菌返回罐内等。

## 二、发酵过程变量的间接估计

对于某些难以在线测量的变量，可依据传感器直接测量的变量数值，应用相关的数学模型进行估计，通过对生理变量的间接估计实施过程控制。

**1. 基质消耗率**

以补料分批发酵为例，由基质平衡可得：

$$R_s = \frac{F}{V}\left[c_r(s) - c(s)\right] - \frac{dc(s)}{dt} \tag{5-40}$$

式中　$R_s$——基质消耗率，$kg/(m^3 \cdot h)$；

　　　$F$——补料体积流速，$m^3/h$；

　　　$V$——发酵液体积，$m^3$；

　　$c_r(s)$——补料贮罐中基质浓度，$kg/m^3$；

　　　$c(s)$——发酵液中基质浓度，$kg/m^3$；

$dc(s)/dt$——发酵液中基质变化速率，$kg/(m^3 \cdot h)$。

如果发酵过程达到准稳定状态，即 $dc(s)/dt = 0$，而 $c_r(s)$ 为常数，那么，通过对补料体积流速 $F$ 和发酵液体积 $V$ 的在线测量，便可在线估计基质消耗率。

**2. 基质消耗总量**

$$-\Delta S = \int_0^\tau \left[Fc_r(s) - Fc(s) - V\frac{dc(s)}{dt}\right]dt \tag{5-41}$$

式中　$-\Delta S$——在 $\tau$ 时间内基质总消耗量，$kg$。

**3. $CO_2$ 释放率**

$$CER = \frac{F_{进}CO_{2进} - F_{出}CO_{2出}}{V} \tag{5-42}$$

式中　$CER$——$CO_2$ 释放率，$mol/(m^3 \cdot h)$；

　　$F_{进(出)}$——发酵罐进气（尾气）摩尔流量，$mol/h$；

　　$CO_{2进(出)}$——发酵罐进气（尾气）中 $CO_2$ 的摩尔分数，$\%$。

**4. 氧消耗速率**

$$OUR = \frac{F_{出}O_{2出} - F_{进}O_{2进}}{V} \tag{5-43}$$

式中　$OUR$——氧消耗速率，$mol/(m^3 \cdot h)$；

　　$F_{进(出)}$——发酵罐进气（尾气）摩尔流量，$mol/h$；

　　$O_{2进(出)}$——发酵罐进气（尾气）中 $O_2$ 的摩尔分数，$\%$。

**5. 呼吸商**

$$RQ = \frac{CER}{OUR} \tag{5-44}$$

### 6. 液相体积氧传递系数

当发酵液中溶氧浓度保持稳定，即发酵过程中氧传递量与氧消耗量达到平衡时，液相体积传氧系数可由下式确定：

$$OTR = OUR = K_L\alpha(c^* - c_L) \tag{5-45}$$

式中　OTR——氧由气相向液相传递的速率，$mol/(m^3 \cdot h)$；

$K_L\alpha$——液相体积氧传递系数，$h^{-1}$；

$c^*$——和气相氧分压平衡的溶氧浓度，$mol/m^3$；

$c_L$——液相溶氧浓度，$mol/m^3$。

$$c_L = c^* DOT$$

式中　$c^*$——操作条件下的理论溶氧浓度，$mol/m^3$；

DOT——溶氧传感器测量的溶氧压，%。

对于混合良好的小型发酵罐，$c^*$可取与尾气中氧分压平衡的溶氧浓度。对于大型发酵罐，则溶氧浓度差应取以下对数平均值 $\Delta c$：

$$\Delta c = \frac{(c^*_{进} - c_L) - (c^*_{出} - c_L)}{\ln\frac{c^*_{进} - c_L}{c^*_{出} - c_L}} \tag{5-46}$$

式中　$c^*_{出(进)}$——尾气（进气）中氧分压平衡的液相溶氧浓度，$mol/m^3$。

### 7. 生物量

下面的方法是以氧消耗速率估计的生物量。由氧平衡可得：

$$(OUR)V = m_O X + \frac{1}{Y_{GO}} \times \frac{dX}{dt} + \frac{1}{Y_{PO}} \times \frac{dP}{dt} \tag{5-47}$$

式中　$m_O$——生产菌以氧消耗速率表示的维持因数，$mol/(kg \cdot h)$；

$Y_{GO}$——生产菌生长相对于氧消耗的得率常数，$kg/mol$；

$Y_{PO}$——产物合成相对于氧消耗的得率常数，$mol/mol$；

$X$——生物量，kg；

$P$——产物量，mol；

$t$——发酵时间，h。

将式(5-47)按差分方程展开：

$$OUR(t)V(t) = m_O X(t) + \frac{X(t+1) - X(t)}{Y_{GO}} + \frac{P(t+1) - P(t)}{Y_{PO}} \tag{5-48}$$

于是得：

$$X(t+1) = Y_{GO}\left[OUR(t)V(t) + \left(\frac{1}{Y_{GO}} - m_O\right)X(t) - \frac{P(t+1) - P(t)}{Y_{PO}}\right] \tag{5-49}$$

### 8. 比生长速率和比生产速率

由以上生物量的估计结果，可分别得出比生长率和比生产率的估计值：

$$\mu(t) \approx \frac{X(t+1) - X(t)}{X(t)} \tag{5-50}$$

$$Q_P(t) \approx \frac{P(t+1) - P(t)}{X(t)} \tag{5-51}$$

式中　$\mu(t)$——$t$ 时的比生长率，$h^{-1}$；

$Q_P(t)$——比生产率，$mol/(kg \cdot h)$。

# 第六节　发酵过程的自动控制

　　发酵过程的自动控制是根据变量的有效测量及对过程变化规律的认识，借助于自动化仪表和计算机组成的控制器，操作其中的一些关键变量，使过程向着预定的目标发展。发酵过程的自控包括以下三个方面的内容：①和过程的未来状态相联系的控制目的或目标（如要求控制的温度、pH 值、生物量浓度等）；②一组可供选择的控制动作（如阀门的开、关，泵的开、停等）；③一种能够预测控制动作对过程状态影响的模型（如用加入基质的浓度和速率控制细胞生长率时需要能表达它们之间关系的数学式）。这三者相互联系、相互制约，组成具有特定自控功能的自控系统。

　　发酵过程的自控系统由如下硬件组成：传感器、变送器、执行机构、转换器、过程接口和监控计算机等。

　　自控系统由控制器和被控对象两个基本要素组成。发酵过程采用的基本自控系统有前馈控制、反馈控制和自适应控制。

## 1. 前馈控制

　　如果被控对象动态反应慢，且干扰频繁，则可通过一些动态反应快的变量（叫做干扰量）的测量来预测被控对象的变化，在被控对象尚未发生变化时提前实施控制，这种控制方法叫做前馈控制。图 5-9 是对反应器温度实施前馈控制的例子。在这一系统中，冷却水的压力被测量但不被控制，当这一压力发生变化时，控制器提前对冷却水控制阀发出控制动作指令，以避免温度的波动。前馈控制的控制精度取决于干扰量的测量精度以及预报干扰量对控制变量影响的数学模型的准确性。

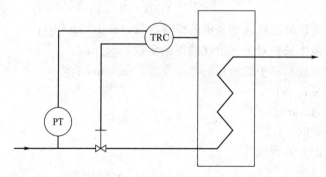

图 5-9　前馈控制系统
PT—压力变送器；TRC—温度记录和控制器

## 2. 反馈控制

　　反馈控制系统见图 5-10 所示，被控过程的输出量 $x(t)$ 被传感器检测，以检测量 $y(t)$ 反馈到控制系统，控制器使之与预定的值 $r(t)$ 进行比较，得出偏差 $e$，然后采用某种控制算法，根据这一偏差 $e$ 确定控制动作 $u(t)$。依据控制算法的不同，反馈控制可分为以下几种。

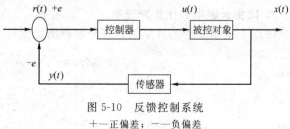

图 5-10　反馈控制系统
＋—正偏差；－—负偏差

　　（1）开关控制　最简单的反馈控制系统是开关控制。图 5-11 是发酵温度的开关控制系统，它通过温度传感器检知反应器内温度。如果低于设定点，冷水阀关闭，蒸汽或热水阀打开；如果高于设定点，蒸汽或热水阀关闭，冷水阀打开。控制阀的动作是全开或全关，故称为开关控制。加热或冷却负荷相对稳定的过程，适合于这种形式的控制。

（2）PID控制　当控制负荷不稳定时，可采用比例（P）、积分（I）、微分（D）控制算法，简称PID控制。这种方式的控制信号分别正比于被控过程的输出量与设定点的偏差、偏差相对于时间的积分和偏差变化的速率。

（3）串级反馈控制　是由两个以上控制器对一种变量实施联合控制的方法。图5-12是对溶氧水平实行串级反馈控制的例子。溶氧被发酵罐内的传感器检知，作为一级控制器的溶氧控制器根据检测结果由PID算法计算出控制输出 $u_1(t)$，但不用它来直接实施控制动作，而是被作为二级控制器的搅拌转速、空气流量和压力控制器当作设定点接受，二级控制器再由

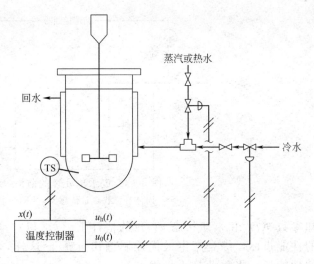

图 5-11　发酵温度的开关控制系统
TS—温度传感器；$x(t)$—检测量；
$u_h(t)$—加热控制输出量；$u_0(t)$—冷却控制输出量

另一个PID算法计算出第二个控制输出，用于实施控制动作，以满足一级控制器设定的溶氧水平。当有多个二级控制器时，可以是同时或顺序控制，如在图5-12的情况下，可以先改变搅拌转速，当达到某一预定的最大值时再改变空气流量，最后是调节压力。

（4）前馈/反馈控制　前馈控制所依赖的数学模型大多数是近似的，加上一些干扰量难于测量，从而限制了它的单独应用。它的标准用法是与反馈控制相结合，取各自之长，补各自之短。图5-13为废水的单处理系统的前馈/反馈控制系统。假设作为干扰量的输入废水中固体悬浮物的含量随时间变化，通过在线分析仪测定后，信号前馈至排放控制器，使排出液的固体悬浮物含量保持在设定点上，同时，还可根据排出液固体悬浮物含量的直接测量对排放率进行反馈控制。

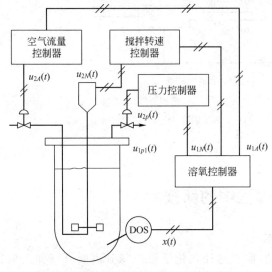

图 5-12　溶氧水平的串级反馈控制
DOS—溶氧传感器；$x(t)$—检测量；$u_1(t)$—一级
控制输出；$u_2(t)$—二级控制输出；$p$—压力；
$N$—搅拌转速；$A$—空气流量

### 3. 自适应控制

发酵过程总的来说是个不确定的过程，即描述过程动态特性的数学模型从结构到参数都不确切知道，过程的输入信号也含有许多不可测的随机因素。这种过程的控制需提出有关的输入、输出信息，并对模型及其参数不断进行辨识，使模型逐渐完善，同时自动修改控制器的控制动作，使之适应于实际过程。这种控制系统称为自适应控制系统，其组成如图5-14所示。其中，辨识器根据一定的估计算法在线计算被控对象未

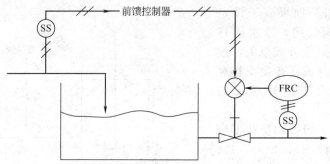

图 5-13　废水单处理的前馈/反馈控制系统

SS—固体悬浮物含量传感器；FRC—流量记录及控制器

知参数 $\theta(t)$ 和未知状态 $x(t)$ 的估计值 $\hat{\theta}(t)$ 和 $\hat{x}(t)$，控制器利用这些估计值以及预定的性能指标，综合产生最优控制输出 $u(t)$，这样，经过不断地辨识和控制，被控对象的性能指标将逐渐趋于最优。

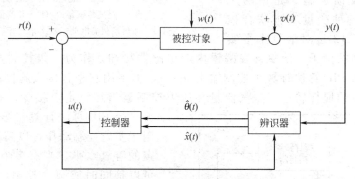

图 5-14　在线辨识自适应控制系统

$r(t)$——参考输入；$w(t)$——干扰量；$v(t)$——量测噪声；

$y(t)$——量测输出；$\hat{\theta}(t)$——参数估计；$\hat{x}(t)$——状态估计；$u(t)$——控制输出

# 第七节　发酵过程中的新技术

## 一、生物反应与生物分离的偶合技术

能量偶合使非自发反应自发是化学变化的重要途径，化学反应与分离偶合（如反应精馏）已成功地用于化学工业（如酯化、皂化等），生化反应促进物质跨膜运输也早已为生化界所熟知（如 $Na^+$-$K^+$ 离子泵、质子泵），但生物分离与生物反应（发酵或酶转化）的偶合生产系统则是生物学和技术学现代交叉的产物。生物反应体系自身不同层次的调控机制，如酶的可逆性、反馈变构控制、基因调节、细胞膜渗透性调节等的一个共同特征是对某些代谢物的高浓度敏感。这些生物学属性固有地决定了生物反应速率慢、产物为稀水溶液、生产率低，但可从技术上回避这些生物限制，开发高效的生产系统解决方法。包括增大生物催化剂浓度（固定化技术、细胞循环）、改善工艺控制以创造最适的生物催化环境、控制底物加料（补料操作）、应用停留时间短的连续发酵、快速连续地就地移出产物。后者又称为提取生物转化，是将生物反应和生物分离偶合起来。

生物反应与生物分离的偶合主要考虑到：①减少产物抑制，提高生产率；②产物影响发酵传质（如生物聚合物生产）；③生物反应器的环境不利于产物稳定性，如通气时气/液界面张力、搅拌区的高剪切力、水解酶攻击或产物被进一步转化等引起的化学损失；④产物对细胞本身产生危害（如细胞自溶素）；⑤中间代谢物阻遏；⑥粒子、大分子或微溶性底物的生物转化等；⑦考虑产物、副产物的化学及生物特性。这种偶合体现在两方面：①生物分离促进生物反应；②生物或化学反应促进生物分离。前者所用的质量分离剂要求具有生物兼容性，不使生物催化剂变性失活或抑制；不使细胞失活或死亡，也不会改变生物反应代谢及调节机制；对产物的分离因数和选择性大，易再分离和再生使用，不损坏产物，成本低廉。

目前较为常用的偶合技术有透析、电渗析、过滤、离子交换、随程萃取、渗透萃取、渗透蒸发、吸附、结晶、层析等。下面重点讨论培养与透析、培养与过滤的偶合技术。

**1. 培养与透析的偶合**

将培养液用透析膜与透析液隔开，随着培养的进行，细胞生成的代谢产物（特别是分子较小的产物）通过透析进入透析液，从而降低了其在培养液中的浓度，有利于解除抑制。如果在透析液中加入营养物质，则营养物质可以相反的方向进入培养液，供细胞利用。培养和透析的偶合，根据反应器和透析器的操作方式，可以分成连续培养-分批透析（$F_D = 0$）、连续培养-连续透析、分批培养-分批透析（$F = 0$、$F_D = 0$）、分批培养-连续透析（$F = 0$）四种操作方式。图 5-15 是培养与透析偶合的操作方式。其中 $S$ 代指基质，$F$ 代指流量，$V$ 指体积，$X$ 指菌体，$P$ 指产物，$D$ 指透析。

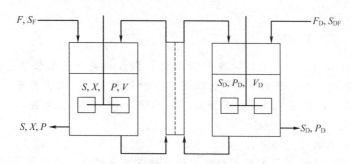

图 5-15 培养和透析偶合的操作方式

**2. 过滤和培养的偶合**

过滤和培养的偶合是把一定浓度发酵液通过膜过滤器进行过滤，使培养液中的培养基成分和溶解的胞外产物随滤液排出，而菌体则循环回反应器继续进行发酵。为了有效减少培养液的产物浓度，操作中应保持较高的过滤速率；为了避免培养液体积和营养由于过滤随滤液排出而造成的损失，需要不断地添加培养基。图 5-16 中补充两种培养基，一种是基础培养基 $S_m$，含各种培养基成分，流量为 $F_m$；另一种是高浓度培养基 $S_F$，含限制性底物，流量为 $F$。

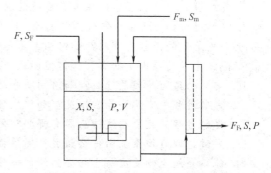

图 5-16 过滤与培养偶合的操作方式

## 二、基因工程技术应用于生物合成药物的研究和生产

基因工程技术是现代生物技术的主导技术，广泛应用于抗生素、氨基酸、维生素、活性蛋白的多肽药物以及单克隆抗体诊断试剂等整个生物合成药物的生产和研究。基因工程技术是通过对核酸分子的插入、拼接和重组来实现遗传物质的重新组合，再借助病毒、细菌、质

粒或其他载体，将目的基因在新的宿主细胞系内进行复制和表达的技术。基因是 DNA 分子上的一个特定片段，因此基因工程又称 DNA 水平上的生物工程，其主要任务是有关基因的分离、合成、切割、重组、转移和表达等。所以基因工程又称基因操作、基因克隆或 DNA 重组。通过基因工程技术获得的微生物菌种叫基因工程菌，所产生的药物称基因工程药物。

　　基因工程技术在制药工业中主要是进行重组蛋白类药物（如胰岛素、干扰素、人血清蛋白等）、疫苗、单克隆抗体、各种酶类及各种细胞生长因子等的研制工作；提高和改造抗生素、维生素和氨基酸等传统发酵工业以及甾体激素、维生素 C 和新青霉素、新头孢菌素等的生物半合成制药工业的微生物转化工作，以便能大量表达或转化目标产物，适合于高密度发酵。所谓高密度发酵就是在单位体积发酵液内能生长高浓度的菌体，并能正常进行发酵生产。

### 三、新型生物反应器在发酵过程中的应用

　　压力脉动固态发酵罐是一种新型固态发酵反应器，它是对密闭反应器内的气相压力施以周期脉动，并以快速泄压方式使潮湿颗粒因颗粒间气体快速膨胀而发生松动，从而达到强化气相与固相间均匀传质、传热过程的目的。另外，气相压力的周期脉动会引发多种外界环境参数对细胞的周期性刺激作用，如氧浓度、内外渗透压差、温度波动等，这些波动会加速细胞代谢、生长、繁殖及内外物质、能量、信息的传递过程。一般可使发酵时间缩短 1/3，产率提高 2~5 倍。

### 思考题

　　1. 名词解释：初级代谢产物、次级代谢产物、生长相关型、生长混合型、生长非相关型、分批发酵、连续发酵、流加发酵、恒浊发酵、恒化器发酵、比生长率、摄氧率及呼吸强度、临界菌体浓度、临界溶氧浓度、稀释率、临界稀释率、维持、生物热。

　　2. 比较不同发酵方法的优缺点。

　　3. 厌氧与好氧发酵有何特点？

　　4. 发酵动力学研究的主要内容有哪些？试比较各种发酵方法的动力学方程。

　　5. 发酵过程的工艺控制包括哪些内容？

　　6. 发酵过程为什么要控制温度在最适的温度下，怎样选择最适温度？

　　7. 发酵过程的 pH 值如何选择？影响 pH 值的因素有哪些？如何调节 pH 值？

　　8. 影响溶氧的因素有哪些？如何满足菌体对氧的需求？

　　9. 泡沫生成的原因是什么？如何控制或消除泡沫？

　　10. 常见的染菌原因是什么？如何判断和防治染菌？发酵罐染菌后应如何处理？

　　11. 发酵过程中有哪些异常情况？如何处理？

　　12. 发酵过程的主要在线传感器有哪些？使用中应注意什么？

　　13. 发酵过程自控系统由什么组成？简单描述前馈控制、反馈控制及自适应控制。

　　14. 简单介绍生物反应与生物分离的偶合技术。

　　15. 简述发酵生产操作过程。

# 第六章 物料与能量衡算

学习目标

① 掌握物料与能量衡算的基本方法、基本步骤及基本内容。
② 理解物料与能量衡算的理论基础及其在生产实际过程中的具体应用。

## 第一节 物料衡算

在进行车间工艺设计时，当工艺流程草图确定之后，就可以做车间物料衡算。物料衡算是工艺计算中最基本，也是最主要的内容之一。通过物料计算，可以得出车间内各设备进出口物料数量及组成；可深入分析生产过程，对生产全过程有定量了解；可以知道原料的消耗定额，揭示物料的利用情况；了解产品收率是否达到最佳数值，设备的生产能力还有多大潜力，各设备生产能力是否平衡等。据此，可采取有效措施，进一步改进生产工艺，提高产品的产率和设备的生产能力。

一般物料衡算只要列出物料之间的平衡方程即可进行计算，但有些伴有热效应的反应过程，其物料衡算要通过与能量衡算的联合求解才能得出最后结果。物料衡算可为能量衡算以及设备设计或选型，管道设计，水、电、汽等公用工程设计提供依据。因此，物料衡算结果的正确与否直接关系到车间工艺设计的可靠程度。

物料衡算有两种情况：一种是在已有的装置上，利用实际操作数据进行计算核查，算出另外一些不能直接测定的物料量，由此对生产情况进行分析，找出问题，为改进生产水平提供措施。另一种是对新车间、新工段、新设备进行设计，利用工厂已有的生产实际数据，进行分析比较，选定先进且切实可行的数据作为新设计的指标，再根据生产任务进行物料衡算，计算原料、产品、中间产品、副产物和废料的数量及组成，或在已知原料量的情况下算出产品、副产品和“三废”的生成量及组成，有了这些物料量的基本数据，才可以计算设备的负荷、工艺尺寸及设计带控制点的工艺流程。

### 一、物料衡算的理论基础

物料衡算是研究某一体系内进出物料及组成的变化。所谓体系就是物料衡算的范围，它可以根据实际需要人为选定。体系可以简单到物流的混合点或分支，可以是一个设备或几个设备，也可以是一个单元操作或整个工艺过程。一般选择体系要尽可能使进出体系的物料数目少，以便于计算。物料衡算的理论基础是质量守恒定律。依据质量守恒定律可进行物料平衡计算、物质平衡计算及元素平衡计算。物料衡算的通用关系为：

$$输入量+生成量-输出量-消耗量=积累量$$

此方程可用于稳态过程，也可用于非稳态过程。用于非稳态过程，需用微分平衡表示，对于某一段时间内的平衡用积分平衡表示。令 $m_{入}$、$m_{出}$ 表示某物质进出设备的流量，$r_{生}$、

$r_消$ 表示某物质在设备内的生成或消耗速率，$dm$ 表示某物质在设备内的积累量，$dt$ 表示时间变化。令 $t_1$、$t_2$ 为发生变化前后所对应的时间，$m_1$、$m_2$ 为对应的时间下系统内某物质的量，即有如下关系：

稳态过程：$m_入 + r_生 = m_出 + r_消$

非稳态过程：$dm/dt = m_入 - m_出 + r_生 - r_消$

或积分表达式：$\int_{m_1}^{m_2} dm = \int_{t_1}^{t_2} (m_入 - m_出 + r_生 - r_消) \cdot dt$

## 二、物料衡算的步骤

### 1. 绘制工艺流程示意图

在进行车间物料衡算前，需确定物料从加工至成品整个生产过程中的工艺流程示意图，这种图限制物料衡算的范围，同时也便于指导我们进行计算。

### 2. 写出生物或化学反应的计量方程式

为了便于分析物料间的变化关系，并进行物料衡算，对于有生物化学反应的过程应列出物料所发生的生物或化学反应的计量方程式。

### 3. 确定计算任务

根据示意图和反应方程式，分析每一步骤和每一设备中物料的变化情况。选定适用的公式，同时分析数据资料，明确哪些是已知的，哪些是未知待求的。对于未知数据则判断哪些是可以查到的，哪些是要通过计算求出的，从而弄清计算任务，为收集资料和建立计算程序做好准备。

### 4. 收集数据资料

收集计算所必需的数据、资料。

（1）设计任务数据　如生产规模、生产时间、消耗定额、转化率、总收率、各步收率等。

（2）基础数据　如物料的名称、组成、含量、物料之间配比等。

（3）有关物理化学或生物化学常数　如纯生长得率、维持因数、菌体的最大比生长率、基质的饱和常数、密度、相平衡常数、传质系数等。

### 5. 选择计算基准，并确定衡算体系

物料衡算常采用两种计算基准：一种是以物料量为基准，可以加入设备的一批投料量（单位 kg 或 kmol）作为计算基准，也可以每 1kg 或每 1kmol 产品为基准。另外一种是以时间为计算基准，如小时或天等。可将车间所处理的各种物料量均折算成以天（或小时）计的平均值，从起始原料投入到最终成品的产出，按天平均值计将恒定不变，即平均日产量。

$$产品日产量 = \frac{产品年产量}{年工作日}$$

年工作日一般可取 330 天，视生产检修等实际情况而定。通过年工作日可计算产品的日产量。产品日产量确定后，再根据总收率，可以折算出起始原料的日投料量，以此为基础，进行相应的物料衡算。

### 6. 列出平衡方程及附加关系方程，进行物料衡算

① 依据平衡法则，列出线性独立平衡方程。

② 利用化学平衡关系、相平衡关系、动力学方程或已知条件的约束方程等，列出系统中附加关系方程。

③ 判断系统是否可解。如果系统有 $N$ 个未知参数求解，必须依自由度 $F$ 进行判定：

$$F = 物流独立变量数 - 独立平衡方程数 - 附加关系方程数$$

$F=0$，则说明未知变量数正好等于能列出的方程数，未知物流变量能够全部求出。

$F>0$，表明条件不足，不能解出全部未知物流变量，需再寻找有关方程。

$F<0$，表明条件过多，为获得唯一可靠解，必须将多余条件删去。

**7. 列出物料平衡表**

① 输入与输出物料平衡表。

②"三废"排量表。

③ 原辅料消耗定额表。

### 三、物料衡算

物料衡算的内容包括进出设备物料的组成计算、流量计算及设备转化率、产品收率及物料消耗等的计算。为了便于分析，我们将微生物制药过程所涉及的物料衡算分为一般过程的物料衡算及培养过程的物料衡算。

**1. 一般过程的物料衡算**

这里所指的一般过程是指对于不发生生物或化学反应的过程，对于稳流物系其物料组成及流量可基于如下几种方式进行计算。

（1）依据物料流量进行衡算　设系统含有 $S$ 种组分，进料有 $M$ 股物流，出料有 $K$ 股物流，则总物料平衡有：

$$\sum_{i=1}^{M} F^i = \sum_{j=1}^{K} F^j \tag{6-1}$$

（2）依据某种组分进行衡算　如果依据某种组分进行衡算，可以列出 $S$ 个任意组分的平衡方程，即：

$$\sum_{i=1}^{M} F^i W_n^i = \sum_{j=1}^{K} F^j W_n^j \quad (n=1,2,\cdots,S) \tag{6-2}$$

（3）依据元素量进行衡算

$$\sum_{n=1}^{S}\sum_{i=1}^{M} F^i W_n^i Y_n = \sum_{n=1}^{S}\sum_{j=1}^{K} F^j W_n^j Y_n \tag{6-3}$$

式中　$F^i$——表示进料中第 $i$ 股物料的质量流量，kg/h；

　　　$F^j$——表示出料中第 $j$ 股物料的质量流量，kg/h；

　　　$W_n^i$——表示进料的第 $i$ 股物料中组分 $n$ 的质量分率，％；

　　　$W_n^j$——表示出料的第 $j$ 股物料中组分 $n$ 的质量分率，％；

　　　$Y_n$——组分 $n$ 中某元素的质量分率，％。

元素平衡法不仅适用于一般过程，也适用于生物或化学反应过程。

如果体系是非稳流物系，物料平衡的计算除了要考虑进出设备的物料外，还要考虑设备内积累的物料量。因此如用上述相关平衡关系进行非稳流物系的物料平衡计算，在各算式等号的右侧加上设备内积累的对应量即可。

对于某些设备可能要计算收率及转化率。收率及转化率的计算可根据原料进出该设备的变化情况进行计算，用符号 $Y$ 表示收率，用 $\eta$ 表示转化率，则有：

$$Y = \frac{生成目的产物的原料量}{原料的投料量}$$

$$\eta = \frac{反应掉的原料量}{原料的投料量}$$

**2. 培养过程中的物料衡算**

在微生物培养过程中，无论物质的变化情况如何复杂，都可以概括为以下三个方面：

①碳、氮源及微量元素和各种生长因子转化为细胞物质；②碳、氮源及前体合成胞外代谢产物；③含碳类的能源物质转化成 $CO_2$ 和 $H_2O$，释放出化学能以满足细胞生命活动的能量需要。前两个方面是合成代谢，为吸能反应；后一方面为分解代谢，属放能反应。这两种代谢互相渗透，以物质转化中质量和能量平衡的规律紧密联系。培养过程中的物料平衡包括物质平衡和元素平衡。

(1) 实际得率与菌体生长速率的关系　如果用 $\mu$ 表示菌体的比生长率，$Q_P$ 表示产物的比生产率，$Y_{ps}$ 表示理论产物得率，$Y_{gs}$ 表示纯生长得率，$m_s$ 表示维持因数，则实际菌体得率 $Y_{X/S}$、实际产物得率 $Y_{P/S}$ 与菌体生长速率之间存在如下关系：

$$1/Y_{X/S}=1/Y_{gs}+(m_s+Q_P/Y_{ps})/\mu \tag{6-4}$$

$$1/Y_{P/S}=1/Y_{ps}+(m_s+\mu/Y_{gs})/Q_P \tag{6-5}$$

由式(6-4)、式(6-5) 可知，当比生产率 $Q_P$ 保持稳定时，实际生长得率 $Y_{X/S}$ 随比生长率 $\mu$ 的上升而增加，而实际产物得率 $Y_{P/S}$ 随 $\mu$ 的上升而减少。

(2) 微生物培养过程中的基质平衡　微生物培养过程中，基质的消耗不外乎用于菌体维持、菌体生长和产物合成三个方面，因此，基质的平衡存在如下关系：

$$(-\Delta S)=(-\Delta S)_M+(-\Delta S)_G+(-\Delta S)_P \tag{6-6}$$

式中　　$(-\Delta S)$——培养过程中消耗的基质总量，mol 或 g；

$(-\Delta S)_M$——用于维持菌体消耗的基质量，mol 或 g；

$(-\Delta S)_G$——用于生长菌体消耗的基质量，mol 或 g；

$(-\Delta S)_P$——用于产物合成消耗的基质量，mol 或 g。

(3) 微生物培养过程中基质与产物之间碳元素的平衡　微生物培养过程中碳源主要用于：

① 满足菌体生长繁殖的消耗，即菌体中的碳，可用 $[\Delta c(S)]_G$ 表示。

② 表示菌体代谢生存的消耗（如微生物运动、物质传递，其中包括营养物质的摄取和代谢产物的排泄），即 $CO_2$ 中的碳，用 $[\Delta c(S)]_M$ 表示。

③ 代谢产物积累的消耗，即产物中的碳，用 $[\Delta c(S)]_P$ 表示。

因此，培养过程中的总碳消耗 $\Delta c(S)$ 为：

$$\Delta c(S)=[\Delta c(S)]_G+[\Delta c(S)]_M+[\Delta c(S)]_P+\cdots \tag{6-7}$$

培养过程中总碳平衡为：

总投入基质的含碳量＝总碳消耗量＋发酵液中未被消耗的基质含碳量

(4) 微生物生长代谢过程中的氮平衡　氮平衡的计算与碳平衡的计算相同，即培养过程中的总氮消耗 $\Delta N(S)$ 为：

$$\Delta N(S)=[\Delta N(S)]_G+[\Delta N(S)]_M+[\Delta N(S)]_P+\cdots \tag{6-8}$$

式中　　　　　　　　　$\Delta N(S)$——培养基质中总氮的消耗量，g；

$[\Delta N(S)]_G$、$[\Delta N(S)]_M$、$[\Delta N(S)]_P$——分别为用于生长、维持、产物合成消耗的氮量，g。

培养过程中总氮平衡为：

总投入基质的含氮量＝总氮消耗量＋发酵液中未被消耗的基质含氮量

(5) 微生物生长过程中的氧平衡　有机化合物完全氧化，结果分解成二氧化碳和水，根据单一碳源培养基内微生物生长代谢的基质和产物完全氧化的需氧量，可建立下列平衡：

$$A[\Delta c(S)]=B[\Delta c(X)]+\Delta n(O_2)+C[\Delta c(P)] \tag{6-9}$$

式中　　$A$——基质 S 完全氧化的需氧量，如葡萄糖 $A=61$，mol 氧/mol 葡萄糖；

$B$——菌体 X 完全氧化的需氧量，一般可取 $B=0.042$，mol 氧/g 菌体；

$C$——产物 P 完全氧化的需氧量，如 $C=2$mol 氧/mol 醋酸，3mol

氧/mol 乙醇，3mol 氧/mol 乳酸。

$\Delta c(S)$、$\Delta c(X)$、$\Delta c(P)$——消耗的基质、生成的菌体、生成产物量，mol。

方程中 $\Delta n(O_2)$ 是指微生物生长代谢消耗的氧量，它由三部分组成：一部分用于微生物维持生命活动的耗氧，一部分为生长菌体的耗氧，最后一部分为产物合成的耗氧。若以 X 为培养液中干菌体的量，其单位为 g，$m_0$ 为菌体需要氧的维持常数，其单位为 mol/(g·h)，则在 $\Delta t$ 时间内维持所需的耗氧量应为 $m_0 \cdot X \cdot \Delta t$。若用 $Y_{GO}$ 表示相对于耗氧量的纯生长得率，其单位为 g 干菌体/mol 氧，$\Delta X$ 为 $\Delta t$ 时间内干菌体的生长量，其单位为 g，则有生长菌体的耗氧量为 $\Delta X/Y_{GO}$。若用 $Y_{PO}$ 表示相对于耗氧量的理论产物得率，其单位为 g 产物/mol 氧，$\Delta P$ 为 $\Delta t$ 时间内产物的生成量，其单位为 g，则有产物合成的耗氧量为 $\Delta P/Y_{PO}$。那么 $\Delta n(O_2)$ 为：

$$\Delta n(O_2) = m_0 X \Delta t + \Delta X/Y_{GO} + \Delta P/Y_{PO} \tag{6-10}$$

$$Q_{O_2} = m_0 + \mu/Y_{GO} + Q_p/Y_{PO} \tag{6-11}$$

式中　$Q_{O_2}$——比耗氧率$[Q_{O_2}=\Delta n(O_2)/(X\Delta t)]$，即单位时间单位干菌体消耗的氧量，又称呼吸强度]，mol/(g·h)；

　　　　$\mu$——菌体的比生长速率$[\mu=\Delta X/(X\Delta t)]$，$h^{-1}$；

　　　　$Q_p$——产物的比生产率$[Q_p=\Delta P/(X\Delta t)]$，$h^{-1}$。

# 第二节　能量衡算

在物料衡算完成之后，对有传热要求的设备或者对整个过程进行能量衡算。能量衡算的主要目的是确定物料所处的状态参数（温度等）及设备的热负荷，根据各设备热负荷的大小、所处理物料的性质及工艺要求再选择传热面的形式，计算传热面积，确定设备的主要工艺尺寸，以及传热所需要的加热剂或冷却剂的用量。另外，能量衡算也是为了更合理的用能，通过计算热利用效率及余热分布情况等进行相应设计，进而达到节能降耗的目的。

能量衡算的基本过程是在物料衡算的基础上进行单元设备的能量衡算，然后再进行整个系统的热量衡算，尽可能做到能量的综合利用，如果发现原设计中有不合理的地方，可以考虑改进设备或工艺，重新进行计算。

## 一、能量衡算的理论基础

能量衡算的理论基础是能量守恒定律。物料衡算所得到的各项数据是进行能量衡算的基本数据。另外，相关物料的热力学数据，如比热容、相变热、反应热等也是能量衡算所必需的基本数据。尽管能量有各种不同的表现形式，但对于一个体系依据能量守恒定律总存在如下平衡关系：

由环境输入到系统的能量＝由系统输出到环境的能量＋系统内积累的能量

系统内物质所具有的总能量等于内能、动能与势能之和。其中势能又包括重力场势能、电磁场势能和磁场势能。系统与环境之间的能量传递方式一般有三种：通过物质传递；通过做功；通过传热。一般能量衡算常常忽略动能与势能，只考虑内能，这样能量衡算就简化为热量衡算。

## 二、能量衡算的步骤
**1. 确定能量衡算的设备或系统，并列出进出设备或系统物料组成及流量**
**2. 确定能量计算的基准**

通常以规定环境温度下各种物质的焓值为零进行计算。环境温度可根据需要人为确定，一般选 0℃ 或 25℃。

**3. 对设备或系统进行热量分析，找出产热因素及散热因素**

对设备或系统进行热量分析包括：多少股物料给设备或系统带进热量；多少股物料从设备或系统带出热量；设备或系统有无反应热、有无相变热、有无混合溶解热、有无热损等。

**4. 收集数据资料**

收集计算所必需的数据资料。

① 物料基本数据，如各种物料的名称、组成、含量、流量等。

② 热力学数据，如反应热、相变热、比热容等。

③ 工艺条件，如温度、压力等。

**5. 根据能量守恒定律，列出热量平衡方程，并求解方程**

一般能量衡算过程要先对单元设备进行热量衡算，再对系统进行能量平衡计算。单元设备的热量衡算除包括计算各设备进出物料的温度外，还包括传热剂用量及传热面积的计算。

**6. 传热剂用量的计算**

传热剂用量的计算包括：①加热剂用量的计算；②电能消耗的计算；③冷却剂消耗量的计算。

**7. 传热面积的计算**

根据热量衡算式算出的热负荷，再根据传热速率方程求取传热面积。

**8. 系统能量平衡计算**

系统能量平衡是对一个换热系统、一个车间（工段）和全厂的能量平衡。其依据的基本原理仍然是能量守恒定律。此时的能量计算涉及动能、势能、内能、功和电能等。通过对整个系统能量平衡的计算求出能量的综合利用率，由此来检查与校核工艺流程设计的合理性，检验与校核现场装置的能耗情况，查清能耗大的局部位置，以利提高能量利用率。

**9. 列出能量消耗综合表**

汇总各设备的水、电、汽的用量，求出每吨产品的动力消耗定额、每小时或年消耗量等。

### 三、能量衡算

通常针对设备进行能量衡算，对于有传热要求的设备，其热量平衡均可由下式表示：

$$Q_1 + Q_2 + Q_3 = Q_4 + Q_5 + Q_6 \tag{6-12}$$

式中　$Q_1$——物料带入设备的热量，kJ；

$Q_2$——加热剂或冷却剂传给设备或所处理物料的热量，kJ；

$Q_3$——过程热效应，kJ；

$Q_4$——物料离开设备所带走的热量，kJ；

$Q_5$——加热或冷却设备所消耗的热量，kJ；

$Q_6$——设备向环境散失的热量，kJ。

式(6-12) 中如果 $Q_2$、$Q_3$ 是放热，符号取正，如果是吸热取负。式(6-12) 所列出的平衡关系对于任何设备的热量衡算均适用，但为了方便计算，我们将能量衡算又细分为一般过程的能量衡算和培养过程的能量计算。

**1. 一般过程的能量衡算**

（1）对于只发生热交换，而不发生化学反应及相变化的过程　设系统有 $M$ 股供热物料，$N$ 股吸热物料

$$\sum_{i=1}^{M} Q_i = \sum_{j=1}^{N} Q_j + Q_{损} \tag{6-13}$$

式中 $Q_i$——各股供热物料放出的热，kJ/h；

$Q_j$——各股吸热物料吸收的热，kJ/h；

$Q_损$——系统的热损失，kJ/h。

$$Q = N\overline{C}_P(T_2 - T_1) \tag{6-14}$$

式中 $Q$——物料吸收或放出的热，kJ/h；

$N$——物料流量，kg/h；

$\overline{C}_P$——物料由 $T_1 \sim T_2$ 范围内的平均恒压或恒容分子比热容，可近似用 $(T_1 + T_2)/2$ 温度下的平均恒压或恒容分子热容代替，kJ/(kmol·℃)；

$T_1$，$T_2$——分别为物料进出系统或设备的温度，℃。

或者根据焓值进行计算，即：

$$\sum_{i=1}^{M} H_i = \sum_{j=1}^{N} H_j + H_损 \tag{6-15}$$

式中 $H_i$——进入系统或设备的各股物料焓值，kJ/h；

$H_j$——出系统或设备的各股物料焓值，kJ/h；

$H_损$——系统的热损失，kJ/h。

$$H = N\overline{C}_P T \tag{6-16}$$

式中 $H$——物料焓值，kJ/h；

$N$——物料流量，kg/h；

$\overline{C}_P$——物料由 0℃ 或 25℃ $\sim T$ 范围内的平均恒压或恒容分子比热容[对于混合物料其 $\overline{C}_P = \sum(\overline{C}_{Pi}y_i)$，$\overline{C}_{Pi}$ 为混合物料中某组分的平均恒压或恒容分子热容，$y_i$ 为混合物料中某组分的摩尔分率]，kJ/(kmol·℃)。

$T$——物料的温度，℃。

（2）当系统发生相变化而无生物或化学反应时：

$$\sum_{i=1}^{M} Q_i - Q_相 = \sum_{j=1}^{N} Q_j + Q_损 \tag{6-17}$$

式中 $Q_相$——为物料的相变热，kJ/h；

其他符号含义同前。

设物料在发生相变化前后的温度分别为 $T_1$、$T_2$，物质的相变量为 $L$(kmol/h)，则相变热 $Q_相$ 的计算可设计如下途径：

$Q_相 = \Delta H_1 + \Delta H_0 + \Delta H_2$

$\Delta H_1 = -L\overline{C}_{P1}T_1$

$\Delta H_2 = L\overline{C}_{P2}T_2$

上式中 $\overline{C}_{P1}$、$\overline{C}_{P2}$ 分别为 $T_1$、$T_2$ 温度下的平均恒压或恒容分子比热容；$\Delta H_0$ 为环境温度 $T_0$ 下物质的相变热，吸热为正，放热为负。$\Delta H_0 = L\Delta H$，$\Delta H$ 为 $T_0$ 下物质的摩尔相变热，单位为 kJ/kmol。

对于有相变化的过程，也可用焓值进行平衡计算：

$$\sum_{i=1}^{M} H_i = \sum_{j=1}^{N} H_j + H_损 + \Delta H_0 \tag{6-18}$$

（3）对于有生物或化学反应的过程：

$$\sum_{i=1}^{M} Q_i - Q_反 = \sum_{j=1}^{N} Q_j + Q_损 \tag{6-19}$$

式中　$Q_反$——生物或化学反应热，kJ/h；

其他符号含义同前。

设物料在发生反应前后的温度分别为 $T_1$、$T_2$，反应掉的物质量为 $L$（kmol/h），则反应热 $Q_反$ 的计算可设计如下途径：

$$
\begin{array}{ccc}
L,T_1 & \xrightarrow{\quad Q_反 \quad} & L,T_2 \\
\downarrow \Delta H_1 & & \uparrow \Delta H_2 \\
L,T_0 & \xrightarrow{\quad \Delta H_R \quad} & L,T_0
\end{array}
$$

$Q_反 = \Delta H_1 + \Delta H_R + \Delta H_2$

$\Delta H_1 = -L \bar{C}_{P1} T_1$

$\Delta H_2 = L \bar{C}_{P2} T_2$

上式中 $\bar{C}_{P1}$、$\bar{C}_{P2}$ 分别为 $T_1$、$T_2$ 温度下的平均恒压或恒容分子比热容；$\Delta H_R$ 为环境温度 $T_0$ 下物质的生物或化学反应热，吸热为正，放热为负。$\Delta H_R = L \Delta H_r$，$\Delta H_r$ 为 $T_0$ 下物质的摩尔反应热，单位为 kJ/kmol。

对于有生物或化学反应的过程，也可用焓值进行平衡计算：

$$\sum_{i=1}^{M} H_i = \sum_{j=1}^{N} H_j + H_损 + \Delta H_R \tag{6-20}$$

**2. 培养过程中的热量衡算**

微生物的生长总是伴随着热量的产生，不管系统是好氧还是厌氧，也不管最终产物是菌体还是代谢物，大部分热量是在作为碳源或能源的有机物的降解中产生的。产生热量的大小，取决于有机物质的代谢途径，也取决于贮能化合物（ATP 等）与生长过程和细胞生物合成过程的能量偶合。微生物放热值的变化反映了细胞代谢活动的特征，以及细胞代谢和合成反应完成的程度。因此，用微生物培养过程中的生成热，可以分析细胞能量代谢的调节机理，对于计算分解代谢途径的能量效率、热能率和能量回收率很有帮助。

（1）微生物代谢放热量的理论计算　在发酵过程中，放热量 $\Delta Q$ 可用下式进行计算：

$$\Delta Q = (-\Delta H_S)(-\Delta C_S) + (-\Delta H_N)(-\Delta C_N) - (-\Delta H_C)(\Delta C_X) - \sum(-\Delta H_{PI})(\Delta C_{PI}) \tag{6-21}$$

式中　$-\Delta H_S$——碳源物质的燃烧热，kJ/kg；

　　$-\Delta H_N$——氮源物质的燃烧热，kJ/kg；

　　$-\Delta H_C$——微生物细胞的燃烧热，kJ/kg；

　　$-\Delta H_{PI}$——第 $I$ 种产物的燃烧热，kJ/kg；

　　$-\Delta C_S$——利用的底物碳源的量，kg/h；

　　$-\Delta C_N$——利用的底物氮源的量，kg/h；

　　$\Delta C_X$——产生的微生物细胞的干重，kg/h；

　　$\Delta C_{PI}$——产生的第 $I$ 种产物的量，kg/h。

如果细胞组成已知，细胞燃烧热可用下式计算：

$$-\Delta C_{\mathrm{S}}=\frac{460.24 R_{\mathrm{L}} N_{\mathrm{C}}}{\text{细胞的摩尔质量}} \tag{6-22}$$

其中细胞的还原水平 $R_{\mathrm{L}}$ 由下式表示：

$$R_{\mathrm{L}}=\frac{2N_{\mathrm{C}}+\frac{1}{2}N_{\mathrm{H}}-N_{\mathrm{O}}}{N_{\mathrm{C}}} \tag{6-23}$$

式中 $N_{\mathrm{C}}$、$N_{\mathrm{H}}$、$N_{\mathrm{O}}$——分别为细胞的经验分子式中碳、氢、氧的原子数。

（2）总能量的生长产率 培养基总能量的生长产率是指培养基在消耗过程中用于生长的菌体量占所消耗的培养基的总能量的比率。用 $Y_{\mathrm{t}}$ 表示：

$$Y_{\mathrm{t}}=\frac{\Delta C_{\mathrm{X}}}{(\Delta H_{\mathrm{C}})\Delta C_{\mathrm{X}}+\Delta Q} \tag{6-24}$$

式（6-24）中各符号的含义同前。分母表示总培养能量，分为两部分：一部分为通过生物合成进入细胞，成为细胞的组成物质；另一部分由分解代谢变为热量。

（3）总的热平衡 通常微生物的发酵过程是在通氧搅拌的条件下进行的，微生物体在消耗基质用于自身生长繁殖及产物合成的同时，也向所在的环境中释放热量，进而引起生物体所处的环境温度升高。为了维持微生物体在适宜的温度下代谢积累目标产物，通常需要借助冷却设施从反应系统中移出热量。因此，整个发酵过程中既有产生热能的因素，又有散失热能的因素。产热的因素有生物热（$Q_{生物}$）和搅拌热（$Q_{搅拌}$）；散热的因素有蒸发热（$Q_{蒸发}$）、辐射热（$Q_{辐射}$）和显热（$Q_{显}$）及冷却介质移出热（$Q_{移}$）。通常将 $Q=Q_{生物}+Q_{搅拌}-Q_{蒸发}-Q_{辐射}-Q_{显}$ 称为发酵热。发酵热是温度变化的主要因素。

① 生物热（$Q_{生物}$）。是产生菌在生长繁殖过程中产生的热能。营养基质被菌体分解代谢产生大量的热能，部分用于合成高能化合物 ATP，供给生物体代谢活动所需的能量，多余的热量以热能的形式释放出来，形成生物热。生物热与微生物的生长和维持有关，也与产物的生成有关，在大型的强化发酵中，它是主要的热源。

② 搅拌热（$Q_{搅拌}$）。是搅拌所引起的液体之间和液体与设备之间的摩擦所产生的热量。通常是机械搅拌，也包括气体通入的功率，特别是在气升式反应器中。搅拌热可根据 $Q_{搅拌}=3600(P/V)$ 近似计算出来，$P/V$ 是通气条件下单位体积发酵液所消耗的功率（$kW/m^3$），3600 为热功当量[$kJ/(kW \cdot h)$]。

③ 蒸发热（$Q_{蒸发}$）。是空气进入发酵罐与发酵液广泛接触后，排出引起水分蒸发所需的热量，即蒸发热。蒸发热是水分蒸发造成的热损失，是相变热。

④ 辐射热（$Q_{辐射}$）。是由于罐外壁和大气间的温度差异而使发酵液中的部分热能通过罐体向大气辐射的热量。辐射热的大小取决于罐内温度与外界气温的差值，差值愈大，散热愈多。

⑤ 显热（$Q_{显}$）。包括三部分：一部分是发酵液体在发酵过程中由于温度的改变而引起的热量变化；一部分是空气进出发酵罐由于温度的变化而带出的热量；最后一部分是发酵设备在发酵过程中由于温度的升高而引起的显热增加。

⑥ 移出热（$Q_{移}$）。是冷却介质从发酵罐外夹套或发酵罐内蛇管或两者兼用移去的热量。正是这一部分热量可以较大幅度地进行调节，以达到温度控制的目的。一般计算移出热可用如下公式进行计算：

$$Q_{移}=hA\Delta T \tag{6-25}$$

式中 $h$——总传热系数，$W/(m^2 \cdot \text{℃})$；

　　$A$——总传热面积，$m^2$；

　　$\Delta T$——主体发酵液与冷却介质间的温度推动力，℃。

计算可取主发酵温度与温控介质的对数平均温度之差。计算如下；

$$\Delta T=\frac{(T_F-T_1)-(T_F-T_2)}{\ln\dfrac{T_F-T_1}{T_F-T_2}} \tag{6-26}$$

式中 $T_F$——主体发酵液的温度，℃；

$T_1$、$T_2$——分别为冷却介质进出口的温度，℃。

则系统的热平衡可用如下公式进行计算：

$$Q_显=Q_{生物}+Q_{搅拌}-Q_{蒸发}-Q_{辐射}-Q_{移} \tag{6-27}$$

如果将式(6-27)中各项均用传热速率来表示，由于生产上设备显热增加值和排放的空气显热的增加值很小，常可忽略，那么 $Q_显=MC_P(\mathrm{d}T/\mathrm{d}t)$，主要是发酵液体在发酵过程中由于温度的改变而引起的热量变化，为了维持发酵过程恒温进行，即 $Q_显=0$，则右边各项的算术值也要为零。由于 $Q_{生物}$、$Q_{搅拌}$、$Q_{蒸发}$、$Q_{辐射}$ 等各项在生产过程中均是变化的，因此，要对冷却介质量按生产要求，通过自动控制或手动控制不断地调节流量。目前生产上常用的冷却介质有冷却水和冷冻盐水。

# 第三节　工艺计算举例

下面以通用式发酵罐的工艺计算为例讨论反应器的有关计算，计算程序如下：

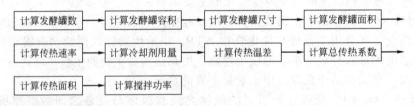

**1. 发酵罐数目 N 的计算**

对于分批发酵，发酵罐数目可按下式计算：

$$N=\frac{nt}{24}+1 \tag{6-28}$$

式中 $N$——发酵罐个数（其中一个备用），个；

$n$——每24h内进行加料的发酵罐数目，个；

$t$——一次发酵周期所需的时间，h。

**2. 发酵罐容积 V 的计算**

发酵罐全容积可按下式进行计算：

$$V=\frac{V_0}{\varphi} \tag{6-29}$$

式中 $V$——发酵罐的全容积，$m^3$；

$V_0$——进入发酵罐的发酵液量，$m^3$；

$\varphi$——装料系数，视发酵罐内发泡情况，一般取 $0.6\sim0.9$。

**3. 发酵罐尺寸的计算**

$$V=V_1+V_2+V_3 \tag{6-30}$$

式中 $V$——发酵罐的全容积，$m^3$；

$V_1$——发酵罐圆柱部分的体积，$m^3$；

$V_2$、$V_3$——分别为发酵罐的罐顶和罐底部分的体积，一般按椭圆形封头计算，$m^3$。

用发酵罐直径和相关高度计算各部分的体积，依据直径与各高度之间的关系，计算发酵罐相关尺寸。通用式发酵罐直径和相关高度之间的关系可查取相关资料。图 6-1 为通用式发酵罐的结构尺寸示意图。尺寸比例范围为：$H_0/D=1\sim3$，$D_i/D=1/2\sim1/3$，$B/D=1/8\sim1/12$，$C/D=0.8\sim1.0$，$S/D_i=1\sim2.5$。

**4. 发酵罐面积的计算**

$$F=F_1+F_2+F_3 \tag{6-31}$$

式中　$F$——发酵罐的全面积，$m^2$；

　　　$F_1$——发酵罐圆柱部分的面积，$m^2$；

$F_2$、$F_3$——分别为发酵罐的罐顶和罐底部分的面积，一般按椭圆形封头计算，$m^2$。

**5. 传热速率的计算**

$$Q=Q_1+Q_2-Q_3-Q_4 \tag{6-32}$$

式中　$Q$——传热速率，即发酵热，kJ/h；

　　　$Q_1$——生物热，kJ/h；

　　　$Q_2$——搅拌热，kJ/h；

　　　$Q_3$——汽化热，kJ/h；

　　　$Q_4$——散失到环境中的热量，kJ/h。

**6. 冷却剂量的计算**

$$Q=WC_P(T_2-T_1) \tag{6-33}$$

式中　$Q$——传热速率，即发酵热，kJ/h；

　　　$W$——冷却剂用量，kg/h；

　　　$C_P$——冷却剂的比热容，kJ/(kg·℃)；

$T_1$、$T_2$——分别为冷却剂进出口温度，℃。

**7. 传热温差的计算**

$$\Delta T_m=\frac{(T-T_1)-(T-T_2)}{\ln\dfrac{T-T_1}{T-T_2}} \tag{6-34}$$

式中　$\Delta T_m$——传热温差，℃；

　　　$T$——发酵液温度，℃；

$T_1$、$T_2$——分别为冷却剂进出口温度，℃。

**8. 总传热系数的计算**

总传热系数可由两部分的传热系数和热阻组成。一般按下式计算：

$$\frac{1}{K}=\frac{1}{k_1}+\frac{1}{k_2}+\frac{\delta}{\lambda}+r_1+r_2 \tag{6-35}$$

式中　$K$——总传热数，kJ/(m²·h·℃)；

　　　$k_1$——发酵液到蛇管的传热系数，kJ/(m²·h·℃)；

　　　$k_2$——冷却管壁到冷却水的传热系数，kJ/(m²·h·℃)；

　　　$\lambda$——传热管的热导率，kJ/(m·h·℃)；

　　　$\delta$——传热管壁厚，m；

$r_1$、$r_2$——分别为传热管内、外壁垢层的热阻，(m·h·℃)/kJ。

由于 $k_1$ 很难计算，常常凭经验选取 $K$ 值。根据经验：夹套 $K$ 值为 $4.186\times(150\sim250)$ kJ/(m²·h·℃)，蛇管的 $K$ 值为 $4.186\times(300\sim450)$kJ/(m²·h·℃)，如管壁较薄，对冷却水进行强制循环时，$K$ 值约为 $4.186\times(800\sim1000)$kJ/(m²·h·℃)。

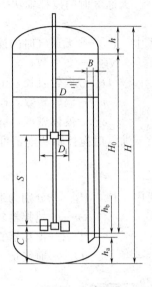

图 6-1　通用式
发酵罐的结构尺寸
$H$—罐身高；$h$—液位高；
$H_0$—罐高；$D$—罐径；
$D_i$—搅拌叶轮直径；$B$—挡板宽；
$C$—下搅拌轮与罐底距离；
$S$—相邻搅拌叶轮间距离；
$h_a$—封头短半轴高度；
$h_b$—封头直边高度

### 9. 传热面积的计算

$$Q = KS\Delta T_m \tag{6-36}$$

公式中各符号含义同前。

### 10. 搅拌功率的计算

无通气时的搅拌轴功率可用下式进行计算：

$$P_0 = N_P D^5 n^3 \rho \tag{6-37}$$

式中　$P_0$——无通气时的搅拌轴功率，W；

　　　$N_P$——功率数；

　　　$D$——涡轮直径，m；

　　　$n$——涡轮转数，r/s；

　　　$\rho$——液体密度，$kg/m^3$。

通气时搅拌轴功率，可用修正的迈凯尔关系式进行计算：

$$P_g = 2.25 \times \left( \frac{P_0^2 n D^3}{Q^{0.08}} \right) \times 10^{-3} \tag{6-38}$$

式中　$P_g$、$P_0$——分别为通气、无通气时的搅拌轴功率，kW；

　　　$n$——搅拌器转速；r/min；

　　　$D$——搅拌器直径，cm；

　　　$Q$——通气量，mL/min。

### 思考题

1. 物料衡算的目的是什么？

2. 物料衡算的理论基础是什么？其主要方法有哪些？

3. 物料衡算的主要步骤有哪些？

4. 对发酵罐系统列出碳、氧（元素及物质）平衡表达式，根据平衡关系从生产控制和育种角度考虑如何优化生产？

5. 能量衡算的目的是什么？

6. 能量衡算的理论基础是什么？其主要方法有哪些？

7. 能量衡算的主要步骤有哪些？

8. 对于有传热要求的设备如何列出其能量衡算的一般表达式？

9. 列出发酵过程的总能量衡算式，并说明温度的控制主要与哪些因素有关？

# 第七章 发酵下游过程简介

<table>
</table>

**学习目标**

① 了解发酵下游处理的一般过程。

② 了解常用的发酵下游分离技术。

通过微生物发酵方法所得的发酵液，由于目标产物在发酵液中的浓度很低，有的还是胞内产物，因此，要得到最终的药物产品，必须把目标产物从发酵液中分离出来，并进行进一步的精制和加工处理。在整个药品生产工序中，通常把菌体培养以前的部分称为"上游过程"，与之相应的后续过程称为"下游过程"。

发酵液中成分复杂，产物含量很低，而杂质的浓度很高，并且这些杂质有很多与目标产物的性质很相近，有的还是同分异构体，如手性药物的制备过程。另外，由于生物活性要求，分离过程不能采用极端条件以免影响产品的稳定性。因此，确定下游过程必须综合考虑各方面因素。各种资料统计表明，后处理部分的费用占产品成本的很大一部分，约为20%～70%。有人认为，在抗生素生产中，提炼部分的投资费用为发酵部分的4倍，氨基酸生产过程为1.5倍。所以下游工艺过程的选择，先进技术的采用至关重要。有些产品也就是由于下游加工过程成本太高而无法实现工业化。

一般来说，下游加工过程就是目标产物提取和精制的过程，主要包括四个方面：①原料液的预处理和固液分离；②初步纯化（提取）；③高度纯化（精制）；④产品加工。其一般流程如图7-1所示。但就具体产品的提取和精制工艺要根据发酵液的特点和产品的要求来决定。如有的可以直接从发酵液中提取，可省去固液分离过程。

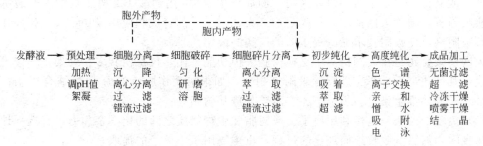

图 7-1 下游加工的一般流程

## 第一节 下游加工过程及技术

下游加工过程由四步构成，而每一步骤又包括很多技术处理方法，这些技术多是由传统的化工技术改进而来的，当然也有很多新的生物分离技术。下面就这些技术做一简单介绍。

## 一、发酵液的预处理和固液分离

发酵液中含有菌（细胞）体、胞内外代谢产物、残余的培养基以及发酵过程中加入的其他一些物质等。发酵液的预处理和固液分离过程是下游加工的第一步操作。发酵液预处理的目的，就在于改变发酵液的性质，以利于固液分离及产品的捕集，有时还要考虑有利于菌体的回收等。常用的预处理方法有酸化、加热、加絮凝剂等。如在活性物质稳定的范围内，通过酸化、加热以降低发酵液的黏度。对于杂蛋白的去除，常采用酸化、加热或在发酵液中加絮凝剂的方法。有的产品的预处理过程更复杂，还包括细胞的破碎、蛋白质复性等。

细胞破碎主要是用于提取细胞内的发酵产物。细胞破碎是指选用物理、化学、酶或机械的方法来破坏细胞壁或细胞膜，使产物从胞内释放到周围环境中的过程。在基因工程里，大肠杆菌是最常用的宿主，细胞破碎释放细胞内产物并恢复其生物活性显得尤为重要。细胞破碎的方法按照是否外加作用力可分为机械法和非机械法两大类。大规模生产中常用高压匀浆器和球磨机。其他方法像超声波破碎法、冻融法、干燥法以及化学渗透法等还停留在实验室基础上。这几年，一种新的方法——双水相萃取技术引起了广泛的关注，它可以通过选择适当的条件，使细胞碎片集中于一相而达到分离。

固液分离方法主要分为两大类：一类是限制液体流动，颗粒在外力场的作用下（如重力和离心力）自由运动，传统方法如浮选、重力沉降和离心沉降等；另外一类为颗粒受限，液体自由运动的分离方法，如过滤等。发酵液的分离过程中，当前较多使用的还是过滤和离心分离。随着新技术的发展，一种新的过滤方法引入固液分离领域，即错流过滤。这种分离方法采用了膜作为过滤介质，有过滤速度快、收率高、滤液质量好等优点。

## 二、初步纯化（提取）

发酵产物存在于发酵液中，要得到纯化的产物必须从发酵滤液中提取出来。这个过程为初步纯化的过程。初步纯化的方法有很多，常用的有吸附法、离子交换法、沉淀法、溶剂萃取法、双水相萃取法、超临界流体萃取、反胶团萃取、超滤等。

（1）吸附法　是指利用吸附剂与生物物质之间的分子引力而将目标产物吸附在吸附剂上，然后分离洗脱得到产物的过程，主要用于抗生素等小分子物质的提取。常用的吸附剂有活性炭、白土、氧化铝、各种离子交换树脂等。其中以活性炭应用最广，但由于其选择性不高、吸附性能不稳定、可逆性差、影响连续操作等，限制了它的使用。吸附法只有在新抗生素生产中或其他方法都不适用时才采用。例如维生素 $B_{12}$ 用弱酸 122 树脂吸附，丝裂霉素用活性炭吸附等。随着大网格聚合物吸附剂（大孔树脂）的合成和应用成功，大孔树脂作为一种新型吸附剂，使吸附技术又呈现了新的广阔的应用前景。

大网格聚合物是指大网格离子交换树脂去掉功能基团，仅保留其多孔骨架，不能发生离子交换，其性质与活性炭、硅胶等吸附剂相似。如很早用作脱色的酚-甲醛缩合树脂；用来提取某些产物如维生素 $B_{12}$ 的丙烯酸-二乙烯苯羧基树脂等。

（2）离子交换法　是指利用离子交换树脂和生物物质之间的化学亲和力，有选择地将目的产物吸附，然后洗脱收集而纯化的过程，也主要用于小分子的提取。

离子交换树脂是人工合成的不溶于酸、碱和有机溶剂的高分子聚合物，它的化学性质稳定，并具有离子交换能力。其结构由两部分组成：一部分是固定的高分子基团构成树脂的骨架，起着保持树脂不溶性和化学稳定性的作用；另一部分为能够移动的活性离子，起着与外界离子交换或吸附的作用。其通式可表示成：R—活性基团。

采用离子交换法分离的生物物质必须是极性化合物，即能在溶液中形成离子的化合物。如生物物质为碱性则可用酸性离子交换树脂提取；如果生物物质为酸性，则可用碱性离子交换树脂来提取。例如链霉素是强碱性物质，可用弱酸性树脂来提取，这主要是从容易解吸的角度来考虑的，否则如果采用强酸性吸附树脂，则吸附容易，洗脱困难。

尽管发酵液中生物物质的浓度很低，但是只要选择合适的树脂和操作条件，也能选择性地将目的产物吸附到树脂上，并采用有选择的洗脱来达到浓缩和提纯的目的。

（3）沉淀法　是指通过改变条件或加入某种试剂，使发酵溶液中的溶质由液相转变为固相的过程。沉淀法广泛应用于蛋白质的提取中，主要起浓缩作用，而纯化的效果较差。根据加入的沉淀剂不同，沉淀法可以分为以下几类。

① 盐析法。加入高浓度的盐类使蛋白质沉淀，其机理为蛋白质分子的水化层被除去，蛋白质、酶等的胶体性质被破坏，中和了微粒上的电荷，促使蛋白质等沉淀。最常用的盐类是硫酸铵，加入的量通常应达到 $20\%\sim60\%$ 的饱和浓度。

② 有机溶剂沉淀法。加入有机溶剂会使溶液的介电常数降低，从而使水分子的溶解能力减弱，引起蛋白质产生沉淀。缺点是有机溶剂常引起蛋白质失活。多用于生物小分子、多糖及核酸等产品的分离纯化。

③ 等电点沉淀法。是利用两性电解质在电中性时溶解度最低的原理进行分离纯化的过程。抗生素、氨基酸、核酸等生物大分子物质都是两性电解质。本方法适用于憎水性较强的两性电解质（如蛋白质）的分离，但对一些亲水性强的物质（如明胶），在低离子强度溶液中，效果不明显。该法常和盐析法、有机溶剂法和其他沉淀剂联合使用，以提高沉淀效果。

④ 非离子型聚合物沉淀法。是通过加入很少量的非离子多聚物沉淀剂，改变溶剂组成和生物大分子的溶解性而使其沉淀的方法。非离子多聚物包括各种不同分子量的聚乙二醇（PEG）、壬苯乙烯化氧（NPEO）、葡聚糖右旋糖酐硫酸钠等。这些多聚物中应用最多的是 PEG。

⑤ 聚电解质沉淀法。通过在溶液中加入聚电解质如离子型的多糖化合物、阳离子聚合物和阴离子聚合物来沉淀分离蛋白质的方法。其作用方式和机理与絮凝剂类似，同时还兼有一定的盐析和简单水化作用。

除以上五类以外还有生成盐复合物沉淀法、选择性变性沉淀法和针对某一种或某一类物质的沉淀法等。

沉淀法也用于小分子物质的提取中，但具有不同的作用机理。在发酵液中加入一些无机酸、有机离子等，能和生物物质形成不溶解的盐或复合物沉淀，而沉淀在适宜的条件下，又很容易分解。例如四环类抗生素在碱性条件下能和钙、镁、钡等在重金属离子或溴化十五烷吡啶形成沉淀，青霉素可与 $N,N'$-二苄基乙二胺形成沉淀，新霉素可以和强酸性表面活性剂形成沉淀。另外，对于两性抗生素（如四环素）可调节 pH 值至等电点而沉淀，弱酸性抗生素如新生毒素，可调节 pH 值至酸性而沉淀。

一般发酵单位越高，沉淀法分离越有利，因为残留在溶液中的抗生素浓度是一定的，故发酵单位越高收率就越高。

（4）溶剂萃取法　由于蛋白质遇有机溶剂会引起变性，所以溶剂萃取法一般仅用于抗生素等小分子生物物质的提取。其原理为：当抗生素以不同的化学状态（游离状态或成盐状态）存在时，在水及与水不互溶的溶剂中有不同的溶解度。例如青霉素在酸性环境下成游离酸状态，在醋酸丁酯中溶解度较大，所以能从水转移到醋酸丁酯中；而在中性环境下成盐状态，在水中溶解度较大，因而能从醋酸丁酯中转移到水中。当进行转移时，杂质不能或较少地随着转移，因而能达到浓缩和提纯的目的。有时候，可以通过多次萃取来达到分离纯化的目的，像红霉素提炼要采用二次萃取。

随着研究的深入，这几年来，溶剂萃取法发展出了许多新的萃取技术，如逆胶束萃取、超临界萃取、液膜萃取等，以适应基因工程产物分离的要求，来提取各种酶、蛋白质、氨基酸、多肽等生物活性物质。

(5) 双水相萃取　双水相萃取技术又称水溶液两相分配技术，是通过在水溶液中加入两种亲水性聚合物或者一种亲水性聚合物和盐，到一定浓度时，就会形成两相，利用目标生物物质在两相中分配不同的特性来完成浓缩和纯化的技术。双水相萃取技术可用于细胞碎片除去的固液分离，蛋白质和酶的分离提取。对于小分子的分离研究也不断深入，如用于抗生素的提取等。采用与其他分离技术集成进一步完善了双水相技术，如亲水配基的引入等。较典型的双水相分配系统有聚乙二醇（PEG）和葡聚糖（DEX），以及聚乙二醇和磷酸盐系统。该方法的萃取效果取决于目标物质在两相中的分配。影响分配系数的因素很多，如聚合物的种类、浓度、分子量，离子的种类及离子强度，pH 值和温度等。而且这些因素相互间又有影响。

(6) 超临界流体萃取　对一般物质，当液相和气相在常压下平衡时，两相的物理性质如黏度、密度等相差显著。压力升高，这种差别逐渐缩小，当达到某一温度与压力时，差别消失，成为一相，这时称为临界点，其温度和压力分别称为临界温度和临界压力。当温度和压力略超过或靠近临界点时，其性质介于液体和气体之间，称为超临界流体。如 $CO_2$ 的临界温度为 31.1℃，临界压力为 7.3MPa，常用作该项技术的萃取剂。适用于萃取非极性物质，对极性物质的萃取能力差，但可加入极性的辅助溶剂称为夹带剂来补救。

超临界流体的密度和液体相近，黏度和气体相近，溶质在其中的扩散速率可为液体的100 倍，这是超临界流体的萃取能力和萃取速率优于一般溶剂的原因。而且流体的密度越大，萃取能力也越大。变化温度和压力可改变萃取能力，使对某物质具有选择性。该技术已用于咖啡脱咖啡因、啤酒花脱气味等。

(7) 反胶团萃取　反胶团萃取是利用表面活性剂在有机相中浓度达到一定值后，其憎水性基团向外与有机相接触，其亲水性基团向内形成极性核心，形成聚集体（称反胶团），这种聚集体分散在有机相中，聚集体内部溶解一定量的水或水溶液称为微水相或"水池"，可溶解肽、蛋白质和氨基酸等生物活性物质。当含有此种反胶团的有机溶剂与蛋白质等的水溶液接触后，蛋白质及其他亲水性物质能通过整合作用进入"水池"，实现与其他物质的分离，并得到初步的浓缩。由于水层和极性基团的存在，为生物分子提供了适宜的亲水微环境，保持了蛋白质的天然构型，不会造成失活。

(8) 超滤法　利用超滤膜作为分离介质对生物物质进行浓缩和提纯的过程。适用于超滤的物质相对分子质量在 500～1000000 之间，或分子大小近似地在 1～10nm 之间。在小分子物质的提取中，超滤用于去除大分子杂质；在大分子物质的提取中，超滤主要用于脱盐浓缩。和其他膜过滤一样，超滤的主要缺点是浓差极化和膜污染的问题，膜的寿命较短和通量低等。

(9) 反渗透　反渗透是利用一种半透膜，在外加作用力的条件下，使溶液中的溶剂通过膜，而溶质不能通过膜，来实现溶液浓缩或除去溶剂的过程。反渗透法比其他的分离方法（如蒸发、冷冻等方法）有显著的优点：整个操作过程相态不变，可以避免由于相的变化而造成的许多有害效应，无需加热，设备简单、效率高、占地小、操作方便、能量消耗少。

(10) 纳滤　纳滤是介于反渗透与超过滤之间的一种以压力为驱动的新型膜分离过程。纳滤膜的截断分子质量大于 200Da 或 100Da。这种膜截断分子量范围比反渗透膜大而比超滤膜小，因此纳米过滤膜可以截留能通过超滤膜的溶质而让不能通过反渗透膜的溶质通过。根据这一原理，可用纳滤来填补由超滤和反渗透所留下的空白部分。

(11) 液膜萃取　液膜萃取又称液膜分离，是一种以液膜为分离介质、以浓度差为推动力的膜分离操作。液膜是悬浮在液体中的很薄的一层乳液微粒。它能把两个组成不同而又互溶的溶液隔开，并通过渗透现象起到分离的作用。乳液微粒通常是由溶剂（水和有机溶剂）、表面活性剂和添加剂制成的。溶剂构成膜基体；表面活性剂起乳化作用，它含有亲水基和疏水基，可以促进液膜传质速率和提高其选择性；添加剂用于控制膜的稳定性和渗透性。通常将含有被分离组分的料液作为连续相，称为外相；接受被分离组分的液体，称为内相；成膜的液体处于两者之间称为膜相，三者组成液膜分离体系。它与溶剂萃取虽然机理不同，但都属于液-液系统的传质分离过程。液膜分离技术具有良好的选择性和定向性，分离效率高，能实现浓缩、净化和分离的目的。

### 三、高度纯化（精制）

发酵液经过初步纯化后，体积大大缩小，目标生物物质的浓度已提高，但纯度达不到产品要求，必须进一步进行精制。初步纯化中的某些操作，也可应用于精制中。大分子（蛋白质）和小分子物质的精制方法有类似之处，但侧重点有所不同，大分子物质的精制依赖于色层分离，而小分子物质的精制常常利用结晶操作。

（1）色层分离　是一组相关技术的总称，又叫色谱法、层离法、层析法等，是一种高效的分离技术。过去仅用于实验室中，最近 10 年来，其规模逐渐扩大而应用于工业上。操作是在柱中进行的，包含两个相——固定相和移动相，生物物质因在两相间分配情况不同，在柱中的运动速率也不同从而获得分离。

随着重组 DNA 技术的发展，新的生物产品不断出现，这些产物的纯化和大规模制备成为色层分离法的研究重点，并对其提出了更高的要求，原用于分离无机离子和低相对分子质量有机物的色层分离介质已不能适用。现在要求分离介质有足够的亲水性，以保证有较高的收率；有足够大的多孔性，以使大分子能透过；有足够强的刚度，以便在大生产中使用；此外还应有良好的化学稳定性和能引入各种功能团，如离子交换基团、憎水烃链、特殊的生物配位体或抗体等，以适应不同技术的要求。工业上使用的母体主要是亲水凝胶类物质，如纤维素、葡聚糖、琼脂糖、聚丙烯酰胺等。亲水凝胶的一个固有缺点是强度不够，当放入柱中使用时，会发生变形，使压力降增大或流速减小。但可以通过改变进柱的设计来补救。要增大分离能力，可以增大柱径而不是柱高。可见制备强度好的分离介质和解决层析柱设计中的问题是色层分离法工业化的关键。

（2）结晶　是指物质从液态中形成晶体析出的过程。结晶的前提条件是溶液要达到过饱和，可用的方法有：

① 加入某些物质，使溶解平衡发生改变，例如调 pH 值；

② 将溶液冷却、加入其他溶剂或将溶剂蒸发等。

正确控制温度、溶剂的加入量和加料速率可以控制晶体的生长，以利于结晶的选择性和分离。结晶主要用于小分子量物质的纯化，例如青霉素 G 系用醋酸丁酯从发酵液中萃取出来，然后加入含醋酸钾的酒精溶液中以产生结晶。柠檬酸在工业上采用冷却的方法进行结晶。

### 四、成品加工

产品的最终规格和用途决定了加工方法，经过提取和精制以后，最后还需要一些加工步骤。例如浓缩、无菌过滤和去热原、干燥、加入稳定剂等。如果最后的产品要求是结晶性产品，则浓缩、无菌过滤和去热原等步骤在结晶之前，干燥一般是最后一道工序。

（1）浓缩　浓缩可以采用升膜或降膜式的薄膜蒸发来实现。对热敏性物质，可采用离心薄膜蒸发器，而且可处理黏度较大的物料。膜技术也可应用浓缩，对大分子溶液的浓缩可以用超滤膜，对小分子溶液的浓缩可用反渗透膜。

（2）无菌过滤和去热原　热原是指多糖的磷类脂质和蛋白质等物质的结合体。注入体内会使体温升高，因此应除去。传统的去热原的方法是蒸馏或石棉板过滤，但前者只能用于产品能蒸发或冷凝的场合，后者对人体健康和产品质量都有一定问题。当产品相对分子质量在1000以下，用截断相对分子质量为 1000 的超滤膜除去热原是有效的，同时也达到了无菌要求。

（3）干燥　是除去残留的水分或溶剂的过程。干燥的方法很多，如真空干燥、红外线干燥、沸腾干燥、气流干燥、喷雾干燥和冷冻干燥等。干燥方法的选择应根据物料性质、物料状况及当时的具体条件而定。

# 第二节　下游加工技术的选择及发展趋势

## 一、下游加工过程的特点

由于发酵液成分复杂、杂质含量多，以及产品生物活性的要求，使下游加工过程呈现"难度大，成本高"的特点，具体来说有如下方面。

① 发酵液中杂质复杂，它们的正确组分不十分清楚，给过程设计造成困难。生物分离实际上是利用各种物质的性质差别进行的分离，对成分数据的缺乏是现在下游加工共同的缺点。起始浓度低，最终产品要求纯度高，牵涉的步骤很多。如有的产品达到要求要 9 步分离才能完成，即使每步的收率都达到 90%，最终的收率也只能达到 38%。所以，在流程设计上尽量减少提取步骤是相当重要的。

② 生物物质很不稳定，还有活性要求，从某种程度上来说，生物产品不是用量的多少来衡量，而是生物活性的量化。遇热、极端 pH 值、有机溶剂都会引起失活或分解，像蛋白质的生物活性与一些辅助因子、金属离子的存在和分子的空间构型有关。剪切力会影响空间构型和分子降解，从而影响蛋白质活性，这是分离过程中要考虑的。

③ 发酵和培养很多是分批操作，生物变异性大，各批发酵液不尽相同，这就要求下游加工设备有一定的操作弹性，特别是对染菌的批号，也要能处理。发酵液的放罐时间、发酵过程中消沫剂的加入都对提取有影响。

④ 发酵液放罐后，由于条件改变，还会继续按另一条途径发酵，同时，也容易感染杂菌，破坏产品，所以在防止染菌的同时，整个提取过程要尽量缩短发酵液存放的时间。另外发酵废液量大，BOD 值较高，必须经过生物处理后才能排放。

## 二、下游加工技术的选择

究竟如何设计下游加工工艺过程，如何选择各过程的技术处理方法，则要考虑很多因素，下面这些因素更应重点考虑。

（1）发酵产物的物理化学性质　物质之间得以分离的主要依据就是组分间的物化性质的差异。首先，要了解发酵产物是极性还是非极性化合物，如果是极性化合物，则考虑是酸性、碱性还是两性。如为酸性，应判断是强酸还是弱酸，还应知道其 pK 值。两性物质则应知道其等电点（pI 值）。此外，分子大小、分子量、分子体积、极性、偶极矩、熔点、沸点、汽化热、离子电荷、溶解度等参数，也是要了解的。

（2）发酵产物的稳定性　发酵产物除了一般的物化性质外，还需要了解这些物质的生物特性，特别要知道影响生物特性变化的条件和使这些物质失活的因素。包括溶剂、pH 值、温度等。在生产中要维持生物的稳定性。

（3）工艺要求　生物分离过程涉及许多问题，但在工业生产中尤其要注重以下几点。

① 目标产物的纯度。这是分离的目标，纯度越高，分离过程难度越大。

② 提高每一步的收率。过程的总收率为 $\eta = \prod\limits_{i=1}^{N} \eta_i$，所以在保证统一计划的前提下，要通过提高每一步的收率来提高总收率。

③ 缩短流程和简化工艺过程，减少投资及运行成本。

④ 降低对环境的负担和原料的循环利用问题。

### 三、下游加工技术的发展趋势

随着科学技术的发展，对下游加工技术提出了越来越高的要求，这几年来，不断有新的技术出现。有一些是传统分离技术的改进和引入生物工程领域，如离子交换技术；有些是从实验室走向了工业化，如超滤、色层分离、等电点聚焦等；有些是通过学科交叉，通过和高分子材料工作者、机械制造、仪器仪表部门的合作，开发出新的性能优异的分离介质和设备，如膜分离技术。但很多过程的技术理论，还不成熟，还需要不断探索。

生物技术作为一个整体，后处理工作者还应和发酵工程密切配合。如在发酵过程中将代谢产物不断除去，以打破平衡，达到高浓度的发酵液，在这方面可以利用膜反应器，发酵与超滤相结合，发酵与大网格吸附相结合等；又如改变菌种性能，使胞内产物转变为胞外产物，以利于提取等。这些都是发酵与提取、菌种与提取相结合的研究方向。

目前，下游加工技术呈现以下发展趋势。

（1）新技术新方法的开发及推广使用　这些年来，科学工作者在探索基础理论方面做了大量的工作。如基础数据的获得、数学模型的建立等。随着材料工作者的进入，膜技术应用领域也在不断拓展。随着膜本身质量的改进和膜装置性能的改善，在下游加工过程的各个阶段，将会越来越多地使用膜技术。例如 Millipore 公司研究提取头孢菌素 C 的过程，利用微滤进行发酵液的过滤；利用超滤去除一些蛋白质杂质和色素；利用反渗透进行浓缩等。

（2）生物分离过程的高效集成化　目前，应用的单元分离技术，如亲和法、双水相分配技术、逆胶束法、液膜法、各类高效层析法等都是适用于分离过程的新型分离技术。在高效集成化方面，如将亲和技术和双水相分配技术组合的亲和分配技术；将亲和色谱和膜分离结合的亲和膜分离技术；将离心的处理量、超滤的浓缩效能及层析的纯化能力合而为一的扩张床吸附技术等。通过分离技术的集成，利用每种方法的优点，补充其不足，使分离效率更高。

生物分离的集成化还包括了下游技术的集成偶合，如很多发酵过程存在着最终产物的抑制作用，近年来，研究开发了各种发酵过程可以消除产物的抑制作用，可以采用蒸发、吸附、萃取、透析、过滤等方法，使过程边发酵边分离，萃取发酵法生产乙醇和丙酮丁醇、固定化细胞闪蒸式酒精发酵即属于此。

（3）新型分离介质材料的开发　色层分离中主要困难之一是层析介质的机械强度差。因此，加强了对天然糖类为骨架的介质改进。目前已研究出高交联度的产品或能与无机介质（如硅藻土）相结合的产品。

📝 **思考题** --------------------------------------------------

1. 生化产品分离的一般过程是什么？

2. 发酵产物的提纯方法有哪些？

3. 下游加工过程的特点有哪些？如何依据发酵液各成分的特点选择下游加工技术？

--------------------------------------------------

第八章　环境保护及"三废"的防治

📖 学习目标

① 认识发酵工业"三废"的来源和一般处置方法。
② 了解发酵工业废液污染控制要求、污泥的处置及处理系统。
③ 掌握发酵工业废水的生化处理（好氧处理和厌氧处理）的一般流程及要点。
④ 会结合"三废"物料的基本情况设计一般流程，并提出解决问题的措施。

　　发酵工业有酒精、丙酮丁醇溶剂、柠檬酸、味精、酵母、酶制剂、抗生素、维生素、氨基酸、核苷酸等主要产品。在生产过程中都要排出大量的发酵工业废液、一定量废菌渣及污泥，并排出大量废气，即"三废"。发酵工业的废液与食品、屠宰、皮革、淀粉、制糖等工业排放的废水都属于高浓度的有机废水。由于"三废"排放量大，特别是废液，除量大外，浓度也高，对环境污染严重，引起了各方面的重视。近年来，许多工厂都在采取措施加强对三废的治理，在减轻对环境污染的同时，也可能变废为宝，为企业带来更好的效益。

## 第一节　发酵工业废气的处理

　　工业废气可分为气体状污染物和气溶胶状污染物两大类，包括烟尘、黑烟、臭味和刺激性气体、有毒气体等。发酵工业排出的废气一部分来自供汽系统燃料燃烧排出的废气，其中主要含有一定量的粉尘和毒性气体 $SO_2$ 等污染物；另一部分主要是发酵罐不断排出废气，其中夹带部分发酵液和微生物。

### 一、工业废气的一般处理方法

　　目前，一般把废气治理分为两类。一类是除尘除雾，常用方法为：重力沉降除尘、旋风分离除尘、湿式除尘、袋式除尘、静电除尘等，这些方法适用于气溶胶状态的废气。另一类是气体净化，其方法有：吸收、吸附、化学催化，这些方法适用于治理废气中的有毒物质。

### 二、发酵工业废气的安全处理

　　对于发酵罐排出的废气，中小型试验发酵罐厂采用在排气口接装冷凝器回流部分发酵液，以避免发酵液体积的大幅下降，气体经冷凝回收发酵液后经排气管放空。大型发酵罐的排气处理一般接到车间外经沉积液体后从"烟囱"排出。当发生染菌事故后，尤其发生噬菌体污染后，废气中夹带的微生物一旦排向大气将成为新的污染源，所以必须将发酵尾气进行处理。目前，国内发酵行业普遍采用的方法是将排气经碱液处理后排向大气。发生噬菌体污染后，虽经碱液处理，但吸风口空气中仍有噬菌体存在，这些噬菌体又难于借过滤器除去。利用噬菌体对热的耐受能力差的特点，在空气预处理流程中，将贮罐紧靠着压缩机。此时的空气温度很高，空气在贮罐中停留一段时间可达到杀灭噬菌体的作用。

供气系统排出的废气如果所含 $SO_2$ 气不超标时，一般经旋风除尘器分离除尘后经烟囱放空。当然如果所含 $SO_2$ 高时可改换低硫燃料或经适当碱吸收装置处理后放空。

# 第二节 发酵工业污水的处理

制药发酵工业多采用粮食加工的原料，如淀粉、葡萄糖、花生饼粉、黄豆饼粉以及动植物蛋白、脂肪等作培养基，提取产品以后的发酵液或清洗发酵罐后的洗涤液中还含有剩余的培养基、菌体蛋白、脂肪、纤维素、各种生物代谢产物、降解物等。除少数有毒害作用的以外，其余均可作为污灌、肥料等利用。但由于排放量大，加上交通运输困难等原因，往往利用不完全，大部分还是直接排入江河及下水渠道，造成地面水系统的严重污染。

这种高浓度有机废水，主要造成受纳水体的缺氧污染。使江河渠道中的水质发臭变黑，破坏水体中的正常生态循环；使渔业生产、水产养殖、淡水资源等遭受破坏；使地下水和饮用水源受到污染，恶化了人类的生存环境。因此，科学地处理发酵工业废液尤为必要。

## 一、基本概念

高浓度有机废水，其有机物污染指标主要是用水中的化学需氧量（COD）或 5 天生化需氧量（$BOD_5$）这两个综合性指标来表示。

（1）化学需氧量（chemical oxygen demand，COD） 在规定的条件下，用氧化剂处理水样时，与溶解物和悬浮物消耗的该氧化剂数量相当的氧的质量浓度，用 mg/L 表示。

（2）生化需氧量（biochemical oxygen demand，BOD） 在规定的条件下，水中有机物和（或）无机物用生物氧化所消耗的溶解氧的质量浓度，用 mg/L 表示。

表 8-1 列出 4 种有代表性的发酵工业废液和我国污水综合排放标准中几项标准的对比数字。

表 8-1　几种工业废液和污水综合排放标准的对比

| 废水名称 | pH | COD/(mg/L) | BOD/(mg/L) | 悬浮物/(mg/L) |
|---|---|---|---|---|
| 污水综合排放标准二级 | 6~8 | 200 | 80 | 250 |
| 酒精废水 | 4.3 | 45600 | 28000 | 1700 |
| 溶剂废水 | 4.5 | 30000 | 24000 | 900 |
| 抗生素废水 | 4~7 | 28740 | 20121 | 500 |
| 维生素 C 废水 | 5~7 | 12000 | 8500 | — |

## 二、发酵工业废液的特点

发酵工业废液有其自身的特点，一般是含菌丝体、未利用完的粮食产品类悬浮物、无机盐类、有机溶剂及部分目标产品（如残留抗生素），重金属含量很低。另外，发酵工业废液的化学耗氧量（COD）高。大多数发酵废液其 COD 指标平均为 $10000\sim50000mg/L$。与我国污水综合排放标准（GB 8978—1996）的二级标准相比较，平均超标倍数达 $50\sim250$ 倍。换言之，即每立方米发酵废液排入环境中，会造成 $50\sim250m^3$ 地面水中的 COD 值超标，可见其污染程度是严重的。

发酵工业废液含有多种营养源，可以被自然界存在的各种好氧或厌氧的微生物种群分解利用，达到净化的作用。但不是每种发酵工业废液都能用生物厌氧消化方法来进行治理的。厌氧微生物容易受到各种抑制因子的影响而停止生长。如废液中含有过多的硫酸根就会在厌氧发酵过程中产生硫化氢，中性时它溶于水中，从而抑制厌氧消化过程的进行，这就需要采取生物或化学的脱硫方法来解决。还有些制药发酵工业废液是有抑菌作用的（如广谱抗生素发酵废液），有的在工艺中加入了表面活性剂、卤代烃类、重金属等，均会使厌氧消化受到抑制，这就需要采取针对性的前处理工艺（化学絮凝、微生物脱硫等）来去除这些抑制因子，才能使厌氧生物处理得以进行。采用这些前处理工艺的关键在于处理成本的可行性，应优于其他治理方法，否则就没有意义了。

单纯用粮食作培养基的发酵工业废液，一般较容易采用厌氧消化方法来处理。但抗生素生产的发酵废液由于生产过程原料成分复杂，还含有一些残余抗生素，有的有抑菌作用，故而都需采用一些特定的前处理工艺，才能使这类发酵废液保持在一定的厌氧消化水平上。

### 三、发酵工业废水的生物处理技术

工业废水的处理方法一般有物理、化学、生物处理三种方法，发酵工业废水多以生物处理方法为主、其他方法为辅的综合处理技术。一般遵循先易后难、先简后繁的规律，即先用物理方法进行处理，除去大块垃圾、漂浮物和悬浮固体（SS）等后再使用化学方法和生物方法处理。常用的物理方法有筛滤截留、重力分离，采用的设备有格栅、沉砂池和沉淀池等。化学法是在废水中加入一定的化学药剂，以使某些物质絮凝或生成沉淀性物质除去。

生物处理法主要是通过自然界广泛存在的微生物的新陈代谢作用，将废水中的有机物氧化分解为稳定的无机物，以去除污水中呈悬浮状态、胶体状态以及溶解的有机污染物质的一种方法。按照反应过程中有无氧气的参与，废水生物处理法又分为好氧生物处理法和厌氧生物处理法。好氧生物处理与厌氧生物处理的区别如下。

（1）起作用的微生物种类不同　好氧生物处理主要依赖好氧菌的生化作用来处理废水，而厌氧生物处理则主要依赖厌氧菌的生化作用来完成废水的处理。

（2）产物不同　好氧生物处理中，有机物被转化成 $CO_2$、$H_2O$、$NH_3$、$PO_4^{3-}$、$SO_4^{2-}$ 等无机物；厌氧生物处理中，代谢产物包括 $CO_2$、$H_2$、$H_2S$、$NH_3$ 等，产物复杂且有异臭，可作燃料。

（3）反应速率不同　好氧生物处理的反应速率快，所需处理设备较少；厌氧生物处理反应速率慢，处理设备较大。

（4）对环境条件要求不同　好氧生物处理除要求部分供氧外，对其他环境条件要求不太严格，而厌氧生物处理要求绝对厌氧，且对其他环境条件（如 pH 值、温度等）要求甚严。

#### 1. 好氧生物处理法

废水的好氧生物处理，又分为活性污泥法和生物膜法两种。

（1）活性污泥法　活性污泥法是利用悬浮生物培养体来处理废水的一种生物化学工程方法，用于去除废水中溶解的以及胶体的有机物质，活性污泥法是一种通常所称的二级处理方法。它按照从初次沉淀池的来水进行需氧生物氧化处理。基本的活性污泥法如图 8-1 所示，共有六个组成部分。

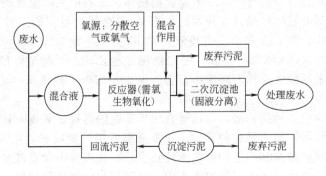

图 8-1　活性污泥法的基本流程

① 发生需氧生物氧化过程的反应器。这是活性污泥法的核心部分，这个反应器也就是一般所称的曝气池。

② 向反应器混合液中分散空气或纯氧的氧源。空气或氧气以加压或常压进入混合液中。

③ 对反应器中液体进行混合的设备或手段。

④ 对混合液进行固液分离的沉淀池。把混合液分成沉淀的生物固体与经处理后的废水两部分，这一沉淀池也称为二次沉淀池或二沉池。

⑤ 收集二次沉淀池的沉淀固体并回流到反应器的设备。

⑥ 从系统中废弃一部分生物固体的手段。

活性污泥是污水中悬浮生长，含水率＞99％的黄褐色絮绒状颗粒状物质，相对密度约为 1.002～1.006，粒径 0.02～0.2mm，其固体成分主要由具有代谢功能活性的微生物群体、微生物内源代谢及自身氧化的残留物、污水带入的难降解惰性有机物、污水带入的无机物构成。活性污泥法中起分解有机物作用的是分布在反应器中的微生物群体，包括细菌、原生动物、轮虫和真菌。细菌起同化废水中绝大部分有机物的作用，即把有机物转化成细胞物质的作用，而原生动物及轮虫则吞食分散的细菌，使它们不在二沉池水中出现。

反应器的需氧过程也类似于抗生素发酵过程，原理是相似的，只是起作用的生物体、底物、产物不同而已。影响活性污泥净化废水的因素主要有以下几个方面。

① 溶解氧。活性污泥法中，如果供氧不足，溶解氧浓度过低，会使活性污泥中微生物的生长繁殖受到影响，从而使净化功能下降，且易于滋生丝状菌，产生污泥膨胀现象。但若溶解氧过高，会降低氧的转移效率，从而增加所需的动力费用。因此应使活性污泥净化反应中的溶解氧浓度保持在 2mg/L 左右。

② 水温。温度是影响微生物正常活动的重要因素之一，随着温度的升高，细胞中的生化反应速率加快，微生物生长繁殖速度也加快。但如果温度大幅度增高，会使细胞组织受到不可逆的破坏。活性污泥最适宜的温度范围是 15～30℃，水温低于 10℃ 时即可对活性污泥的功能产生不利的影响。因此，在我国北方地区，小型活性污泥处理系统可考虑建在室内。水温过高的工业废水在进入活性污泥处理系统前，应采取降温措施。

③ 营养物质。废水中应含有足够的微生物细胞合成所需的各种营养物质，如碳、氧、氮、磷等，如没有或不够，必须考虑投加适量的氮、磷等物质，以保持废水中的营养平衡。

④ pH 值。活性污泥最适宜的 pH 值介于 6.5～8.5；如 pH 值降低至 4.5 以下，原生动物将全部消失；当 pH 值超过 9.0 时，微生物的生长繁殖速率将受到影响。经过一段时间的驯化，活性污泥系统也能够处理具有一定酸碱度的废水。但是，如果废水的 pH 值突然急剧变化，将会破坏整个生物处理系统。因此，在处理 pH 值变化幅度较大的工业废水时，应在生物处理之前先进行中和处理或设调节池。

⑤ 有毒物质。在抗生素的发酵废水中常含有残留抗生素，这是有毒物质在抗生素发酵废水中的主要形式，抗生素浓度的高低，直接决定抗生素发酵废水的可生化性。

活性污泥法包括普通活性污泥法、渐减曝气法、逐步曝气法、吸附再生法、完全混合法、批式活性污泥法、生物吸附氧化法（AB 法）、延时曝气法、氧化沟等。其中批式活性污泥法（简称 SBR）是国内外近年来新开发的一种活性污泥法，尤其在抗生素的发酵废水的生物处理中应用得较多。其工艺总是将曝气池与沉淀池合二为一，是一种间歇运行方式。

批式活性污泥反应去除有机物的机理在充氧时与普通活性污泥法相同，只不过是在运行时，按进水、反应、沉降、排水和闲置 5 个时期依次周期性运行。进水期是指从开始进水到结束进水的一段时间，污水进入反应池后，即与池内闲置期的污泥混合；在反应期中，反应器不再进水，并开始进行生化反应；沉降期为固液分离期，上清液在下一步的排水期进行外排；然后进入闲置期，活性污泥在此阶段进行内源呼吸。

（2）生物膜法　滤料或某种载体在污水中经过一段时间后，会在其表面形成一种膜状污泥，这种污泥即称之为生物膜。生物膜呈蓬松的絮状结构，表面积大，具有很强的吸附能力，生物膜是由多种微生物组成的，以吸附或沉积于膜上的有机物为营养物质，并在滤料表面不断生长繁殖。随着微生物的不断繁殖增长，生物膜的厚度不断增加，当厚度增加到一定程度后，其内部较深处由于供氧不足而转变为厌氧状态，使其附着力减弱，在水流的冲刷作用下，开始脱落，并随水流进入二沉池，随后在滤料（或载体）表面又会生长新的生物膜。

生物膜法与活性污泥法的主要区别在于生物膜法是微生物以膜的形式或固定或附着生长于固体填料（或称载体）的表面，而活性污泥法则是活性污泥以絮状体方式悬浮生长于处理构筑物中。与传统活性污泥法相比，生物膜法运行稳定，抗冲击能力强，更为经济节能，无污泥膨胀问题，能够处理低浓度污水等。但生物膜法也存在着需要较多填料和支撑结构、出水常常携带较大的脱落生物膜片以及细小的悬浮物、启动时间长等缺点。

生物膜法的基本流程如图 8-2 所示，废水经初次沉淀池进入生物膜反应器，废水在生物膜反应器中经需氧生物氧化去除有机物后，再通过二次沉淀池出水。初次沉淀池的作用是防止生物膜反应器受大块物质的堵塞，对孔隙小的填料是必要的，但对孔隙大的填料可以省略。二次沉淀池的作用是去除从填料上脱落入废水中的生物膜。生物膜法系统中的回流并不是必不可少，但回流可稀释进水中有机物浓度，提高生物膜反应器中水力负荷。

图 8-2　生物膜法的基本流程

生物膜法有生物滤池、生物转盘、接触氧化法、生物流化床等多种形式。

**2. 厌氧生物处理法**

厌氧生物处理法的主要优点有：能耗低，可回收生物能源（沼气），每次去除单位质量底物产生的微生物（污泥）量少，而且由于处理过程不需要氧，所以不受传氧能力的限制，因而具有较高的有机物负荷的潜力。缺点是处理后出水的 COD、BOD 值较高，对环境条件要求苛刻，周期长并产生恶臭等。

有机物在厌氧条件下的降解过程分成三个反应阶段：第一阶段是废水中的可溶性大分子有机物和不溶性有机物水解为可溶性小分子有机物；第二阶段为产酸和脱氢阶段；第三阶段即为产甲烷阶段。如图 8-3 所示，在厌氧生物处理过程中，尽管反应是按三个阶段进行的，

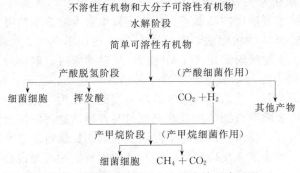

图 8-3　厌氧生物处理方法的连续反应过程

但在厌氧反应器中，它们应该是瞬时连续发生的。此外，在有些文献中，将水解和产酸、脱氢阶段合并统称为酸性发酵阶段，将产甲烷阶段称为甲烷发酵阶段。

废水厌氧生物处理的基本流程可结合图 8-4 来说明，由于厌氧处理后废水中残留的COD 值较高，一般达不到排放标准，所以厌氧处理单元的出水在排放前通常还要进行需氧处理，图 8-4 中以虚线框标出厌氧处理单元，主要由 6 部分组成，简单说明如下。

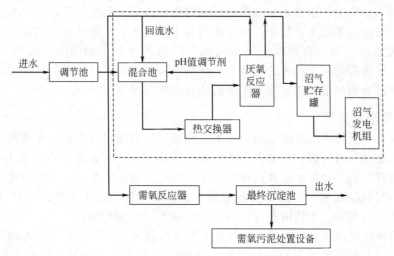

图 8-4 废水厌氧生物处理基本流程

（1）厌氧反应器 是厌氧处理中发生物氧化反应的主体设备。在处理污泥时，一般称为消化池；在处理废水时，也和需氧处理一样，有微生物悬浮生长的系统和微生物附着在某些固体表面形成生物膜生长的系统。目前，基于微生物固定化原理的处理废水的高速厌氧反应器研究取得突破性进展，研究开发出一系列新型高速厌氧反应器，有厌氧滤池（anaerobic filter，AF）、升流式厌氧污泥床（up-flow anaerobic sludge bed，UASB）、厌氧流化床（anaerobic fludized bed，AFB）、膨胀颗粒污泥床（expanded granular sludge bed，EGSB）、厌氧挡板式反应器（anaerobic baffled reactor，ABR）、厌氧生物转盘（anaerobic rotating biological contactor，ARBC）等。

（2）促使反应器中主体液体达到所需温度的设备。

（3）保持反应器中主体液体达到所需温度的设备 厌氧处理往往需要维持较高的温度，例如 30～35℃，所以通常要有加热废水的手段或措施。图 8-4 中采用热交换器在反应器外预热，也可直接在反应器内加热。为了节约能源，近年来，国内外正大力研究厌氧反应器在自然温度条件下运行的可行性及其效能，并已取得较大进展。

（4）pH 值调节剂投加设备 甲烷细菌适宜的 pH 值范围很窄，最佳 pH 值为 6.5～7.7。所以有时需要对进水的 pH 值进行调节，使反应器对产生的有机酸具有足够的缓冲能力，以控制主体液体的 pH 值处于产甲烷细菌的最佳范围之内。

（5）沼气的排放、贮存和利用设备。

（6）废弃的厌氧生物污泥的贮存和处理设备。

**3. 发酵废液处理的典型流程**

工业上一般对发酵（包括生物制药）废液这样高浓度的有机废水，先用厌氧处理，然后再用好氧法进行后处理使之达标。另外，根据各类发酵废液所含对生物处理的抑制物质不同，尚需采用各种不同的前处理工艺，稀释或除去抑制物质，使之适合厌氧生物处理工艺要求。典型的处理工艺流程可用图 8-4 表示。

## 第三节 发酵工业废渣的处理

发酵工业的废渣主要表现形式为污泥和废菌渣。污泥主要来源于沉砂池、初次沉淀池排出的沉渣以及隔油池、气浮池排出的油渣等，均是直接从废水中分离出来的。有的是在处理过程中产生的，如生物化学法产生的活性污泥和生物膜等。污泥的特性是有机物含量高，容易腐化发臭，较细，相对密度较小，含水率高且不易脱水，呈胶状结构的亲水性物质，便于管道输送。废菌渣主要来自发酵液过滤或提取产品后所产生的菌渣。菌渣一般含水量为80%～90%，干燥后的菌丝粉中含粗蛋白、脂肪、灰分，还含有少量的维生素、钙、磷等物质，有的菌丝还含有发酵过程中加入的金属盐或絮凝剂等。

### 一、废菌渣的处理

抗生素工厂每天排出的废渣很多，如果在露天环境中放置易腐败、变质发臭，对环境卫生影响很大，必须及时处理。链霉素、土霉素、四环素、林可霉素、维生素 $B_{12}$ 等产品，由于其稳定性较好，加工过程中不易被破坏。干燥后的菌丝中还含有一定量的残留效价，可用来作为各种饲料的添加剂。青霉素菌丝中的效价破坏很快，此类菌渣只能作饲料或肥料使用。有的青霉素过滤工艺中使用有毒性的 PPB，故不适宜用作饲料。

抗生素湿菌丝可以提取核酸或其他物质，但其综合利用价值取决于成本的可行性。例如青霉素湿菌丝经氢氧化钠水解后得到核酸，再经橘青霉产生的磷酸二酯酶水解后，可制成 $5'$-核苷酸。但由于成本高及二次污染问题，现已不采用这种工艺来制取核苷酸。

抗生素湿菌丝直接用作饲料或肥料是最经济的处理方法，但由于不好保存和运输量大，一般需要干燥做成商品，才有利用价值。就地处理是较为经济可行的办法，还可采用传统的厌氧消化处理活性污泥的办法来消化抗生素湿菌体。具有毒有害作用的抗癌药抗生素菌丝可采用焚烧的处理办法。但焚烧设施的投资及运行成本较高，焚烧后排放的废气的除臭及无害化处理亦是需要注意的问题。

如果将发酵废渣、菌丝排放于下水道，就会造成下水中悬浮物指标严重超标，堵塞下水道等。菌丝进入下水道后，由于细胞死亡而自溶，转变成水中可溶性有机物，使下水变黑而发臭，形成厌氧发酵。所以生产车间要尽量避免菌丝流入下水道。下面是三种较典型的废菌丝处理工艺流程。

**1. 废菌丝气流干燥工艺流程**

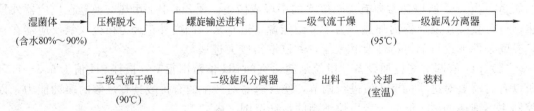

**2. 废菌丝厌氧消化工艺流程**

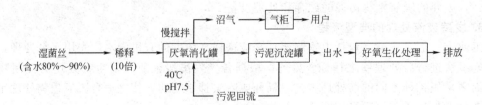

**3. 废菌丝焚烧工艺流程**

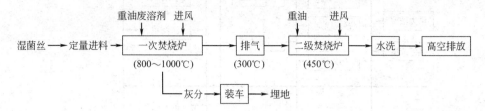

## 二、污泥的处理

污水处理过程中产生的污泥量大（二级污水处理厂产生的污泥量约占处理水量的 0.3%～0.5%，按含水率 97% 计）、浓度高（含水率 99%～95%）、成分复杂（有机物、无机物、细菌、病原微生物、重金属）、危害大（腐化发臭，二次污染），必须及时有效地进行处理和处置。污泥处理的目的是使污泥减量化、无害化及资源化。

**1. 主要性质指标**

（1）污泥含水量　单位体积污泥中所含有水的质量，以 g/L 计。

（2）污泥含水率　污泥中含水的质量与污泥总重之比的百分数称污泥含水率。

（3）污泥的相对密度　污泥质量与同体积水质量之比为污泥相对密度。由于含水率很高，相对密度往往接近 1.0。

（4）污泥挥发性固体和灰分　挥发性固体，能够近似地表示污泥中有机物的含量。

（5）污泥的可消化程度　污泥中的有机物，是消化处理的对象，其中大部分能被消化分解，其余部分和无机物不易或不能被消化分解，常用可消化程度来表示污泥中可被消化分解的有机物数量。

（6）污泥的肥分　污泥中含有氮、磷、钾等营养物和植物生长所必需的其他微量元素。污泥中的有机腐殖质，是良好的土壤改良剂。

（7）污泥的燃烧值　当污泥的主要成分是有机物时，可供燃烧以回收的热值。

**2. 污泥处理**

（1）污泥处理的基本流程　污泥的最终处理，不外是部分利用或全部利用，或以某种形式回到环境中去。在污泥的综合利用方面，将有机污泥中的营养成分和有机物，用在农业上或从中回收饲料及能量，以及从污泥中回收有价值的原料及物资，这是污泥处置首先要考虑的。有时由于某些因素及条件所限，可能无法选择污泥的利用和产品回收，这时就不得不考虑以环境做出的处置方案，如填埋、焚烧和投放于海洋等。焚烧污泥要求先使污泥脱水，而在脱水之前，要改善污泥的脱水性能等。因此，污泥的最终处理系统往往包含了一个或多个污泥处理单元过程。对于发酵工业废渣，通常采用的单元过程有浓缩、稳定及脱水等，在某些情况下，还要求消毒、干化、调节、热处理等工序，而每个工序也有不同的处理方法。污泥处理基本流程如图 8-5 所示。

（2）污泥处理前的初步操作　为了向污泥处理装置中提供相对稳定和均匀的进料，需将污泥混合和贮存，必要时，还需去除杂粒和把污泥粉碎。由初级、二级和三级处理设备排出的污泥，可以采用在初次沉淀池内混合、在管内混合、在污泥处理装置中混合等方法，混合方式可以采用搅拌器、污泥循环、空气曝气等。

为了消除污泥产量的波动，还必须提供污泥贮存条件，以便在后续的污泥处理装置不运行时，将污泥贮存。在加氯氧化、石灰稳定、热处理、机械脱水、干化和热浓缩等单元操作前，提供污泥贮存条件，使污泥能均匀地进料是特别重要的。污泥可以在沉淀池、污泥浓缩

图 8-5  污泥处理基本流程示意

设备内短期贮存，也可在消化池贮存。在不用好氧和厌氧消化的处理厂中，污泥常常贮存在单独的混合池和贮存池内。总之，污泥贮存的作用，既可均衡短期峰值负荷，还可通过曝气和混合减少病原体数量，进一步稳定污泥，并为污泥的进一步处理做准备。应该注意，在污泥的贮存过程中，往往存在臭气的问题。

（3）污泥浓缩  有机污泥的含水率一般都很高，可达 95％以上，因而体积很大，这对污泥的输送和处理都将造成困难，因此必须进行浓缩。污泥浓缩的目的是使污泥的含水率、污泥的体积得到一定程度的降低，从而减少污泥后续处理设施的基本建设费用和运行费用。污泥浓缩是去除污泥颗粒间的游离水。对于一级、二级和消化污泥，采用的浓缩方法主要有重力浓缩、气浮浓缩和离心浓缩等。目前采用较多的是重力浓缩法，但此法的浓缩效果，受废水处理工作状况的影响较大，往往会出现浓缩效果欠佳的情况。近年来，国内外积极研究与应用离心机浓缩污泥。上述三种污泥浓缩方法各有优缺点，应根据具体情况与要求予以选择。

（4）污泥的调节  污泥浓缩一般最多只能使含水率降低到 85％左右，若要进一步降低含水率，就要把污泥中的结合水分离出来。因此，必须对污泥进行调节，克服污泥颗粒的水合作用和电性排斥作用，使这些水对固体颗粒的附着力减弱，同时也使其凝聚颗粒增大，从而便于颗粒脱水。调节的目的就是为了能在浓缩脱水过程中尽量减少上清液中的固体颗粒，同时改善污泥颗粒间的结构，减少过滤阻力，使不致堵塞过滤介质（如滤布）。这种改善污泥的脱水性能，进一步提高机械设备生产能力的操作，称为污泥的调节或调理。污泥的调节方法有化学调节法、淘洗调节法等多种方法。

（5）污泥的脱水与干化 污泥经浓缩或消化后，尚有很高的含水率，体积仍很大，可用管道输送。如果为了满足卫生、综合利用或进一步处置的要求，应对污泥进行脱水和干化处理。所用方法主要有机械脱水、自然干化及热处理（焚烧）等。

在选择污泥的浓缩、脱水、干化等处理方法时，不仅考虑各法的特点与技术参数，还应对污泥的类型、可利用的场地条件以及采用的预处理方法和最终处理方法等进行综合考虑与技术经济比较。例如，有充分的土地可供利用时，对于污泥量不大的废水处理厂，则常采用污泥干化场和污泥贮留池；相反，土地受到限制的地方，一般就选用机械脱水。某些污泥，特别是厌氧污泥，不适用机械脱水时，采用沙滤床脱水，可以获得良好的结果。对于发酵工业污泥来说，一般多采用机械脱水。

脱水的基本原理是以过滤介质（一种多孔性物质）两面的压力差作为推动力，污泥中的水分被强制通过过滤介质，固体颗粒被截留在介质上（称滤饼），从而达到脱水的目的。造成压力差，作为推动力的方法有4种：①依靠污泥本身厚度的静压力；②在过滤介质一面造成负压（如真空吸滤脱水）；③对污泥加压使滤液通过过滤介质；④离心力脱水。

影响污泥脱水性能的因素有污泥性质、污泥浓度、污泥过滤液的黏滞度、混凝剂的种类及投加量等。污泥比阻是表示污泥过滤性的综合指标，污泥比阻越大，脱水性能越差，反之脱水性能越好。通常是用布氏漏斗试验，通过测定污泥滤液流经介质的速率快慢，来确定污泥比阻的大小，并比较不同污泥的过滤性能，确定最佳混凝剂及其加入量。

机械脱水包括真空过滤脱水、压滤脱水、离心脱水等方法。真空过滤是使用较为广泛的一种污泥机械脱水方法，使用的机械或设备是真空过滤机，俗称真空转鼓。目前主要用于初次沉淀污泥、消化污泥以及化学沉淀污泥的脱水。国内广泛使用的是C型转鼓真空过滤机。压滤也是一种常用的机械脱水方法，带式压滤机是压滤脱水中所使用的一种新开发的、实用性强的连续加压式污泥脱水装置，其主要特点是把压力施加在滤布上，用滤布的压力或张力使污泥脱水，而不需要真空或加压设备，动力消耗较少，可连续运行。离心脱水用的是离心机，要求流入的污泥浓度比较高，较为常用的是中、低速转筒式离心机。

（6）污泥的热处理 脱水后的污泥，体积与质量仍很大，如需进一步降低它的含水率时，可进行干燥处理或加以焚烧。干燥法的脱水对象是吸附水和颗粒内部水。经过干燥处理后，污泥含水率可降至10%～20%，便于运输，还可作为农田和园艺的肥料使用。经常使用的污泥干燥过程主要有回转圆筒式干燥、闪蒸干燥（或急骤干燥）、喷雾干燥等几种方式。如果干燥系统操作和维护不当，则存在爆炸和对环境空气造成污染的潜在可能性。因此，污泥干燥处理，只有在干燥污泥作为肥料具有回收价值，能满足干燥处理运行费用时，或者有特殊卫生要求时，才考虑采用。

当污泥不符合卫生要求，有毒物质含量高，不能为农、副业所利用时，可考虑采用焚烧处理。焚烧所需的热量，主要依靠污泥所含有的有机物燃烧发生。焚烧是无害化、稳定化等污泥处理的有效方法。污泥焚烧方法可归纳为两类：一类是使污泥经脱水后焚烧的干法，采用的焚烧装置有回转焚烧炉、立式焚烧炉、流化床等；另一类是污泥不过滤、不脱水直接焚烧的湿式氧化法。此法大多用于不易脱水的有机污泥和处理设施用地紧张的场合。

📝 思考题

1. 什么是化学需氧量和生化需氧量？
2. 简述发酵工业废气的安全处理方法。

3. 废水的厌氧生物处理和好氧生物处理的区别是什么?

4. 简述废水厌氧生物处理的基本流程。

5. 简述活性污泥法的基本流程,并分析影响活性污泥法处理废水的各种因素。

6. 简述生物膜法处理污水的基本流程。

7. 简述污泥的综合利用以及污泥的处理系统。

8. 简述废菌丝处理的基本流程。

# 第九章 青霉素的生产

## 第一节 概 述

1929 年人们发现了青霉素，它是应用于临床的第一个抗生素。青霉素多年来一致被国内外临床证实具有抗菌作用强、疗效高、毒性低等优点。目前仍广泛地用于临床，特别是由于半合成青霉素的飞跃发展，使青霉素类药品在临床上的应用也日趋增多。青霉素是一族抗生素的总称，它们是由不同的菌种或不同的培养条件所得到的同一类化学物质，其共同化学结构如下：

$$
\text{(I)} \qquad\qquad \text{(II)}
$$

由（Ⅰ）式可见，青霉素分子是由侧链酰基与母核［如（Ⅱ）式所示］两大部分组成。母核为 6-氨基青霉烷酸（6-amine penicillanic acid，即 6-APA），它是由四氢噻唑环和 $\beta$-内酰胺环稠合而成，也可看做是由半胱氨酸［（Ⅱ）式中虚线的左上方所示］和缬氨酸［（Ⅱ）式中虚线的右下方所示］结合而成的二肽。青霉素分子中含有三个手性的碳原子［见（Ⅰ）式中标有 * 号的碳原子］，故具有旋光性。不同的侧链 R 构成不同类型的青霉素。若 R 为苄基( ⬡—CH₂— )即为苄基青霉素或叫青霉素 G。目前，已知的天然青霉素（即通过发酵而产生的青霉素）有八种。见表 9-1，它们合称为青霉素族抗生素。其中以青霉素 G 疗效最好，应用最为广泛。如不特别注明，通常所谓青霉素即指苄青霉素。在医疗上应用的有青霉素 G 钠盐、钾盐、普鲁卡因盐和二苄基乙二胺盐（即长交青霉素或苄星青霉素）等。

表 9-1 各种天然青霉素的结构与命名

| 序号 | 侧链 R | 学名 | 俗名 |
|---|---|---|---|
| 1 | HO—⬡—CH₂— | 对羟基苄青霉素 | 青霉素 X |

续表

| 序号 | 侧链 R | 学名 | 俗名 |
|---|---|---|---|
| 2 | ⟨苯⟩—CH₂— | 苄青霉素 | 青霉素 G |
| 3 | CH₃—CH₂—CH=CH—CH₂— | 戊烯[2]青霉素 | 青霉素 F |
| 4 | CH₃—(CH₂)₃—CH₂— | 戊青霉素 | 青霉素二氢 F |
| 5 | CH₃—(CH₂)₅—CH₂— | 庚青霉素 | 青霉素 K |
| 6 | CH₂=CH—CH₂—S—CH₂— | 丙烯硫甲基青霉素 | 青霉素 O |
| 7 | ⟨苯⟩—O—CH₂— | 苯氧甲基青霉素 | 青霉素 V |
| 8 | HOOC—CH—(CH₂)₂—CH₂—（|NH₂） | 4-氨基-4-羧基丁基青霉素 | 青霉素 N |

## 一、理化性质

### 1. 溶解度

青霉素本身是一种游离酸，能与碱金属或碱土金属及有机胺类结合成盐类。青霉素游离酸易溶于醇类、酮类、醚类和酯类，但在水溶液中溶解度很小；青霉素钾、钠盐则易溶于水和甲醇，微溶于乙醇、丙醇、丙酮、乙醚、氯仿，在醋酸丁酯或戊酯中难溶或不溶。如果有机溶剂中含有少量水分时，则青霉素 G 碱金属盐在溶剂中的溶解度就大大增加。如钠盐在丙酮中的溶解度随丙酮含水由 0 至 2.0%，其溶解度由 6.0mg/100mL 升至 100mg/100mL。

### 2. 吸湿性

青霉素的吸湿性与内在质量有关。纯度越高，吸湿性越小，也就易于存放。因此制成晶体就比无定形粉末吸湿性小，而各种盐类结晶的吸湿性又有所不同，且吸湿性随着湿度的增加而增大。在某个湿度，湿度在增大时，吸湿性明显上升，这个湿度称为"临界湿度"。青霉素钠盐的临界湿度为 72.6%，而钾盐为 80%。钠盐的吸湿性较强，其次为铵盐，钾盐较小。由此可见，钠盐比钾盐更不容易保存，因此分包装车间的湿度和成品的包装条件要求更高，以免产品变质。

### 3. 稳定性

一般来说，青霉素是一种不稳定的化合物，这主要是指青霉素的水溶液而言，成为晶体状态的青霉素还是比较稳定的。纯度、吸湿性、温度、湿度和溶液的酸碱性等对其稳定性都有很大影响。

① 青霉素游离酸的无定性粉末在非常干燥的情况下能保存几个小时，在 0℃可保存 24h。但其吸湿性较强，即使含微量水分也能使之很快失效。而青霉素盐晶体吸湿性小，因此制备一定晶形青霉素盐则可提高其稳定性。

② 固体状态的青霉素钠盐其稳定性随质量的提高而增加，由于醋酸钾有强烈的吸湿性，所以成品中需将残留的醋酸钾除尽，否则会吸潮变质影响有效期。

③ 青霉素在水溶液中会很快地分解或异构化，因此青霉素应尽量缩短在水中的存放时间，特别是由于温度及酸、碱性的影响。一般青霉素水溶液在 15℃以下和 pH5～7 范围内较稳定，最稳定的 pH 值为 6 左右。一些缓冲液，如磷酸盐和柠檬酸盐对青霉素有稳定作用。

### 4. 酸碱性

青霉素的分子结构中有一个酸性基团（羧基），用电位滴定法证明青霉素分子中没有碱性基团，这对讨论它的结构起着重要的作用。苄青霉素在水中的解离常数 pK 值为 2.7，即 $K_a = 2.0 \times 10^{-3}$，所以酸化 pH＝2 萃取时，就能把青霉素解离成游离酸，从水相中转移到有机溶剂中。

## 二、作用及应用范围

青霉素对大多数革兰阳性细菌、部分革兰阴性细菌、各种螺旋体及部分放线菌有较强的抗菌作用。临床上主要用于链球菌所致的扁桃体炎、丹毒、猩红热、细菌性心内膜炎，肺炎球菌所致的大叶肺炎，敏感金黄色葡萄球菌所致的败血症、脑膜炎、骨髓炎、化脓性关节炎、脓疱、淋病、梅毒、炭疽病以及各种脓肿等。

青霉素的毒性低微，但最易引起过敏反应。常见的过敏反应有过敏性休克、血清病型反应、各器官及各组织的过敏反应等。特别是过敏性休克反应，如不及时抢救，危及生命。因此，凡应用青霉素药物都必须先做皮试，皮试阳性者禁用。

## 三、化学反应

### 1. 青霉素的碱性水解

青霉素在水溶液中，当 pH 值大于 7 时，$\beta$-内酰胺环水解而形成青霉噻唑酸或其他衍生物。

若在青霉素酶（$\beta$-内酰胺酶）、醇溶液（有微量 $Cu^{2+}$、$Zn^{2+}$、$Sn^{2+}$ 等离子存在时）、羟胺等作用下，青霉素也会生成青霉噻唑酸或它的衍生物。

青霉噻唑酸在弱酸溶液中，加热会放出二氧化碳而形成脱羧青霉噻唑酸。青霉噻唑酸能和 4 分子碘作用生成青霉胺酸和酰氨基丙二酸。青霉噻唑酸还可与氯化汞作用生成青霉胺和青霉醛酸，青霉醛酸可以进一步失去一分子二氧化碳而成为青霉醛，它们的化学反应如下：

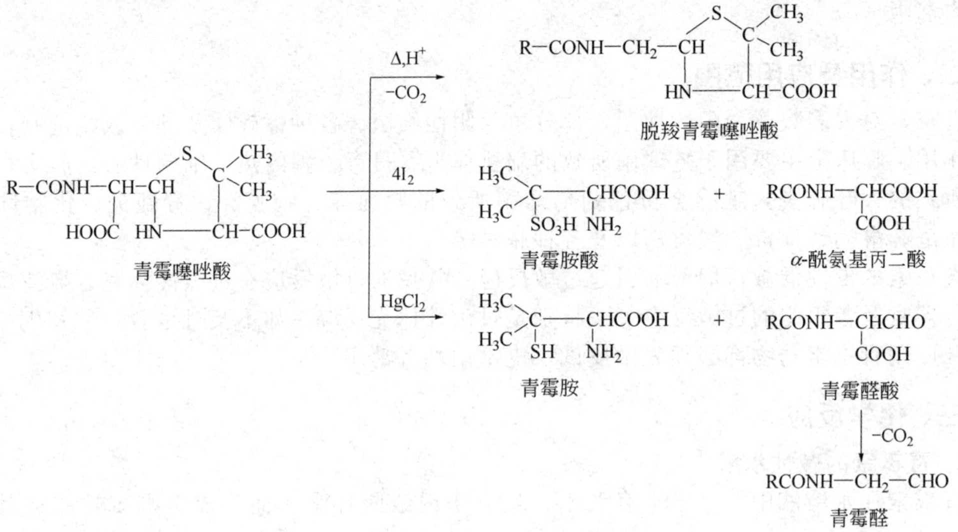

脱羧青霉噻唑酸

青霉噻唑酸

青霉胺酸 + α-酰氨基丙二酸

青霉胺 + 青霉醛酸

$-CO_2$

RCONH—$CH_2$—CHO

青霉醛

青霉噻唑酸与碘反应是碘量法测定青霉素含量的基本原理。

**2. 青霉素的酸性水解**

青霉素在不同酸性条件下的水解产物也不相同。

（1）不完全水解 青霉素在 pH 2 左右，于室温条件下会发生分子重排生成青霉酸，后者在碱性条件下（如与氢氧化钡水溶液作用），则更进一步发生分子重排生成异青霉酸，其化学反应式如下：

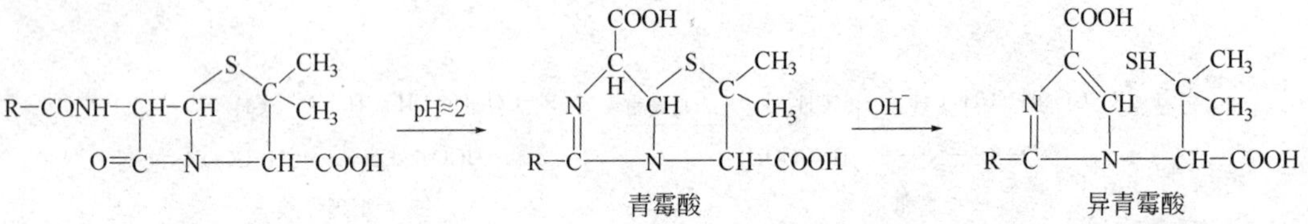

青霉酸

异青霉酸

青霉素在 pH4 左右会发生分子重排生成青霉烯酸，它具有镔唑酮结构。微量铜盐或汞盐的存在会加速此反应的进行。

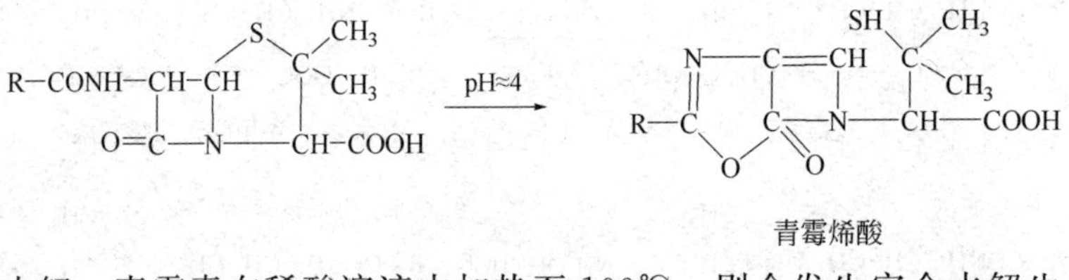

青霉烯酸

（2）完全水解 青霉素在稀酸溶液中加热至 100℃，则会发生完全水解生成青霉胺和青霉醛酸，后者失去二氧化碳变成青霉醛，其化学反应式如下：

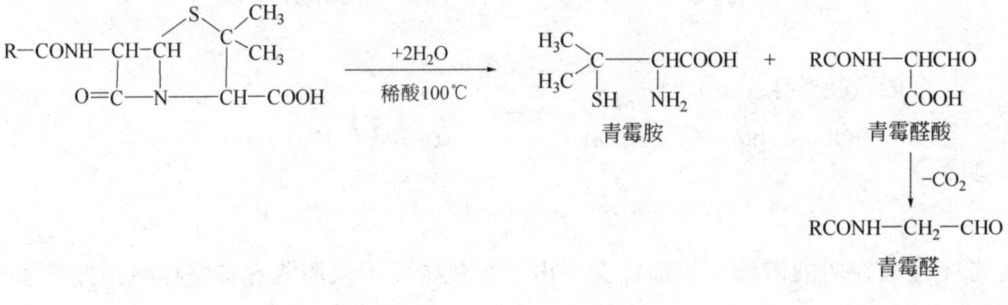

青霉胺 + 青霉醛酸

$-CO_2$

RCONH—$CH_2$—CHO

青霉醛

（3）青霉素的裂解　青霉素在青霉素酰胺酶（大肠杆菌所产生）作用下，能裂解为青霉素的母核 6-氨基青霉烷酸，它是半合成青霉素的原料，其化学反应如下：

$$\text{R-CONH-CH}\begin{array}{c}\text{S}\\\hline\\\text{CH}\end{array}\text{C}\begin{array}{c}\text{CH}_3\\\text{CH}_3\end{array} \quad \xrightarrow{\text{青霉素酰胺酶}} \quad \text{NH}_2\text{-CH}\begin{array}{c}\text{S}\\\hline\\\text{CH}\end{array}\text{C}\begin{array}{c}\text{CH}_3\\\text{CH}_3\end{array} \quad + \quad \text{RCH}_2\text{COOH}$$

综上所述，青霉素在酸性条件下的最终水解产物是青霉胺、青霉醛和二氧化碳。在弱酸或中等强度的酸性条件下，水解不完全，分子仅经异构重排得中间产物青霉酸或青霉烯酸。但继续以强酸加热，则水解完全得上述三种最终产物。在碱性条件下，分子中的 $\beta$-内酰胺环被破坏，但一般多停留在中间产物青霉噻唑酸或脱羧青霉噻唑酸。如再经加酸或加热，也可完全水解得上述最终产物。

# 第二节　生　产　原　理

青霉素是产黄青霉菌株在一定的培养条件下发酵产生的。生产上一般是将孢子悬液接入种子罐经二级扩大培养后，移入发酵罐进行发酵，所制得的含有一定浓度青霉素的发酵液经适当的预处理，再经提炼、精制、成品分包装等工序最终制得合乎药典要求的成品。

## 一、青霉素产生菌的培养

### 1. 菌体的生长发育

产黄青霉在液体深层培养中菌丝可发育为两种形态，即球状菌和丝状菌。在整个发酵培养过程中，产黄青霉的生长发育可分为 6 个阶段：

① 分生孢子的Ⅰ期；

② 菌丝繁殖，原生质嗜碱性很强，有类脂肪小颗粒产生为Ⅱ期；

③ 原生质嗜碱性仍很强，形成脂肪粒，积累贮藏物为Ⅲ期；

④ 原生质嗜碱性很弱，脂肪粒减少，形成中、小空泡为Ⅳ期；

⑤ 脂肪粒消失，形成大空泡为Ⅴ期；

⑥ 细胞内看不到颗粒，并有个别自溶细胞出现为Ⅵ期。

其中Ⅰ～Ⅳ期称为菌丝生长期，菌丝的浓度增加很多，但产生的青霉素较少，处于该时期的菌丝体适用于作发酵种子。Ⅳ～Ⅴ期是青霉素分泌期，此时菌丝体生长缓慢，并大量生产青霉素。Ⅵ期是菌丝体自溶期。

### 2. 菌种的培养

利用菌体进行发酵生产青霉素的关键是要筛选高产菌种，另外要通过不断地分离纯化来保证高产菌种的纯度，避免生产波动。高产菌种的选育和培养还要采用严格的无菌操作，防止污染杂菌。供日常生产的高产纯种还必须用良好的方法妥善保藏，以维持其优良性能，保证生产稳定。种子培养阶段以产生丰富的孢子（斜面和米孢子培养）或大量健壮菌丝体（种子罐培养）为主要目的。因此，在培养基中应加入比较丰富易代谢的碳源（如葡萄糖或蔗糖）、氮源（如玉米浆）、用于缓冲 pH 值的碳酸钙以及生长所必需的无机盐，并保持最适生长温度（25～26℃）和充分的通气搅拌，使菌体量倍增达到对数生长期，此期要严格控制培养条件及原材料质量以保持种子质量的稳定性。

## 二、青霉素的生物合成

产黄青霉菌在发酵过程中首先合成其前体，即 $\alpha$-氨基己二酸、半胱氨酸、缬氨酸，再在三肽合成酶的催化下，L-α-氨基己二酸（α-AAA）与 L-半胱氨酸形成二肽，然后再与 L-缬氨酸形成三肽化合物，称 α-氨基己二酰-半胱氨酰-缬氨酸（构型为 LLD），其中缬氨酸的构型必须是 L 型才能被菌体用于合成三肽。在三肽的形成过程中，L-缬氨酸转为 D 型。

三肽化合物在环化酶的作用下闭环形成异青霉素 N，异青霉素 N 中的 α-AAA 侧链可以在酰基转移酶的作用下转换成其他侧链，形成青霉素类抗生素。如果在发酵液中加入苯乙酸，就形成青霉素 G。产生菌菌体内酰基转移酶活性高时，青霉素产量就高。对于生产菌，如果其各代谢通道畅通就可大量生产青霉素。因此，代谢网络中各种酶活性越高，越有利于生产，对各酶量及其活性的调节是控制代谢通量的关键。产黄青霉生产青霉素受下列方式调控。

（1）受碳源调控　青霉素生物合成途径中一些酶（如酰基转移酶）受葡萄糖分解产物的阻遏。

（2）受氮源调控　$NH_4^+$ 浓度过高，阻遏三肽合成酶、环化酶等。

（3）受终产物调控　青霉素过量能反馈调节自身生物合成。

（4）受分支途径调控　产黄青霉在合成青霉素途径中，分支途径中 L-赖氨酸反馈抑制共同途径中的第一个酶——高柠檬酸合成酶。

### 三、发酵

#### 1. 发酵的基本原理

青霉素发酵是给予最佳条件培养菌种，使菌种在生长发育过程中大量产生和分泌抗生素的过程。发酵过程的成败与种子的质量、设备构型、动力大小、空气量供应、培养基配方、合理补料、培养条件等因素有关。发酵过程控制就是控制菌种的生化代谢过程，必须对各项工艺条件加以严格管理，才能做到稳定发酵。青霉素发酵属于好氧发酵过程，在发酵过程中，需不断通入无菌空气并搅拌，以维持一定的罐压和溶氧。整个发酵阶段分为生长和产物合成两个阶段。前一个阶段是菌丝快速生长，进入生产阶段的必要条件是降低菌丝生长速率，这可通过限制糖的供给来实现。发酵过程中应严格控制发酵温度、发酵液中残糖量、pH 值、排气中的 $CO_2$ 和氧气量等。一般残糖量可通过控制氮源的补加量来控制；pH 值可通过控制补加的葡萄糖量、酸或碱量来调节；通过控制搅拌转速、通气量来调节供氧量及液相中的氧含量；至于发酵温度一般可通过调整冷却介质量来加以调节。

此外，还要加入消泡剂（如豆油、玉米油或环氧乙烯聚醚类）以控制泡沫。在发酵期间为检测生产是否染菌，每隔一定时间应取样进行分析、镜检及无菌试验，检测生产状况，分析或控制相关参数。如菌丝形态和浓度、残糖量、氨基氮、抗生素含量、溶解氧、pH 值、通气量、搅拌转速等。

#### 2. 发酵过程的经济指标

（1）发酵单位　即抗生素在发酵液中的浓度，一般用 U/ml 或 μg/ml 表示。U 为抗菌活性单位，又称效价。青霉素效价单位为：能在 50ml 肉汤培养基中完全抑制金黄色葡萄球菌标准菌株发育的最小青霉素剂量。发酵单位在一般情况下用于表示发酵水平的高低。显然，当发酵周期相同和放罐发酵液体积不变时，发酵单位高的过程的时间效率和发酵罐容积效率较高，从而降低产品中的固定成本含量，而且高单位的发酵液一般有利于减轻提炼工序的操作负荷，减少提炼过程中原材料的消耗以及废水排放量，并因此降低提炼成本。

然而，当发酵单位的提高是通过延长发酵周期获得时，则对成本核算的影响要具体分析。如果延长发酵周期后，单位产量成本上升，则延长发酵周期不可取，反之在经济上是合算的。发酵单位的提高还可能是由于蒸发量增加使放罐发酵液体积减少，或由于菌体浓度增长造成发酵滤液体积减小，从而形成表面上发酵单位提高而放罐总亿单位不变甚至下降的局面，那么，这样获得的高发酵单位自然是不可取的。

（2）发酵总亿单位　发酵单位与发酵液体积的乘积称为发酵总亿单位，以亿单位（$10^8$U）或 10 亿单位（$10^9$U 或 BU）表示。发酵总亿单位代表批发酵产量。因此，在相同的发酵周期下，发酵总亿单位越高，在单位产量上投入的固定成本就越小，经济效益也越高。但是，当发酵过程产生的菌体量偏大，因而占据较多发酵液体积时，则由于所获得的滤液体积小，以上所定义的发酵总亿单位便不能正确地反映批发酵产量，为此，引入"发酵滤液总亿单位"即发酵单位与发酵滤液体积的乘积，它代表真正的批发酵产量。

（3）发酵指数　发酵指数是每小时、每立方米发酵罐容积发酵产生的抗生素量。一般以 $10^8$U/($m^3 \cdot$h) 表示，能反映固定成本的效益，即发酵指数越高，固定成本效益也越高。

在抗生素批发酵过程中，发酵指数是不断变化的，一般在发酵前期迅速上升，进入抗生素合成高峰期后达到最大值，以后逐渐下降。当发酵指数处于高峰时，虽然固定成本效益也处于高峰，但由于可变成本效益还很低，故总的效益不高甚至亏损。随着发酵过程的继续，虽然发酵指数下降，固定成本效益也相应下降，但可变成本效益的增加超过固定成本效益的下降，因而总的效益上升，直到两种成本效益升降达到平衡。以后可变成本效益增加不足以弥补固定成本效益的下降，则总的效益下降。因此，抗生素发酵经济效益的高低，一般不能仅以发酵指数作为判断依据。

（4）年（月）发酵产率　发酵工厂每年（月）每立方米发酵罐容积产生的抗生素量称为年（月）发酵产率。和发酵指数相比，年（月）发酵产率更确切地反映了固定成本效益的高低。

（5）基质转化率　发酵过程消耗的主要基质（一般为碳源、能源或其他成本较高的基质）转化为抗生素的得率，称为基质转化率，以 g 抗生素/g 基质或 BU/kg 基质表示。

### 四、发酵液的预处理和过滤

抗生素产生菌在细胞内合成的抗生素，有的分泌到发酵液中，有的保留在菌丝体内，对于后者，应当设法使菌丝体细胞破裂，让抗生素释放到发酵液中再进一步提取，青霉素发酵属于前者。青霉素发酵液成分很复杂，其中含有菌体蛋白质等固体成分；含有培养基的残余成分及无机盐；除产物外，还会有微量的副产物及色素类杂质。因此，要从发酵液中将青霉素提取出来，才能制备合乎药典规定的抗生素成品。在提取时，先将发酵液过滤和预处理，目的在于分离菌丝、除去杂质。生产上采用二次过滤工艺，一次过滤主要除去菌体，二次过滤除去蛋白质等杂质。

发酵液中杂质很多，其中对青霉素提纯影响最大的是高价无机离子（$Ca^{2+}$、$Mg^{2+}$、$Fe^{3+}$）和蛋白质。用离子交换法提纯时，高价无机离子和蛋白质的存在，会影响树脂对抗生素的吸附量。用溶剂萃取时，蛋白质的存在会产生乳化，使溶剂相和水相分层困难。

除去 $Ca^{2+}$，最好加入草酸，因草酸溶解度较小，故当用量大时，可以用其可溶性盐类，如草酸钠，反应生成的草酸钙还能促使蛋白凝固。草酸镁的溶解度较大，故加入草酸不能除去 $Mg^{2+}$。要除去 $Mg^{2+}$，可加入三聚磷酸钠，它和 $Mg^{2+}$ 形成不溶性的络合物。用磷酸盐处理，也能大大降低 $Ca^{2+}$ 和 $Mg^{2+}$ 的浓度。要除去 $Fe^{3+}$，可加入黄血盐，使形成普鲁士蓝沉淀。

除去蛋白质，尤其是包含在发酵液中的一部分可溶性蛋白质必须预先加以处理使沉淀后随同菌丝一起除去。蛋白质一般以胶体状态存在于发酵液中，胶体粒子的稳定性和其所带电荷有关。除去蛋白质的方法是等电点法、加明矾法或絮凝剂法。等电点法是用酸（碱）调节发酵液的 pH 值，使其达到蛋白质的等电点，使蛋白质沉淀。因为蛋白质的羟基的电离度比氨基大，故其酸性性质通常强于碱性，很多蛋白质的等电点都在酸性的范围内。单靠调节 pH 值至等电点的办法不能将大部分蛋白质除去。在酸性溶液中，蛋白质能与一些阴离子（如三氯乙酸盐、水杨酸盐、钨酸盐、香味酸盐、鞣酸盐、过氯酸盐、溴代十五烷吡啶等）形成沉淀；在碱性溶液中，能与一些阳离子（如 $Ag^+$、$Cu^{2+}$、$Zn^{2+}$、$Fe^{3+}$、$Pb^{2+}$ 等）形成沉淀。对于不破坏青霉素，使蛋白质变性的其他方法，如加丙酮、酒精等有机溶剂或絮凝剂等也可除去蛋白质。有机高分子絮凝剂带有＞NH、—COOH、—OH基团，能够形成高密度电荷来中和蛋白质的电性而促使其絮凝。青霉素生产中采用加酸调节pH值至等电点及加入絮凝剂除去蛋白质。

经过预处理的发酵液便可进行过滤去除菌丝体及沉淀的蛋白质。青霉素发酵液的过滤宜采用鼓式真空过滤机，如采用板框式过滤机则菌丝因流入下水道而影响废水治理，并对环境卫生不利。因为青霉素在低温时比较稳定，同时细菌繁殖也较慢，因而可避免青霉素迅速被破坏，所以发酵液放罐后，一般要先冷却再过滤。过滤后的滤液需经酸处理除蛋白质，同时加入少量絮凝剂，一般为混合絮凝剂（即阳离子型和阴离子型絮凝剂按一定比例混合）。由于发酵液中含有过剩的碳酸钙，在酸化除蛋白质时会有部分溶解，使$Ca^{2+}$呈游离状态，在酸化萃取时，遇大量$SO_4^{2-}$形成$CaSO_4$沉淀。因此，预处理除蛋白质时pH值应适当高些。

不同菌种的发酵液过滤难易不同。如过滤较困难可对过滤料液进行适当处理以改善过滤性能。改善过滤性能的方法有：酸化凝结、电解质处理、热凝固、加入助滤剂（硅藻土、纸浆等）。另外，如发酵液中有不溶解的多糖存在，则最好用酶将它转化为单糖，对过滤速率有帮助。一般真菌的菌丝比较粗大，发酵液容易过滤，常不需特殊处理。青霉素发酵液中菌丝粗长，直径达$10\mu m$，其滤渣成紧密饼状，很易从滤布上刮下来，无需改善其过滤性能。但除蛋白质进行二次过滤时，为了提高滤速应加硅藻土作助滤剂，或将部分发酵液不经一次过滤处理而直接进入二次过滤，利用发酵液中的菌体作助滤介质。生产上一般将不超过发酵液体积1/3的发酵液与一次滤液一起进行二次过滤。

### 五、青霉素的提取

青霉素发酵液经过预处理和过滤后得到的滤液，含有不到4%的青霉素及一些与水亲和的杂质，因此需经提取和精制加以去除。提取要达到提纯和浓缩两个目的。生产上采用的方法主要有吸附法、溶剂萃取法、离子交换法和沉淀法。究竟采用哪一种方法，要视产品的性质而定。青霉素的提取一般采用溶剂萃取法。这种方法主要基于青霉素游离酸易溶于有机溶剂，而青霉盐易溶于水的特性，反复转移而达到提纯和浓缩。采用溶剂时要考虑对青霉素有较高的分配系数，另外在水中的溶解度要小，不和青霉素起作用，在5～30℃间的蒸汽压较低，回收时温度不超过120～140℃。生产上采用的溶剂主要是醋酸丁酯和戊酯。

由于发酵液中青霉素浓度很低，而杂质（包括无机盐、残糖、脂肪、各种蛋白质及降解产物、色素、热原物质或有毒物质等）浓度相对较高；另外，青霉素水溶液也不稳定，且发酵液易被污染，故提取时要时间短、温度低、pH值宜选择在对青霉素较稳定的范围、勤清洗消毒（包括厂房、设备、容器，并注意消灭死角）。

青霉素在酸性条件下易溶于丁酯，碱性条件下易溶于水，所以生产上采用萃取（酸性条件）及反萃取（碱性条件）的方法对含青霉素的滤液进行提取。当青霉素自发酵滤液萃取到乙酸丁酯中时，大部分有机酸（杂酸）也转移到溶剂中。无机杂质、大部分含氮化合物等碱性物质及大部分酸性较青霉素强的有机酸，在从滤液萃取到丁酯时，则留在水相。如酸性强弱和青霉素相差悬殊的也可以和青霉素分离，但对于酸性较青霉素弱的有机酸，在从丁酯反萃取到水中时，大部分留在丁酯中。只有酸性和青霉素相近的有机酸随着青霉素转移，很难除去。杂酸的含量可用污染数表示，污染数表示丁酯萃取液中杂酸和青霉素含量之比。总酸量可用NaOH滴定求得。青霉素含量可用旋光法或碘量法测定，两者之差即表示杂酸含量。

青霉素在酸性条件下极易水解破坏，生成青霉素酸，但要使青霉素在萃取时转入有机相，又一定要在酸性条件下。这一矛盾要求在萃取时选择合理的pH值及适当浓度的酸化液。而从有机相转入水相中时，由于青霉素在碱性较强的条件下极易碱解破坏，生成青霉噻唑酸，但要使青霉素在反萃取时转入水相，又一定要在碱性条件下。这一矛盾要求在萃取时选择合理的 pH 值及适当浓度的碱性缓冲液。

多级逆流萃取有助于提高青霉素的收得率。生产上一般采用二级逆流萃取。浓缩比选择很重要，因为丁酯的用量与收率和质量都有关系。如果丁酯用量太多，虽然萃取较完全、收率高，但达不到结晶浓度要求，反而增加溶剂的用量；如果丁酯用量太少，则萃取不完全，影响收率。发酵滤液与丁酯的体积比一般为 (1.5~2)：1，即一次丁酯萃取液的浓缩倍数为 1.5~2。从丁酯相反萃取时为避免 pH 值波动，常用缓冲液。可用磷酸盐缓冲液、碳酸氢钠或碳酸钠溶液等。反萃取时，因分配系数之值较大，浓缩倍数可以较高，一般为 3~4 倍。从缓冲液再萃取到丁酯中的二次丁酯萃取液，浓缩倍数一般为 2~2.5。故几次萃取后共约浓缩 10~12 倍，浓度已合乎结晶要求。

在一次萃取丁酯中，由于滤液中有大量蛋白质等表面活性物质存在，易发生乳化，这时可加入去乳化剂。通常用 PPB，加入量为 0.05%~0.1%。关于乳化和去乳化的机理可简述如下：由于蛋白质的憎水性质，故形成 W/O 型乳浊液，即在丁酯相乳化，加入 PPB 后，由于其亲水性较大，乳浊液发生转型而被破坏，同时使蛋白质表面成为亲水性，而被拉入水相，同时 PPB 是碱性物质，在酸性下留在水相，这样可使丁酯相含杂质较少。考虑温度对青霉素稳定性的影响，整个萃取过程应在低温下进行（10℃以下），各种贮罐都以蛇管或夹层通冷冻盐水冷却，在保证萃取效率的前提下，尽量缩短操作时间，可减少青霉素的破坏，青霉素不仅在水溶液中不稳定，而且在丁酯中也被破坏。从实验结果得知青霉素在丁酯中 0~15℃放置 24h 不致损失效价，在室温放置 2h 损失 1.96%，4h 损失 2.32%。

萃取操作，包括混合和分离两个步骤：混合是将料液与萃取剂在混合设备中充分混合，使抗生素从料液中转移到萃取剂中；分离是将混合液通过离心分离设备或其他形式分成萃取液和萃余液。混合与分离操作有的是分开进行的，即料液与萃取剂首先在混合装置内充分混合后再经分离机分离；有的是在一台设备中同时进行，即所谓离心萃取机。离心萃取机的萃取过程中，重液由鼓中心进入，逐层向外缘流出。轻液则是由鼓的外缘进入，逐层向内流动，最后在鼓中心处收集流出。轻重两相在逆向流动过程中完成混合，并在出口处由于所受离心力不同而实现分离。

## 六、青霉素的精制及烘干

产品精制、烘干和包装的阶段要符合 GMP 的规定。精制包括脱色和去热原、结晶和重结晶等。重结晶可制备高纯度成品。热原是在生产过程中被污染后由杂菌所产生的一种内毒素，各种杂菌所产生的热原反应有所不同，革兰阴性菌产生的热原反应一般比革兰阳性菌的为强。热原注入体内引起恶寒高热，严重的引起休克。它是多糖磷类脂质和蛋白质的结合体，为大分子有机物质，能溶于水，在 120℃加热 4h，能被破坏 90%；180~200℃加热 0.5h 或 150℃加热 2h 能彻底被破坏。它也能被强酸、强碱、氧化剂等所破坏，能通过一般过滤器，但能被活性炭、石棉滤板等吸附。生产中常采用活性炭脱色去除热原，但须注意脱色时 pH 值、温度、炭用量及脱色时间等因素，以及对抗生素的吸附问题，某些产品也可用超微过滤办法除去热原。一般生产上是在萃取液中加活性炭，过滤除去活性炭得精制的滤液。滤液采用蒸馏或直接冷却结晶，晶体经过滤、洗涤、烘干得成品。烘干一般是在一定的真空度下进行，以利于在较低的温度下实现产品的干燥脱水。

抗生素大多数是热敏性物质，不能用蒸馏或升华等方法精制。目前，常用的有分子筛法、色层分离法、结晶或重结晶法、中间体转化法、洗涤法等几种精制方法。结晶法又有以下几种：等电结晶、加成盐剂结晶、改变温度结晶、加入不同的溶剂结晶等。青霉素的生产中一般采用结晶及洗涤法进行精制，不同要求的青霉素盐产品其处理方式不同，现分述如下。

### 1. 普鲁卡因青霉素盐

普鲁卡因青霉素 G 在水中和乙酸丁酯中溶解度都很小，因此，可以在青霉素盐的水溶液中，加盐酸普鲁卡因或在青霉素游离酸的丁酯萃取液中加普鲁卡因碱的丁酯溶液而制得。下面以青霉素钠盐溶液结晶普鲁卡因青霉素为例来说明其工艺要求。

普鲁卡因青霉素是一种混悬剂，可直接注射到人体中去。因此，晶体形态及颗粒细度对临床使用关系很大。用颗粒大的晶体制成混悬剂，会在注射时发生针头阻塞，抽不出，打不进，或注射后产生局部红肿疼痛，甚至发热现象。如果用颗粒过细和形态不合适的晶体制成大油剂时则将稠厚如牙膏状，更不能使用。为了能得到符合药典规定的质量标准，生产上均采用微粒结晶法。即在青霉素盐溶液中以适当温度，在搅拌情况下，先加入晶种以控制晶体的形态，然后滴加一定浓度的盐酸普鲁卡因水溶液逐步结晶而成，反应如下：

### 2. 青霉素钾盐

（1）醋酸钾-乙醇溶液饱和盐析结晶　青霉素钾盐在醋酸丁酯中溶解度很小，因此，在二次丁酯萃取液中加入醋酯钾-乙醇溶液，使青霉素游离酸与高浓度醋酸钾溶液反应生成青霉素钾，然后溶解于过量的醋酸钾乙醇溶液中呈浓缩液状态存在于结晶液中，当醋酸钾加到一定量时，近饱和状态的醋酸钾又起到盐析作用，使青霉素钾盐结晶析出，反应如下：

（2）青霉素醋酸丁酯提取液减压共沸结晶　与饱和盐析结晶法一样也是由青霉素游离酸与醋酸钾反应，生成青霉素钾。所不同的是需控制结晶前提取液的初始水分，使反应剂加入后，不能像饱和盐析结晶那样立即产生晶体，而是使反应生成的青霉素钾先溶于反应液的水组分中，而后随着减压共沸蒸馏脱水的进行，使反应液中水分不断降低，形成过饱和溶液，晶核产生并逐渐成长进而在反应液中析出，得到青霉素钾。

（3）青霉素水溶液-丁醇减压共沸结晶　将青霉素游离酸的醋酸丁酯提取液用碱（碳酸氢钾或氢氧化钾）水溶液抽提至水相中，形成青霉素钾盐水溶液，调节 pH 值后加入丁醇进行减压共沸蒸馏。蒸馏是利用丁醇-水二组分能够形成共沸物，使溶液沸点下降，且二组分在较宽的液相组成范围内，蒸馏温度稳定等特点。进行减压共沸蒸馏是为了进一步降低溶液沸点，减少对青霉素钾盐的破坏。在共沸蒸馏过程中以补加丁醇的方法将水分分离，使溶液逐步达到过饱和状态而结晶析出。

### 3. 青霉素钠盐

青霉素钠盐的生产方法有多种，现举例如下。

（1）从二次丁酯萃取液直接结晶　在二次丁酯萃取液中加醋酸钠-乙醇溶液反应，直接结晶得钠盐。

（2）从钾盐转钠盐　在二次丁酯中先结晶出钾盐，然后将钾盐溶于水，再加酸将青霉素提取至丁酯中，加醋酸钠-乙醇溶液中结晶出钠盐。

（3）从普鲁卡因盐转钠盐　一次丁酯萃取液加普鲁卡因丁酯溶液反应，结晶出普鲁卡因青霉素盐。然后将此盐悬浮于水中，加丁酯再以硫酸调 pH 值至 2.0，则普鲁卡因盐分解成青霉素游离酸而转入丁酯中，加醋酸钠-乙醇溶液结晶出钠盐。

（4）青霉素水溶液-丁醇减压共沸结晶　同该法青霉素钾盐的生产，只是在水溶液抽提时用碳酸氢钠或氢氧化钠。

## 七、成品的检验及分包装

青霉素是临床应用药物，使用对象是人，因此要特别注意药品的质量。纯品得到后应通过全面严格检验才能出厂，检验的项目和标准一律按药典规定。

抗生素一般要求无菌，特别是注射剂更应满足严格无菌要求。因此，成品分包装必须在无菌或半无菌的场所进行。注射剂则应在无菌条件下用自动分装机械分装。药品分包装车间的整个生产流程必须纳入 GMP 管理标准，以确保药品质量。另外，钠盐比钾盐容易吸潮，因此包装车间的温度和成品包装条件要求也高。

# 第三节　青霉素生产工艺过程

## 一、青霉素的发酵工艺过程

### 1. 工艺流程

（1）丝状菌三级发酵工艺流程

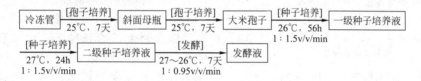

（2）球状菌二级发酵工艺流程

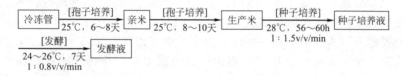

### 2. 工艺控制

（1）影响发酵产率的因素

① 基质浓度。在分批发酵中，常常因为前期基质浓度高，对生物合成酶系产生阻遏（或抑制）或对菌丝生长产生抑制（如葡萄糖和铵的阻遏或抑制，苯乙酸的生长抑制），而后期基质浓度低限制了菌丝生长和产物合成，为了避免这一现象，在青霉素发酵中通常采用补料分批操作法。即对容易产生阻遏、抑制和限制作用的基质进行缓慢流加以维持一定的最适浓度。这里必须特别注意的是葡萄糖的流加，因为即使是超出最适浓度范围较小的波动，都将引起严重的阻遏或限制，使生物合成速率减慢或停止。目前，糖浓度的检测尚难以在线进行，故葡萄糖的流加不是依据糖浓度控制，而是间接根据 pH 值、溶氧或 $CO_2$ 释放率予以调节。

② 温度。青霉素发酵的最适温度随所用菌株的不同可能稍有差别，但一般认为应在 25℃ 左右。温度过高将明显降低发酵产率，同时增加葡萄糖的维持消耗，降低葡萄糖至青霉素的转化率。对菌丝生长和青霉素合成来说，最适温度不是一样的，一般前者略高于后者，故有的发酵过程在菌丝生长阶段采用较高的温度，以缩短生长时间，到达生产阶段后便适当降低温度，以利于青霉素的合成。

③ pH 值。青霉素发酵的最适 pH 值一般认为在 6.5 左右，有时也可以略高或略低一

些，但应尽量避免 pH 值超过 7.0，因为青霉素在碱性条件下不稳定，容易加速其水解。在缓冲能力较弱的培养基中，pH 值的变化是葡萄糖流加速率高低的反映。过高的流加速率造成酸性中间产物的积累使 pH 值降低；过低的加糖速率不足以中和蛋白质代谢产生的氨或其他生理碱性物质代谢产生的碱性化合物而引起 pH 值上升。

④ 溶氧。对于好氧的青霉素发酵来说，溶氧浓度是影响发酵过程的一个重要因素。当溶氧浓度降到 30%饱和度以下时，青霉素产率急剧下降，低于 10%饱和度时，则造成不可逆的损害。溶氧浓度过高，说明菌丝生长不良或加糖率过低，造成呼吸强度下降，同样影响生产能力的发挥。溶氧浓度是氧传递和氧消耗的一个动态平衡点，而氧消耗与碳能源消耗成正比，故溶氧浓度也可作为葡萄糖流加控制的一个参考指标。

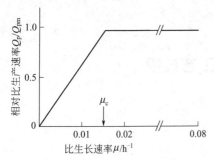

图 9-1 产黄青霉的比生长速率与
青霉素比生产速率之间的关系
$Q_p$—比生产速率；$Q_{pm}$—最大比生产速率；
$\mu_c$—临界比生长速率

⑤ 菌丝浓度。发酵过程中必须控制菌丝浓度不超过临界菌体浓度，从而使氧传递速率与氧消耗速率在某一溶氧水平上达到平衡。青霉素发酵的临界菌体浓度随菌株的呼吸强度（取决于维持因数的大小，维持因数越大，呼吸强度越高）、发酵通气与搅拌能力及发酵的流变学性质不同而异。呼吸强度低的菌株降低发酵中氧的消耗速率，而通气与搅拌能力强的发酵罐及黏度低的发酵液使发酵中的传氧速率上升，从而提高临界菌体浓度。

⑥ 菌丝生长速率。用恒化器进行的发酵试验证明：在葡萄糖限制生长的条件下，青霉素比生产速率与产生菌菌丝的比生长速率之间呈图 9-1 所示的关系。当比生长速率低于 0.015/h 时，比生产速率与比生长速率成正比，当比生长速率高于 0.015/h 时，比生产速率与比生长速率无关。因此，要在发酵过程中达到并维持最大比生产速率，必须使比生长速率不低于 0.015/h。这一比生长速率称为临界比生长率。

对于分批补料发酵的生产阶段来说，维持 0.015/h 的临界比生长速率意味着每 46h 就要使菌丝浓度或发酵液体积加倍，这在实际工业生产中是很难实现的。事实上，青霉素工业发酵生产阶段控制的比生长速率要比这一理论临界值低得多，却仍然能达到很高的比生产速率。这是由于工业上采用的补料分批发酵过程不断有部分菌丝自溶，抵消了一部分生长，故虽然表观比生长速率低，但真比生长速率却要高一些。

⑦ 菌丝形态。在长期的菌株改良中，青霉素产生菌在沉没培养中分化为主要呈丝状生长和结球生长两种形态。前者由于所有菌丝体都能充分与发酵液中的基质及氧接触，故一般比生产速率较高；后者则由于发酵液黏度显著降低，使气-液两相间氧的传递速率大大提高，从而允许更多的菌丝生长（即临界菌体浓度较高），发酵罐体积产率甚至高于前者。

在丝状菌发酵中，控制菌丝形态使其保持适当的分枝和长度，并避免结球，是获得高产的关键要素之一。而在球状菌发酵中，使菌丝球保持适当大小和松紧，并尽量减少游离菌丝的含量，也是充分发挥其生产能力的关键要素之一。这种形态的控制与糖和氮源的流加状况及速率、搅拌的剪切强度及比生长速率密切相关。

（2）工艺控制要点

① 种子质量的控制。丝状菌的生产种子是由保藏在低温的冷冻安瓿管经甘油、葡萄糖、蛋白胨斜面移植到小米固体上，25℃培养 7 天，真空干燥并以这种形式保存备用。生产时按一定的接种量移种到含有葡萄糖、玉米浆、尿素为主的种子罐内，26℃培养 56h 左右，菌丝浓度达 6%～8%，菌丝形态正常，按 10%～15%的接种量移入含有花生饼粉、葡萄糖为主的二级种子罐内，27℃培养 24h，菌丝体积 10%～12%，形态正常，效价在 700U/ml 左右

便可作为发酵种子。

球状菌的生产种子是由冷冻管孢子经混有 0.5%～1.0%玉米浆的三角瓶培养原始亲米孢子，然后再移入罗氏瓶培养生产大米孢子（又称生产米），亲米和生产米均为 25℃静置培养，需经常观察生长发育情况，在培养到 3～4 天，大米表面长出明显小集落时要振摇均匀，使菌丝在大米表面能均匀生长，待 10 天左右形成绿色孢子即可收获。亲米成熟接入生产米后也要经过激烈振荡才可放置于恒温培养，生产米的孢子量要求每粒米 300 万只以上。亲米、生产米孢子都需保存在 5℃冰箱内。

工艺要求将新鲜的生产米（指收获后的孢瓶在 10 天以内使用）接入含有花生饼粉、玉米胚芽粉、葡萄糖、饴糖为主的种子罐内，28℃培养 50～60h。当 pH 值由 6.0～6.5 下降至 5.5～5.0，菌丝呈菊花团状，平均直径在 100～130μm，每毫升的球数为 6 万～8 万只，沉降率在 85%以上时，即可根据发酵罐球数控制在 8000～11000 只/mL 范围的要求，计算移种体积，然后接入发酵罐，多余的种子液弃去。球状菌以新鲜孢子为佳，其生产水平优于真空干燥的孢子，能使青霉素发酵单位的罐批差异减少。

② 培养基成分的控制

a. 碳源。产黄青霉菌可利用的碳源有：乳糖、蔗糖、葡萄糖等。目前生产上普遍采用的是淀粉水解糖，糖化液（DE 值 50%以上）进行流加。

b. 氮源。氮源常选用玉米浆、精制棉籽饼粉、麸皮，并补加无机氮源（硫酸铵、氨水或尿素）。

c. 前体。生物合成含有苄基基团的青霉素 G，需在发酵液中加入前体。前体可用苯乙酸、苯乙酰胺，一次加入量不大于 0.1%，并采用多次加入，以防止前体对青霉素的毒害。

d. 无机盐。加入的无机盐包括硫、磷、钙、镁、钾等，且用量要适度。另外，由于铁离子对青霉菌有毒害作用，必须严格控制铁离子的浓度，一般控制在 30μg/ml。

③ 发酵培养的控制

a. 加糖控制。加糖量的控制是根据残糖量及发酵过程中的 pH 值确定，最好是根据排气中 $CO_2$ 及 $O_2$ 量来控制，一般在残糖降至 0.6%左右，pH 值上升时开始加糖。

b. 补氮及加前体。补氮是指加硫酸铵、氨水或尿素，使发酵液中的氨氮控制在 0.01%～0.05%，补前体以使发酵液中残存的苯乙酰胺浓度为 0.05%～0.08%。

c. pH 值控制。对 pH 值的要求视不同菌种而异，一般为 6.4～6.8，可以补加葡萄糖来控制。目前一般采用加酸或加碱控制 pH 值。

d. 温度控制。前期 25～26℃，后期 23℃，以减少后期发酵液中青霉素的降解破坏。

e. 溶解氧的控制。一般要求发酵中溶解氧量不低于饱和溶解氧的 30%。通风比一般为 1：0.8L/L/min，搅拌转速在发酵各阶段应根据需要进行调整。

f. 泡沫的控制。在发酵过程中产生大量泡沫，可以用天然油脂，如豆油、玉米油等或用化学合成消泡剂"泡敌"来消泡，应当控制其用量并要少量多次加入，尤其在发酵前期不宜多用，否则会影响菌体的呼吸代谢。

g. 发酵液质量控制。生产上按规定时间从发酵罐中取样，用显微镜观察菌丝形态变化来控制发酵。生产上惯称"镜检"，根据"镜检"中菌丝形态变化和代谢变化的其他指标调节发酵温度，通过追加糖或补加前体等各种措施来延长发酵时间，以获得最多的青霉素。当菌丝中空泡扩大、增多及延伸，并出现个别自溶细胞时，表示菌丝趋向衰老，青霉素分泌逐渐停止，菌丝形态上即将进入自溶期，在此时期由于菌丝自溶，游离氨释放，pH 值上升，导致青霉素产量下降，使色素、溶解和胶状杂质增多，并使发酵液变黏稠，增加下一步提纯时过滤的困难。因此，生产上根据"镜检"判断，在自溶期即将来临之际，迅速停止发酵，立刻放罐，将发酵液迅速送往提炼工段。

### 3. 生产工艺过程简述

将保藏在砂土管或冷冻干燥管中的菌种经无菌手续接入适合于孢子发芽的斜面培养基中，经培养成熟后挑选菌落正常的孢子接入扁瓶大米固体培养基中，培养成熟的孢子接入一级种子罐后，在罐中繁殖成大量菌丝，再接入二级种子罐进一步放大，种子罐内控制好相应的培养温度及通气量、搅拌速率，当达到相应的培养时间后，且菌体质量符合发酵要求后接入已灭菌的、培养基成分符合要求的发酵罐内。控制发酵温度、通气量、pH值、搅拌速率、补糖量、补氮量、前体的加入量、消泡剂的加入量等发酵工艺指标，使菌体在适当的条件下积累青霉素，发酵结束后，放罐，将发酵液压入发酵液贮罐，交过滤岗位。

## 二、青霉素的提取和精制工艺过程

### 1. 工艺流程

（1）工业钾盐生产工艺流程

① 饱和盐析生产工艺流程

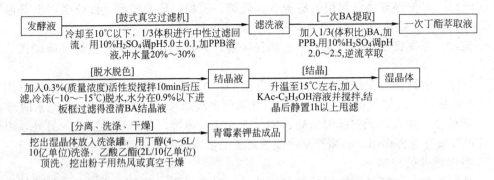

② 共沸结晶生产工艺流程

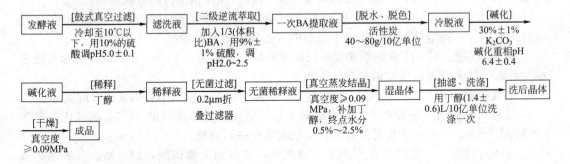

（2）注射用钾盐生产工艺流程

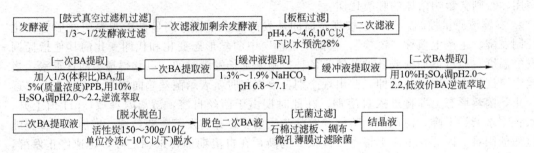

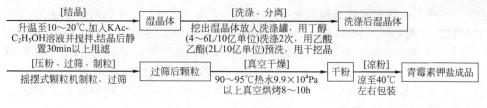

[结晶] 升温至10~20℃,加入KAc-C₂H₅OH溶液并搅拌,结晶后静置30min以上甩滤 → 湿晶体 → [洗涤、分离] 挖出湿晶体放入洗涤罐,用丁醇(4~6L/10亿单位)洗涤2次,用乙酸乙酯(2L/10亿单位)预洗,甩干挖晶 → 洗涤后湿晶体

[压粉、过筛、制粒] 摇摆式颗粒机制粒,过筛 → 过筛后颗粒 → [真空干燥] 90~95℃热水9.9×10⁴Pa以上真空烘烤8~10h → 干粉 → [凉粉] 凉至40℃左右包装 → 青霉素钾盐成品

### （3）工业钠盐生产工艺流程

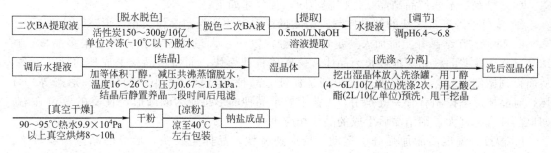

二次BA提取液 → [脱水脱色] 活性炭150~300g/10亿单位冷冻(-10℃以下)脱水 → 脱色二次BA液 → [提取] 0.5mol/LNaOH溶液提取 → 水提液 → [调节] 调pH6.4~6.8

调后水提液 → [结晶] 加等体积丁醇,减压共沸蒸馏脱水,温度16~26℃,压力0.67~1.3kPa,结晶后静置养晶一段时间后甩滤 → 湿晶体 → [洗涤、分离] 挖出湿晶体放入洗涤罐,用丁醇(4~6L/10亿单位)洗涤2次,用乙酸乙酯(2L/10亿单位)预洗,甩干挖晶 → 洗后湿晶体

[真空干燥] 90~95℃热水9.9×10⁴Pa以上真空烘烤8~10h → 干粉 → [凉粉] 凉至40℃左右包装 → 钠盐成品

### （4）普鲁卡因青霉素工艺流程

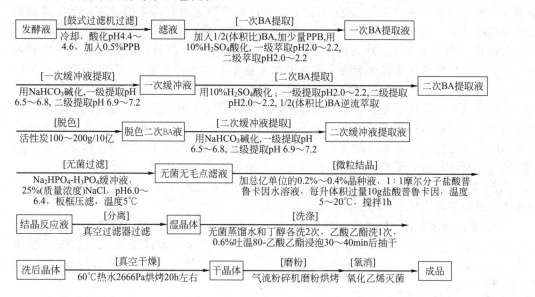

发酵液 → [鼓式过滤机过滤] 冷却,酸化pH4.4~4.6,加入0.5%PPB → 滤液 → [一次BA提取] 加入1/2(体积比)BA,加少量PPB,用10%H₂SO₄酸化,一级萃取pH2.0~2.2,二级萃取pH2.0~2.2 → 一次BA提取液

[一次缓冲液提取] 用NaHCO₃碱化,一级提取pH6.5~6.8,二级提取pH6.9~7.2 → 一次缓冲液 → [二次BA提取] 用10%H₂SO₄酸化;一级提取pH2.0~2.2,二级提取pH2.0~2.2,1/2(体积比)BA逆流萃取 → 二次BA提取液

[脱色] 活性炭100~200g/10亿 → 脱色二次BA液 → [二次缓冲液提取] 用NaHCO₃碱化,一级提取pH6.5~6.8,二级提取pH6.9~7.2 → 二次缓冲液提取液

[无菌过滤] Na₂HPO₄-H₃PO₄缓冲液,25%(质量浓度)NaCl,pH6.0~6.4,板框压滤,温度5℃ → 无菌无毛点滤液 → [微粒结晶] 加总亿单位的0.2%~0.4%晶种液,1:1摩尔分子盐酸普鲁卡因水溶液,每升体积过量10g盐酸普鲁卡因,温度5~20℃,搅拌1h

结晶反应液 → [分离] 真空过滤器过滤 → 湿晶体 → [洗涤] 无菌蒸馏水和丁醇各洗2次,乙酸乙酯洗1次,0.6%吐温80-乙酸乙酯浸泡30~40min后抽干

洗后晶体 → [真空干燥] 60℃热水2666Pa烘烤20h左右 → 干晶体 → [磨粉] 气流粉碎机磨粉烘烤 → [氧消] 氧化乙烯灭菌 → 成品

### 2. 工艺控制

青霉素性质不稳定,在发酵液预处理、提取和精制过程应注意条件温和、速度快以防止青霉素被破坏。预处理及过滤、提取过程是青霉素各产品生产的共性部分,其工艺控制基本相同,只是精制过程有所差别。

（1）预处理及过滤　发酵液放罐后需冷却至10℃后,经鼓式真空过滤机过滤。从鼓式真空过滤机得到青霉素滤液pH值在6.27~7.2,蛋白质含量一般在0.05%~0.2%。这些蛋白质的存在对后面的提取有很大影响,必须加以除去。除去蛋白质通常采用10%硫酸调节pH4.5~5.0,加入0.05%（质量浓度）左右的溴代十五烷吡啶（PPB）的方法,同时再加入0.7%硅藻土作助滤剂,再通过板框过滤机过滤。经过第二次过滤的滤液一般澄清透明,可进行萃取。目前,也有许多企业采取转鼓过滤后,用微滤、超滤膜进一步过滤再进行萃取工艺,不需要加入絮凝剂及板框过滤。

（2）提取　结合青霉素在各种pH值下的稳定性,一般从发酵液中萃取到醋酸丁酯时,pH值选择在1.8~2.2范围内,而从丁酯相反萃取到水相时,pH值选择在6.8~7.4范围内对提取有利。生产上一般将发酵滤液酸化至 pH 值等于 2.0，加 1/3 体积的醋酸丁酯（简称 BA）混合后以卧式离心机（POD 机）分离得一次 BA 萃取液，然后以 $NaHCO_3$ 在 pH 值为 6.8～7.4 的条件下将青霉素从 BA 中萃取到缓冲液中，再用 10% $H_2SO_4$ 调节 pH 值等于 2.0，将青霉素从缓冲液再次转入到 BA 中（方法同前面所述），得二次 BA 萃取液。

（3）脱色　在二次 BA 萃取液中加入活性炭 150～300g/10 亿单位，进行脱色，石棉过滤板过滤。

（4）结晶　不同产品结晶条件控制不同，现分述如下。

① 普鲁卡因青霉素盐的结晶控制。结晶过程中应注意控制晶体大小、形态、纯度等。

a. 晶种。在结晶开始时加入一定量的晶种，以便在大量结晶前预先增加很多晶核，在结晶过程中这些晶核相应地成长为晶体，这样成长速率快，而每颗晶核上成长的量并不多，从而得到微细的晶粒，同时形态也得到了保证。晶种的质量（大小、均匀度、形态等）好坏，对晶体形态控制有着关键作用。工艺上要求晶种的形态应为椭圆形，直径在 $2\mu m$ 左右。如果晶种直径过大，则结晶后生成的晶体相应也大。

b. 温度。温度高能加强分子运动，反应速率快，晶体生长快，形成的晶体颗粒较大；温度低，晶体生长较慢，晶体颗粒细小。但普鲁卡因青霉素盐的结晶过程是放热反应，因此在整个反应过程中温度控制在 5～20℃ 较适宜。温度过高造成对青霉素的破坏；温度过低会增加反应液的黏度，造成晶体过细，给洗涤过滤工作带来困难，从而影响产品质量。

c. 盐酸普鲁卡因水溶液的加入速率。在普鲁卡因青霉素盐结晶过程中，是采用先加入晶种的方法，故反应剂盐酸普鲁卡因水溶液的加入速率是"先慢后快"。先慢是为了让先加入的晶种迅速生长为晶体。如果反应一开始反应剂加入速率很快，则造成反应液过饱和度增加很快，此时晶核形成速率大于晶体生长速率，在反应液中会增加许多不规则的小晶核，先加入的晶种失去控制晶体形态的作用，造成晶体形态混乱。当反应液中已生长了许多晶体后，由于过饱和度较结晶开始阶段要小，所以要加快反应剂加入速率才能维持结晶所需要的过饱和度，否则结晶速率缓慢，结晶颗粒过大，影响最终的成品质量。

d. 结晶液质量控制。结晶液的质量好坏直接影响到成品的质量。因此，要控制好青霉素钠盐结晶水溶液的质量。

Ⅰ. pH 值。结晶液的 pH 值控制在 6.5～7.0 之间有利于青霉素钠盐的稳定。为了使结晶液在上述 pH 值范围内，须在钠盐水溶液中加入由磷酸二氢钠及磷酸氢二钠组成的缓冲液，其 pH 值在 6.8～7.0。缓冲液同时还能结合重金属离子使青霉素钠盐结晶液放置时尽量减少破坏。

Ⅱ. 浓度。浓度过高，杂质浓度也高，对成品质量有影响；浓度过低，则设备利用率低及结晶收率低，母液量大。工艺要求青霉素钠盐结晶液浓度在 10 万～20 万单位/ml 左右较适宜。

Ⅲ. 色泽。要求结晶液为浅黄色透明液体。结晶液颜色不好，会影响到成品的色级。

Ⅳ. 温度。二次青霉素钠盐水溶液在低温下稳定。因此，一般在 5℃ 左右存放。

Ⅴ. 丁酯含量。如果二次青霉素钠盐水溶液中含有过多的丁酯，则将使结晶不易控制，容易使晶形长乱，影响洗涤效果，使成品质量下降，同时也影响收率。

② 醋酸钾-乙醇溶液饱和盐析钾盐的结晶控制。在结晶过程中溶液中的水分、酸度和温度对青霉素钾盐的溶解度有很大影响，因而应控制好。

a. 水分的影响。二次丁酯萃取液中的水分可以溶去一部分杂质，可提高晶体质量，但水分含量高，青霉素钾盐溶解度增大，使产品收率下降。因此，水分应控制在 0.9% 以下，对收率影响较小。但如果二次丁酯提取液水分含量低于 0.75% 以下，加之醋酸钾溶液水分也低，会使晶体包含色素多而色深，影响晶体色泽。同时要求乙醇-醋酸钾溶液配制的水分含量应控制在 9.5%～11% 范围内，醋酸钾浓度在 46%～51% 范围内，应注意醋酸钾浓度高低与水分含量成正比较好。如果醋酸钾浓度高，而水分含量低，则醋酸钾在配制过程中易析出结晶，或者加入到醋酸丁酯萃取液中后会有一部分醋酸钾以结晶形式析出，降低了醋酸钾参加反应的浓度，也使两种晶体混杂在一起降低产品纯度。如果配制醋酸钾水分过高（在 12%～12.5%），再加上二次丁酯提取液中的水分含量，整个反应母液中总水量增高，就会影响结晶收率。

b. 温度影响。温度低时反应慢，晶体细而黏，不易过滤，甩不干，并影响洗涤效果；温度高，反应速率快，晶体颗粒粗大，但溶解度高，结晶产量下降，且易造成青霉素降解。另外，反应温度也与污染数高低有关。一般污染数在 0.5% 以下，结晶温度控制在 10～15℃；污染数在 0.5% 以上，则结晶温度控制在 15～20℃。

c. 污染数高低对结晶的影响。污染数高会使反应速率降低，生成晶体略大，但结晶收率低；污染数低反应速率快，但晶体细小，且杂酸污染晶体。一般要求污染数在 0.5% 左右。

d. 青霉素与醋酸钾的配比。根据前面的反应式知道，1mol 醋酸钾可以生成 1mol 青霉素钾盐。但由于反应是可逆的，故采取过量 0.1mol 醋酸钾，使反应利于向青霉素钾盐的方向进行，另外，丁酯萃取液中杂酸的存在，要消耗一部分醋酸钾。因此，结晶过程中要根据污染数多少来决定醋酸钾的加入量，以保证反应能完全进行。如污染数在 0.5% 左右，则反应时加入的醋酸钾摩尔比为 1:1.6。

③ 青霉素水溶液-丁醇减压共沸生产钠盐的结晶控制。二次丁酯萃取液以 0.5mol/L NaOH 溶液萃取，在 pH6.4～6.8 下得到钠盐水浓缩液，浓度为 15 万～25 万单位/ml，加 2.5～3 倍体积的丁醇，在 16～26℃、0.67～1.3kPa 下共沸蒸馏。一般开始共沸结晶时，先加与水液相同体积的丁醇作为基础料，其他 1.5～2 倍丁醇随蒸馏过程分 5～6 次补加入罐内。蒸馏时水分与丁醇成共沸物蒸出，当浓缩到原来水浓缩液体积，气相中含水量达到 2%～4% 时停止蒸馏，钠盐则结晶析出。在钠盐结晶析出过程中要注意养晶，以利于晶体粗大利于过滤，且纯净度高杂质少。生产上养晶一般补加第三次丁醇后，亦即蒸馏 3h 后，此时料液变黏，有泡沫产生，同时溶液温度有所下降，此即达到过饱和状态，是即将出现晶体析出的象征，这个时候要采取措施减缓其蒸发速率，使过饱和度逐渐形成，使晶核慢慢产生，以利晶体成长，待大量晶核出现 30～60min 后，再加大蒸发速率和脱水，使结晶完全。结晶后的钠盐经过滤，洗涤后干燥得工业品钠盐。

**3. 生产工艺过程简述**

青霉素的提取和精制工艺很多，下面仅以共沸结晶生产青霉素工业钾盐为例。

发酵液在发酵液贮罐内经冷却，加水稀释，搅拌，加酸调节 pH 值，加入絮凝剂后，经转鼓真空过滤机过滤（或经微滤膜过滤）分离菌体后，送滤液贮罐。来自过滤液贮罐的青霉素滤液与破乳剂混合后，通过增压泵加压进入硫酸喷射器，与稀硫酸充分混合调整至萃取所应达到的 pH 值后进入离心萃取机。在离心萃取机内与低单位醋酸丁酯（来自二级萃取）或空白醋酸丁酯进行混合、萃取、分离得一次丁酯萃取液及重液（一阶段）。一次丁酯萃取液和水分别进入混合器混合后，实现萃取液的洗涤，混合液进入离心机进行分离，得轻液和重液。水洗后的丁酯提取液（轻液）进入萃取液贮罐交冷脱岗位，水洗液（重液）回重液贮罐。一阶段重液和水洗液、破乳剂和空白醋酸丁酯、稀硫酸经混合器混合后进入二阶段离心机进行分离，得轻液（低单位醋酸丁酯）和重液（二阶段），二阶段重液（废酸水）经稀碱中和后放入废酸水池交给回收岗位进行处理，低单位醋酸丁酯回到一阶段套用。

水洗后的丁酯提取液进入冷冻脱色罐后，加入活性炭粉末，冷冻降温并进行搅拌，经活性炭吸附脱色及去除热原后，经板框过滤机除冰碴儿和炭粉后，进入碱化罐，交碱化岗位。

向碱化罐内加入纯化水，对碱化罐内的丁酯溶液进行水洗、搅拌、静置，将重相放到提炼岗位（或回收岗位）。开动搅拌加入碱化剂，调节 pH 值，静置分层，得一次碱化液及一次碱化上清液。将碱化液抽到已装入一定量丁醇的稀释罐内，开动搅拌进行稀释（即为稀释液）。和结晶岗位交接后，稀释液经折叠式过滤器过滤后进入结晶罐，滤完后用加水丁醇对滤饼进行顶洗，顶洗液送入结晶罐。一次碱化上清液再加入碱化剂，使青霉素反应完全，搅拌、静置、分层，将下层碱化液抽到二次碱化液贮罐，供下批套用（可加入至丁醇稀释罐），上层空白醋酸丁酯放到回收岗位进行精馏，回收醋酸丁酯。

稀释液接入结晶罐后，启动真空泵及搅拌，开蒸汽加热进行蒸馏。出晶后关小蒸汽，调小搅拌，维持温度稳定，养晶。养晶完毕后，继续开大蒸汽蒸馏。在结晶过程中根据料液蒸出情况，分次补加丁醇。关蒸汽，停真空泵，停止蒸馏。取样测定水分和效价，合格后料液交下道工序。结晶岗位蒸出的丁醇送回收岗位进行回收。

结晶完毕后，可放抽滤器进行抽滤，抽滤所得滤饼，用丁醇进行洗涤。抽干后将湿粉挖出，湿粉装入双锥回转干燥器。真空状态下，开蒸汽加热干燥。结晶完毕的料液也可放罐式三合一进行抽滤，将母液抽干，加入丁醇进行洗涤。洗涤结束后，抽干。在真空状态下，开蒸汽加热，并开机械搅拌进行干燥。

干燥后的青霉素钾盐按规定装量分装，双层塑料袋、外套纸桶，得青霉素钾工业盐。

# 第四节　其他工艺技术及技术改造方向

## 一、现代生物技术的应用

随着科学技术的进一步发展及社会生活的需要，青霉素工业生产正经历着新的技术革命。现代生物技术的应用为新型青霉素系列产品的开发及青霉素产量的进一步提高开辟了新的重要途径，如固定化酶技术、膜分离技术、基因重组技术等的应用。特别是用现代生物技术对抗生素生产菌进行改良，如利用突变生物合成技术、杂交生物合成技术、细胞融合技术及基因重组技术等手段来筛选更优的生产菌株，使发酵单位显著提高。

## 二、合成新的半合成青霉素

由于天然青霉素抗菌谱较窄，以及长期使用引起抗药菌株的出现，及其他方面的一些缺陷，引发了对天然青霉素的化学改造。较为成功的是对青霉素母核 6-氨基青霉烷酸（6-APA）的生产，及对母核的进一步化学改造生产半合成青霉素。鉴于青霉素类抗生素有疗效的必要母核 6-氨基青霉烷酸（6-APA）对酸、碱不稳定，难以化学合成，所以合成半合成新青霉素的基本方法是先经微生物发酵法或酶法水解青霉素 G 或 V 获得 6-APA，然后再经过化学方法修饰各类酰基侧链，将此侧链与 6-APA 再经发酵法、酶法或化学法进行酰化缩合反应形成各种半合成新青霉素产品，如苯唑西林、氨苄西林、哌拉西林、吡唑西林、喹纳西林、阿莫西林、环己西林、羧苄西林等。

## 三、菌丝悬浮法、固定化细胞及固定化酶法在 6-APA 生产中的应用

工业上 6-APA 的合成一般以青霉素 G 或 V 为原料，利用菌丝悬浮法、固定化酶法或固定化细胞法来水解酰氨基侧链、再通过结晶分离而得。

菌丝悬浮法是利用大肠杆菌产生的酰基转移酶（PGA）进行酶解的一种方法。该酶既可以水解青霉素的酰氨基，也可以用来催化酰胺化合物的生成。本法是将大肠杆菌在适当液体培养基下培养，并加入少量用来诱导产生酶的苯乙酸。发酵终止后将大肠杆菌杀灭。然后

用超速离心机或板框过滤机分离菌体。将大肠杆菌体（用量为8％～10％）悬浮于2％青霉素G（相当于3000μg/ml）溶液中，控制反应pH值在7.8～8.5、温度35～40℃及反应时间，使达到最高水解产率，再用超速离心机或板框过滤机分离菌体。在裂解液中加入0.3％～0.5％的明矾除去蛋白质后，用薄膜蒸发器进行减压浓缩，最后加入少量乙酸丁酯，用6mol/L盐酸调节至pH4.0左右使6-APA结晶析出，裂解下来的苯乙酸进入乙酸丁酯相。

固定化酶法是将这种酰基转移酶固定在载体上，做成固相酶，然后将这种固相酶装入反应器，在适当的反应条件下水解青霉素G溶液后，再经结晶分离而得成品6-APA。

固定化细胞法是将大肠杆菌固定在载体上，做成固定化细胞，然后将这种固定化细胞装入反应器，在适当的反应条件下水解青霉素G溶液后，再经结晶分离而得成品6-APA。

如果以青霉素V为原料要利用可水解青霉素V酰基转移酶（PVA）来实现水解反应。大量产生PVA的微生物有：杆菌NRRL11240和杆菌*B. India val penicillanicum*、尿素微球菌、食酸假单胞菌、镰刀菌SKF235、链霉菌等。PVA的最适pH值较PGA的宽，一般在5.6～8.5之间，而且又显示了较小的产物抑制作用，有利于工艺和获得高浓度的产品6-APA。

### 四、其他分离提取技术的应用

应用超滤膜技术过滤青霉素发酵液，可减少滤液中的蛋白质含量，对提取结晶、溶剂回收及"三废"治理均有利。

有实验表明青霉素G在双水相系统PEG/$K_2HPO_4$和PEG/$Na_2SO_4$中显示了很高的分配系数，另外，双水相萃取青霉素G几乎在中性pH值提取，青霉素降解较少，而且可使青霉素G和苯乙酸等明显分离，减少破乳剂用量。因此，双水相萃取技术可应用于青霉素的分离提取。但目前青霉素生产上还未使用该项技术。

**思考题**

1. 青霉素系列产品有何特性？写出主要化学反应。
2. 简述下列基本概念：发酵单位、效价、发酵总亿单位、发酵指数。
3. 青霉素产生菌是什么？其生长发育各阶段的主要特征是什么？
4. 青霉素生产的主要原理是什么？
5. 青霉素发酵过程中各种因素对发酵有何影响？
6. 青霉素发酵液预处理的目的是什么？生产中采用的方法是什么？
7. 青霉素发酵过程中主要控制要点是什么？简述青霉素钾的生产工艺过程。
8. 如何利用青霉酸（盐）的性质进行提取精制？多级萃取与反萃取的目的是什么？影响青霉素稳定性的因素有哪些？生产过程中如何避免青霉素水解？
9. 试述青霉素钾盐结晶的方法有哪些？各自特点是什么？并分析水分、酸度、温度及醋酸钾用量对生产有何影响？
10. 在普鲁卡因青霉素盐结晶时应如何控制晶体的纯度、颗粒的大小及形态等。
11. 采用共沸精馏生产青霉素钠盐应注意什么才有利于生产？
12. 简述6-APA的生产方法有哪些？特点是什么？

第十章 红霉素的生产

**学习目标**

① 了解红霉素的药效作用、应用范围及其他有关工艺技术及技术改造方向。

② 熟悉红霉素的理化性质、重要化学反应。

③ 掌握红霉素的生产原理、生产工艺过程及生产控制要点。

④ 能制定红霉素发酵生产标准操作规程；能分析红霉素发酵过程中的工艺问题并进行处理。

# 第一节 概 述

红霉素是大环内酯类抗生素。这类抗生素的结构具有聚烯酮衍生的，被一内酯键闭合的大环内酯骨架，并通过羟基以糖苷键联结 1～3 个罕有的中性或碱性糖。目前，临床上使用最多的有 14 元环内酯类抗生素和 16 元环的螺旋霉素、麦迪霉素、交沙霉素、吉他霉素（柱晶白霉素）等。红霉素分子是由红霉内酯 B（erythronolids B，EB）、脱氧氨基己糖（desosamine）和红霉糖（cladinose）三部分组成，内酯环的 C-3 位以氧原子与红霉糖相连，C-5 位通过氧原子与脱氧氨基己糖连接，红霉素类化学结构通式如图 10-1 所示。由于 $R^1$ 和 $R^2$ 的基团不同，红霉素又可分为红霉素 A、红霉素 B、红霉素 C 和红霉素 D四种。

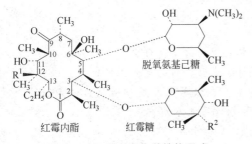

图 10-1　红霉素类化学结构通式

当红霉内酯环 $C_{12}$ 上的 $R^1$ 为羟基（—OH），而红霉糖 $C_3$ 上的 $R^2$ 为甲氧基（—$OCH_3$）时，即为红霉素 A；红霉素 B 是红霉素 A 内酯环 $C_{12}$ 上的羟基以氢原子所取代；红霉素 C 是红霉素 A 的红霉糖 $C_3$ 上的甲氧基以羟基所取代；红霉素 D 是红霉素 A 内酯环 $C_{12}$ 上的羟基以氢原子所取代，而红霉糖 $C_3$ 上的甲氧基以羟基所取代。红霉素 A 的体外抗菌活力最高，红霉素 B 是红霉素 A 的 75％～85％，红霉素 C 和红霉素 D 为红霉素 A 的 25％～50％。我国红霉素商品主要成分是红霉素 A，含极少量的红霉素 C 和至少两种微量杂质，但不含有红霉素 B。下面探讨的红霉素未经注明一般指红霉素 A。

## 一、理化性质

红霉素 A 是白色或类白色的结晶性粉末，微有吸湿性，味苦，易溶于醇类、丙酮、氯仿、酯类（如乙酯、丁酯、戊酯等），微溶于乙醚。在水中的溶解度为 2mg/ml（25℃

左右），它随着温度的升高而减少，55℃时为最小。在室温和 pH 6～8 的条件下，其溶液相当稳定，温度升高稳定性下降。红霉素熔点为 135～140℃（游离碱水合物），190～193℃（无水游离碱）。且具有旋光性和紫外吸收峰。红霉素碱能和有机酸或无机酸类结合成盐，其盐类易溶于水，如红霉素盐酸盐的溶解度为 40mg/ml。此外，还能和酸酐结合成酯。

红霉素 B 的理化性状与红霉素 A 很相似，熔点为 198℃，紫外吸收峰在 286nm（甲醇作溶剂）处。比较难溶于水，极易溶于乙醚、丙酮、氯仿和乙酸乙酯，并且和酸类结合成的盐易溶于水。红霉素 B 与红霉素 A 最大的不同点是在酸性溶液中较 A 稳定，利用这一点可制得纯的红霉素 B。

红霉素 C 的理化性状与红霉素 A、红霉素 B 很相似，熔点为 121～123℃，在 292nm（甲醇作溶剂）处有一很宽的紫外吸收峰。比较难溶于水，十分易溶于丙酮、氯仿和醚。

## 二、作用及应用范围

红霉素是广谱抗生素，对革兰阳性菌作用强，临床上主要用于呼吸道感染、皮肤与软组织感染、泌尿生殖系统感染及胃肠道感染等。用于治疗腹泻、菌痢、胆结石、胆囊炎、疟疾、绿脓杆菌继发感染、支气管炎、哮喘和脓毒性心内膜炎皆有效。红霉素还可起到防治心脏病的作用，用于辅助治疗肺癌和节段性回肠炎，亦可用于预防风湿季节性发作。红霉素的毒副作用少，主要副作用为恶心和呕吐等胃肠道反应，适用于青霉素过敏者。

## 三、化学反应

### 1. 分子反应

（1）成盐反应 大环内酯类抗生素一般都具有氨基糖成分，呈碱性，能与酸结合成盐。如红霉素草酸盐、红霉素乳酸盐、红霉素盐酸盐等。为了克服红霉素对酸不稳定及其味苦等缺点，多年来曾试制多种红霉素的有机酸盐，如丙酰基碳酸盐、苄基碳酸盐、丙酸酯十二烷基硫酸盐、乳糖酸盐、硬脂酸盐等，后面三种红霉素的盐类在临床上已有应用。

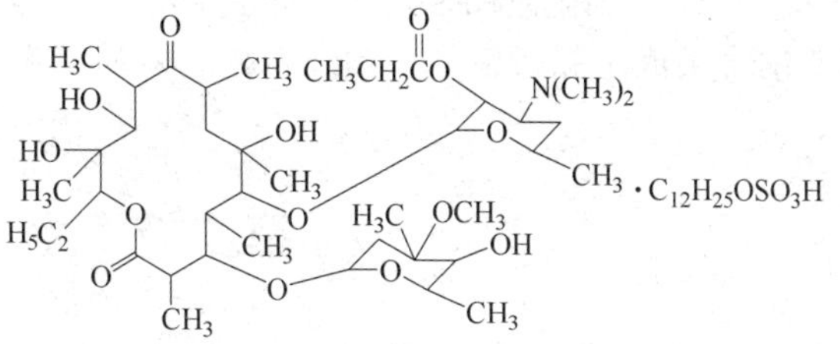

图 10-2 红霉素丙酸酯十二烷基硫酸盐

① 红霉素丙酸酯十二烷基硫酸盐（亦称依托红霉素）是由红霉素碱在丙酮溶液中和丙酸酐反应生成 α-红霉素丙酯后，转成盐酸盐，然后经置换反应转成十二烷基硫酸盐，其化学结构式见图 10-2。

② 乳糖酸红霉素盐是由红霉素碱在丙酮水溶液中和乳糖酸溶液反应生成，其化学结构如下：

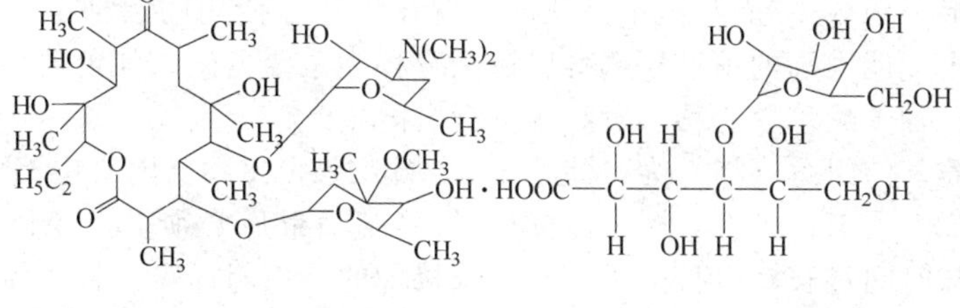

③ 硬脂酸红霉素盐是由红霉素碱在丙酮溶液中和过量的硬脂酸反应，然后加水沉淀而得的不溶性的盐，其化学结构式如下：

$$\cdot C_{17}H_{35}COOH$$

（2）水解反应　这类抗生素大多数含有糖和氨基糖及大环内酯成分，因此经酸性水解后，生成大环内酯糖胺和氨基糖等，氨基糖还可用碱水解生成二甲胺、丙醛、丙酸等。如红霉素经酸性水解产生脱水红霉素，脱水红霉素还可以进一步水解生成红霉糖胺和红霉糖。红霉糖胺还可继续酸性水解成二甲氨基己糖和丙醛。若红霉糖胺用碱水解则最终产生二甲基胺、丙醛和丙酸。其整个水解反应式如下：

$$红霉素 \xrightarrow[\text{(0.75mol/L HCl)}]{H_2O \quad H^+} 红霉糖胺 + 红霉糖$$

$$红霉糖胺 \xrightarrow[\text{(6mol/L HCl)}]{H_2O \quad H^+} 二甲氨基己糖 + 丙醛$$

$$红霉糖胺 \xrightarrow[\text{(NaOH)}]{H_2O \quad H^+} 丙醛 + 二甲基胺 + 丙酸$$

（3）酯化反应　红霉素分子中的脱氧氨基己糖部分的醇羟基可与有机酸生成无苦味的酯类衍生物，如制成苯甲酸酯、丙酸酯、辛酸酯及软脂酸酯等。

**2. 基团反应**

（1）斐林、杜伦、班乃德克反应　抗生素的分子组成中，具有游离的醛基或酮基者，或者水解后产生游离的苷羟基的糖类衍生物都能被斐林、杜伦、班乃德克试剂氧化而呈阳性反应，红霉素的水解物能参与上述反应。

（2）2,4-二硝基苯肼反应　抗生素的分子组成中，如有酮基或醛基者，能与2,4-二硝基苯肼缩合生成苯腙衍生物。如红霉素、麦迪霉素、螺旋霉素等都呈阳性反应。

# 第二节　生　产　原　理

红霉素是由红色糖多孢菌（*Saccharopolyspora erythra*）发酵产生的。该菌以前称为红霉素链霉菌（*Streptomyces erythreus*）。生产上一般是将其孢子悬液接入种子罐，种子扩大培养2次后移入发酵罐进行发酵，发酵液经过预处理后，再经溶剂萃取进行分离纯化，最后经浓缩结晶干燥后得成品。

## 一、红霉素产生菌的培养

红色糖多孢菌在合成培养基上生长的菌落由淡黄色变为微黄色，气生菌丝为白色，孢子呈不紧密的螺旋形，约3～5圈，孢子呈球状。现在生产上使用的菌种是通过育种，选育的具有抗噬菌体、生产能力高的菌种。选育以诱变育种为主要方法。红色糖多孢菌一般经斜面孢子、摇瓶培养、种子罐培养后移入发酵罐进行发酵生产。

斜面孢子培养基的组分（%）为：淀粉1.0、硫酸铵0.3、氯化钠0.3、玉米浆1.0、碳酸钙0.25、琼脂2.2、pH7.0～7.2。斜面孢子培养基消毒后必须重视冷却时间的控制，要求快速为妥，冷却时间过长对生长孢子不利。未接种的空白斜面需放置两周，待表面无水分方可接种孢子。斜面培养温度37℃，湿度50%左右，避光培养。因为光会抑制孢子的形成。培养7～10天斜面上长成白色至深米色孢子，色泽新鲜、均匀、无黑点、背面产生红色或红棕色色素。在母瓶斜面孢子挑选优良孢子区域或单菌落接入子瓶，每批子瓶斜面孢子数不低于1亿个。母瓶存放冰箱1个月，子瓶可存放2个月。每批孢子成熟后除做摇瓶试验测定生产能力外，还应插进一试验罐对比考察发酵水平，如不低于前批孢子，可用于生产。玉米浆的质量除对背面色素、孢子丰满程度有影响外，还影响孢瓶内灰色焦状菌落（称为黑点）的数量。这种菌落呈草帽形，比深玉米色的正常菌落生产能力低。高产菌株的子瓶内要求无黑点。菌种保藏采用冷冻干燥法、液氮超低温保藏法和砂土管保藏法，每年自然分离1~2次。

因红霉素产生菌从孢子发芽期到生长繁殖菌丝的过程较长，所以有些厂通过摇瓶培养，将菌丝接入种子罐，这样虽能缩短种子罐的培养时间，但操作步骤增多，稍有疏忽就容易发生染菌现象。所以大多数生产厂都采用将子瓶孢子制成菌悬液用微孔压差法接入种子罐。

摇瓶种子培养基（%）：淀粉4.0、糊精2.0、蛋白胨5.0、葡萄糖1.0、黄豆饼粉1.5、硫酸铵0.25、氯化钠0.4、七水合硫酸镁0.05、磷酸二氢钾0.02、碳酸钙0.6、pH7.0。接种后在摇床培养，菌丝生长浓厚，8%时接入发酵罐。

摇瓶发酵培养基（%）：淀粉4.0、葡萄糖5.0、黄豆饼粉4.5、硫酸铵0.1、磷酸二氢钾0.03~0.05、碳酸钙0.6、pH7.0。油1.2%、丙醇1.0%在种子接入发酵罐时一次加入。28℃，摇床培养8天，发酵效价在5500U/ml以上。

种子罐及繁殖罐的培养基由花生饼粉、蛋白胨、硫酸铵及淀粉、葡萄糖等组成。种子罐的培养温度为35℃，培养时间65h左右；繁殖罐培养温度33℃，培养时间40h左右，均按移种标准检查，符合要求方可进行移种。

### 二、红霉素的生物合成

红霉素是由红色糖多孢菌在特定的培养条件下所产生的一种弱碱性代谢产物，它是多组分的抗生素。红霉素发酵液中除含主要组分A外，还有少量红霉内酯B、红霉素C、脱水红霉素A、红霉素B、红霉素A烯醇醚和多种差向异构体及降解物等杂质。其中红霉素A为有效组分，红霉素B、红霉素C等为杂物。我国现用的产生菌在其生物合成过程中不产生红霉素B，故红霉素C等为国产红霉素的主要杂质。

红霉素C和红霉素A的结构极为相似，但红霉素C的抗菌活性比红霉素A低得多，其毒性却比红霉素A高许多。由于两者在提炼过程中难以分离，故要提高产品的质量，提高产品的抗菌活性和降低毒性，同时又要减少提取精制过程中产量的损失，必须控制发酵液的质量，要求发酵液中红霉素C的含量降低，并提高有效组分红霉素A的比例。由于红霉素C是红霉素A合成过程的中间产物，所以，如何控制产生菌的生理、生化代谢，减少发酵液中红霉素C，增加红霉素A是红霉素提高质量的基础。

红霉素的生源主要来自葡萄糖和氨基酸：利用葡萄糖氧化代谢形成丙酮酸再转变成丙酸，缬氨酸代谢形成2-甲基丙二酸。其分子中红霉内酯是21个碳原子组成的14元内酯环，红霉素的内酯环来源于丙酸盐，由1分子的丙酰辅酶A和6个$\alpha$-甲基丙二酰辅酶A经多聚乙酰途径合成而得。红霉糖和去氧氨基己糖的碳架来自葡萄糖或果糖，糖上的甲基来源于蛋氨酸，而去氧氨基己糖上的N来源于L-谷氨酸。红霉素的生物合成过程是一个相当复杂的过程，下面是红霉素生物合成的最后几步：①丙酸盐经过多步反应形成中间体6-脱氧红霉内酯B；②在C-6上进行羟基化反应形成红霉内酯B；③L-红霉糖转至内酯环的C-3位羟基上形成3-$\alpha$-L-碳霉糖基红霉内酯；④D-红霉氨基糖结构部分转移至C-5羟基后得到红霉素D；⑤红霉素D在C-12羟基化可得红霉素C，红霉素C再甲基化则得红霉素A；⑥红霉素D的红霉糖部分甲基化可形成红霉素B。

红霉素生物合成过程中红霉素反馈调节生物合成的最后一步酶——甲基化酶的活性，而丙酸激酶和丙酰-CoA羧化酶的活化与红霉素合成有关。丙酸激酶的活性在菌丝生长后期，当红霉素积累时活性最强，高产菌株利用丙醇的速度和丙酸激酶的活性明显比低产菌株高。丙酰-CoA 羧化酶在对数生长期结束后约 32h，亦是在红霉素积累时期，酶的活性达高峰，该酶要求 ATP 及 $Mg^{2+}$，加入丙醇可能是酶的诱导因子，刺激增加酶的活性，从而增加红霉素产量，有的菌株可增加 100%。

$$丙酸\text{-}CoA + ATP \xrightarrow{\text{丙酸激酶}} 丙酰\text{-}CoA + ATP + ADP + P_i$$

$$丙酰\text{-}CoA + ATP + CO_2 + H_2O \xrightarrow{\text{丙酰-CoA 羧化酶}} 甲基丙二酰\text{-}CoA + ATP + ADP + P_i$$

### 三、发酵

红霉素发酵属于好氧发酵过程，在发酵过程中，需不断通入无菌空气并搅拌，以维持一定的罐压和溶氧。发酵过程中应严格控制发酵温度、发酵液还原糖量、pH 值、溶氧量及发酵液黏度等，以便红色糖多孢菌能够大量合成红霉素并排至胞外。此外，生产中还要加入消泡剂以控制泡沫。在发酵期间每隔一定时间也要取样进行分析、镜检及无菌试验，检测生产状况，分析或控制相关参数。

### 四、发酵液的预处理和过滤

发酵液中除含有约 0.8% 的红霉素外，绝大部分是菌丝体、蛋白质、色素、油等杂质，给提取和精制带来困难。尤以蛋白质和油等的存在，在溶剂萃取时将产生严重的乳化现象，从而使含有红霉素的溶剂（油相）夹杂在水相中而被废弃，影响收率。因此，需对发酵液进行预处理和过滤。一般采用硫酸锌沉淀蛋白质，促使菌丝结团加快滤速。加入去乳化剂（十二烷基苯磺酸钠，DS），由于它是酸性物质，在碱性条件下留在水相，可减轻或避免乳化现象。英国专利报道，在发酵液中加入一些非胰脏来源的蛋白酶和酯酶（无花果酶、菠萝蛋白酶、番木瓜酶等），消化发酵液约 1h 即完成，消化温度 45℃，pH6.0～7.5，处理后的发酵原液的效价由 2885U/ml 上升到 3000U/ml，经乙酸丁酯（戊酯）萃取还增加了提取收率。

由于硫酸锌呈酸性，为了防止红霉素局部酸解而被破坏，要用 NaOH 调节 pH 值。由于锌离子的毒性给滤渣处理带来一定困难，改用碱式氯化铝有利于处理滤渣。对染菌的发酵液可进行加温 60～80℃ 以增加滤速。如采用酸性水洗涤板框中菌渣即增加顶水次数，可提高过滤总收率达 100%。发酵液单位高，可加水稀释，不但可增加收率，而且有利于大孔树脂吸附，减少废液单位的流失，增加吸附率。

### 五、红霉素的提取

红霉素分子结构中有一个二甲基氨基官能团，是一个弱碱，$pK_a = 8.6$，在酸性条件下与某些酸会形成盐，如红霉素乳酸盐。纯红霉素碱在水中溶解度较小，并随温度升高而减小，在 55℃ 时溶解度最小，当 pH>10.0 时红霉素基本以游离碱的形式存在，能溶于乙酸丁酯中；当 pH<6.0 时，红霉素以盐的形式存在，其在水中的溶解度随 pH 值降低而迅速增大，因此，采用在乙酸丁酯及在水溶液（乙酸缓冲液）中反复萃取，可以达到浓缩和提纯的目的。

### 六、红霉素的精制

在乙酸丁酯结晶液中加入丙酮，低温下放置使红霉素结晶析出。一般加液操作时温度要低，因为红霉素在丙酮溶液中随温度升高溶解度降低，如果加液温度高结晶会形成块状物，难于过滤。结晶产生后，可适当提高温度减少母液中红霉素含量，使结晶完全，提高结晶收率。结晶经分离并洗涤后可除去红霉素 C，提高成品质量，最后得红霉素碱。此法所得成品生物效价偏低，国内较多生产厂采用乳酸盐沉淀法。

乳酸盐沉淀法是依据红霉素分子中碱性糖的二甲氨基可与乳酸成盐，从而使红霉素盐从萃取液中沉淀析出。生产上是在高浓度乙酸丁酯萃取液中用无水硫酸钠除水，过滤除去硫酸钠后，在搅拌下将乳酸加入到乙酸丁酯萃取液中析出红霉素乳酸盐，分离掉溶剂，将此盐溶解于丙酮水溶液中，加氨水碱化转化为红霉素碱，洗涤，真空干燥后得成品，纯度为 920U/mg 左右。上述在 20℃ 左右结晶出来的红霉素碱晶体是针状的，大小不均，这种针状晶族包藏着母液和杂质，洗涤过程很难除掉。赵茜等改变结晶温度为 55℃ 左右，获得均匀的方片状晶体，可大大减少晶体包藏母液和杂质，提高成品干效价。

# 第三节　红霉素生产工艺过程

## 一、红霉素的发酵工艺过程

### 1. 工艺流程

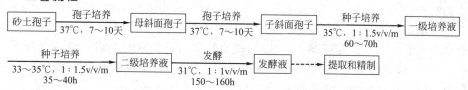

### 2. 工艺控制

（1）种子罐　种子罐分一级和二级（亦称繁殖罐），接种量为 10%。

① 一级种子培养。一级种子培养基配方为：豆饼粉 2.5%，葡萄糖 3%，淀粉 4%，蛋白胨 0.5%，酵母粉 0.5%，(NH₄)₂SO₄ 0.5%，玉米浆 0.2%，NaCl 0.4%，KH₂PO₄ 0.06%，MgSO₄ 0.025%，CaCO₃ 0.25%，豆油 0.3%，pH6.5~7.0（灭菌后）。培养温度 35℃，通气量：24h 内 1：0.6v/v/m，24~36h 1：1v/v/m，36h 至转罐（约 72h）为 1：1.5v/v/m。当培养外形较稠，挂壁，不分层，菌丝密集，表面无泡沫，pH 值从最低开始稍有回升（6.2 左右）时，应及时接入二级种子罐。

② 二级种子培养。二级种子培养基配方为：豆饼粉 2.2%，葡萄糖 3%，淀粉 3%，(NH₄)₂SO₄ 0.1%，玉米浆 0.8%，CaCO₃ 0.6%，pH6.5~7.0（灭菌后）。培养温度 31℃，通气量为 1：1.5v/v/m。接种量为 10%，培养时间 24h，二级种子在生长过程中 pH 值变化不大。当菌丝体长而浓，原生质开始略有收缩，外形较稠，还原糖至 2% 以下时即可转罐。

（2）发酵培养基　发酵培养基主要控制以下组分。

① 碳源。试验发现最适的碳源是蔗糖，其次是葡萄糖、淀粉。生产上采用葡萄糖（约占 80%）和淀粉（约占 20%）的混合碳源，其效果与使用蔗糖相似。有波兰专利报道：将淀粉和黄豆饼粉用 α-淀粉酶水解一半后用于发酵，可使红霉素 A 产量为 5800μg/ml。有的突变株适合应用 6% 油作为唯一的碳源用于发酵，不再需要加前体，发酵效价高达 10000U/ml。

② 氮源。以黄豆饼粉为主，其次是花生饼粉、玉米浆、蚕蛹粉和硫酸铵，中间补料有花生饼粉、蛋白胨、酵母粉和氨水等。新鲜脱脂的优质黄豆饼粉，外观呈金黄色，有扑鼻的豆香，残油量低（约 1%），易于贮存不易变质，有利于生产稳定。长期常温贮存黄豆饼粉，特别经过夏天，可能会产生一种对孢子发芽和菌丝生长有害的毒素。黄豆饼粉消毒时泡沫较多，因此一、二级种子罐及后期补料可用部分花生饼粉代替。但全用花生饼粉最终成品会出现带灰现象。玉米浆的质量对红霉素的生物合成也有影响，使用优质玉米浆可部分或全部代替蛋白胨，以降低成本。

基础发酵培养基中还可加入少量硫酸铵，可促进菌丝生长，当培养液内可溶性 $NH_4^+$ 浓度下降耗尽时，才开始合成红霉素。日本研究者试验证明，发酵培养基中加入 $Mg_3(PO_4)_2$ 和沸石等 $NH_4^+$ "捕捉剂"，可以提高大环内酯类抗生素的产量。这些物质和 $NH_4^+$ 结合，使之缓慢地释放，而逐步为菌丝所利用合成抗生素。

③ 前体。发酵过程加入丙醇（或丙酸、丙酸钠）作为前体物质可以明显提高红霉素 A 的产量，显然丙醇直接参与红霉内酯环的合成。丙酸对菌丝的毒性作用大于丙醇，以丙醇作前体时，代谢较稳定，对 pH 值影响小，发酵单位及成品质量都比较高，但丙醇还是能抑制菌丝生长，其抑制程度与其浓度相对应。当发酵液菌丝长浓，pH 值高于 6.5 时，可开始加前体，每隔 24h 补一次，全程共补 5~6 次，总量约为 1%，遇发酵单位趋势好时，可适当多加。如用丙酸作前体时，其加入量、加入速度及加入浓度控制不当易使菌丝自溶，影响正常发酵，甚至全罐损失，最好加水稀释降低丙酸浓度，减慢加入速度或用丙酸钠代替。

（3）通气和搅拌　发酵最初 12h，通气量可保持在 0.4v/v/m，12h 后至放罐可控制在 0.8~1.0v/v/m，所用搅拌的输入功率为 1.5~2kW/1000L 培养基。增大空气流量和加快搅拌转速会提高发酵单位，但必须加强补料的工艺控制，防止菌丝早衰自溶，否则会给成品质量带来不良影响。

（4）温度　发酵全过程温度控制在 31℃，如发酵激烈有转稀趋势时，可适当降低培养温度（28~30℃），以延长衰老自溶时间，推迟转稀时间。后期罐温更需控制，温度偏高，会使菌丝在短时间内迅速自溶，红霉素 C 比例增加，并影响过滤滤速。

（5）pH 值　整个发酵过程必须保持 pH 6.6~7.2，生物合成的最佳 pH 值为 6.7~6.9，pH 值低于 6.5 对生物合成不利，pH 值若高于 7.2 菌丝易自溶，且会导致红霉素 C 的比例增加，红霉素 A 的含量相应降低，影响成品质量。

（6）中间补料　发酵过程中还原糖应控制在 1.0%~1.4% 范围内，当发酵液还原糖低于 1% 时，每隔 6h 加入葡萄糖液（40%~50% 浓度）一次，直至放罐前 12~18h 停止加糖。发酵约 40h 后每隔 24h 补一次花生饼粉、硫酸铵、酵母粉 0.01%~0.05%，可防止发酵液变稀、泡沫增多而影响过滤速率，如发酵液变稀可适当补一点蛋白胨促使菌丝生长。后期通氨（滴加氨水），对提高发酵单位、减少脱水红霉素的形成、改善成品质量均有好处。发酵过程中如果发酵液黏度过高，可适当补加无菌水进行稀释。

（7）发酵液黏度的控制　发酵液的黏度对红霉素 A、红霉素 C 组分的比例有直接影响，从而影响成品质量，在一定黏度范围内，红霉素 C 的含量与发酵液黏度呈负相关的关系，即成品质量与黏度有正相关的关系。因此，适当提高发酵液的黏度能减少红霉素 C 组分的比例，从而保证成品质量。发酵液黏度与搅拌功率、氮源补入量及培养温度有关。通过减慢搅拌转速、改变搅拌叶形式、降低罐温、增加有机氮源补加量、滴加氨水等能提高发酵液黏度。但黏度过高会影响溶解氧的浓度，使发酵单位水平明显下降，所以必须因地制宜地进行发酵工艺控制，既要保证红霉素 C 组分的含量少，又不影响发酵单位，如加入 0.1% 磷酸三钙在发酵基础料中，可增加红霉素发酵单位 5%~9%，磷酸三钙不但可作为过量铵离子的捕集剂，还可以提供红霉素发酵过程所必需的磷酸盐。

（8）泡沫与消沫　因发酵培养基有黄豆饼粉，故在培养基消毒及通空气时泡沫较多，有些生产在接种后采取不开搅拌的措施，逐步将通气量增大，等到菌丝长浓后，再开搅拌，以减少消泡剂的用量。一般以植物油（豆油或菜籽油）作消沫剂，不宜一次多量加入，尤其是后期，不仅会促使菌丝自溶，还会给提炼带来困难。

（9）污染杂菌的控制　提高空气净化度，改进灭菌方法，加强中间补料、补前体的无菌操作，加强车间卫生管理，利用化学药剂，选育抗杂菌污染力强的菌种，可控制污染杂菌。曹文伟等研究发现：凝结芽孢杆菌、枯草芽孢杆菌、地衣芽孢杆菌、蜡状芽孢某些菌、坚强芽孢杆菌对红霉素发酵有显著影响，危害极大。短芽孢杆菌对红霉素发酵影响不大，而巨大芽孢杆菌和短小芽孢杆菌不但对发酵无不良影响，而且有明显的促进作用。

（10）染菌处理　一般染菌后就应降温至28℃培养，并加入洁尔灭，需密切注意发酵液过滤速率的变化，若低于一定数值，则要提前放至提炼部门。遇发酵单位下跌，暂时放不出发酵液需加0.15%的甲醛，停止搅拌，冷却待放。

（11）发酵时间　红霉素的发酵过程可分为3个时期，菌丝繁殖期、红霉素分泌期及菌丝自溶期。繁殖期约从接种开始到30h左右，菌丝生长快，繁殖旺盛，菌丝能迅速地利用糖和含氮物质，pH值较缓慢上升，在pH6.5～6.9，菌丝体密集成网状，着色均匀，此期几乎不产红霉素。分泌期，菌丝生长逐渐减弱或达平衡，着色较浅，且不太均匀，pH值上升至7.2～7.5，糖继续被利用，氮处于平衡状态，红霉素产量持续上升。自溶期，菌体衰老，着色很浅，菌丝变得无规则，最终自溶，pH值上升至7.5以上，红霉素产量逐渐下降。发酵终点控制在菌体刚刚开始自溶，此时pH值上升至7.8，罐压上升缓慢，培养液开始转稀，效价增长缓慢，镜检菌丝开始自溶，着色浅且不均匀。整个发酵时间在150～160h。

## 二、红霉素的提取和精制工艺过程

红霉素的提取方法有溶剂萃取法和离子交换法两种。溶剂萃取法中又有溶剂反复萃取、溶剂萃取结合中间盐沉淀以及薄膜浓缩结合溶剂萃取三条途径。离子交换法中又分阳离子交换及大孔树脂吸附两条途径。目前，国内外主要采用溶剂萃取法。

### 1. 工艺流程

（1）溶剂法提取和精制的工艺流程

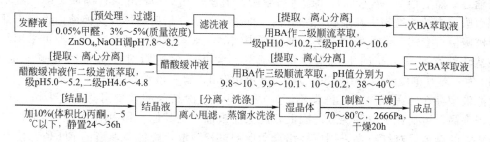

（2）溶剂萃取结合红霉素乳酸盐沉淀的工艺流程

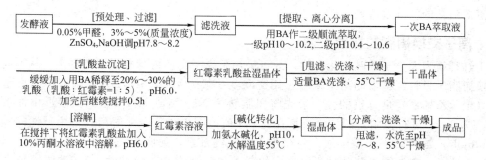

### 2. 工艺控制

下面重点讨论溶剂萃取法的工艺控制要点

（1）pH值　发酵液预处理时需用NaOH将pH值调至7.8～8.2，同时控制加料速率并开搅拌，防止局部过酸。用溶剂法进行提取和精制时，在萃取过程中碱化和酸化的pH值对收率和产品质量都有直接影响。碱化时pH值高些，对提取有利，但不能过高，否则会引起红霉素的碱性破坏，同时碱性高对乳浊液的稳定性有利，使乳化严重。pH值过低，对萃取也不利,影响收率。pH 值控制在 10±0.5 范围较适宜。酸化时控制 pH 值在 4.9±0.3 范围,若酸化时 pH 值再偏高对红霉素稳定性有好处,但萃取则不完全,影响收率;若 pH 值再偏低时,对萃取有利,但对红霉素稳定性不利,易发生酸性水解,影响产品收率和产品质量。因此,当红霉素转入缓冲液后,要立即用 10% NaOH 调至 pH7~8 之间,且加入适当丁酯。溶剂法用乙酸-磷酸氢二钠缓冲液作二级逆流提取,当红霉素转入缓冲液后,用 pH9.8~10.2 的乙酸丁酯作三级萃取。

(2)温度 由于红霉素在水中的溶解度以 55℃时为最小,因此,当红霉素从水相转入溶剂时可适当加温至 30~32℃。从缓冲液转入第二次丁酯时,一般也加热到 38~40℃。加温的目的在于减少红霉素在水相中的溶解度,有利于萃取。萃取液最后在 -5℃、10%丙酮水溶液中结晶。真空干燥,控制干燥温度在 70~80℃。

# 第四节  其他工艺技术及技术改造方向

红霉素生产中还有许多其他提取和精制红霉素的方法。并且随着对红霉素产品的研究,开发其他新的产品以提高其应用性是今后红霉素生产技术革新的一个主要方向。

## 一、大孔吸附树脂提取工艺

大孔吸附树脂 CAD-40 或 SIP-1300 等作为吸附剂,通过动态吸附,从发酵滤液中吸附红霉素。用 40℃热水快速洗涤树脂,流速 0.1v/v/min,用量 1:1,再用等体积 pH 10 的氨水溶液通过。然后用 2%氨水混合丁酯进行解吸,流速 0.01v/v/min 二柱串联解吸。红霉素在丁酯解吸液中的浓度集中在最初 1~2h 内,即最初的 0.5 倍树脂体积交换液内,后半部分低单位解吸液可套用。最后采用二次乙酸丁酯中结晶红霉素碱的溶剂法工艺,亦可采用红霉素乳酸盐转红霉素碱结晶的工艺路线获得成品。大孔吸附树脂对红霉素的吸附容量大,CAD-40 为 6.5 万单位/ml,SIP-1300 为 10 万单位/ml,解吸液浓度集中,收率高达95%~99%,滤液中存在的无机离子、色素不影响吸附率,一次结晶的效价可达 930U/mg 以上,以及收得率高、溶剂耗量少等优点。因此,此法还被推广到其他大环内酯类抗生素的提取。

清华大学李洲等对红霉素采用中性络合萃取剂进行萃取,降低萃取液的 pH 值,使红霉素转化为离子态时可进行反萃取、硫氰酸盐成盐、转碱得成品。此工艺取得了有价值的节能和减少溶剂消耗的经济效益。

## 二、离子交换树脂的提取工艺

由于红霉素为大分子的碱性化合物,故可采用阳离子交换树脂来提取红霉素。从不同阳离子交换树脂所吸附红霉素的结果来看,用交联度一般为 1~5.5DVB%的磺酸型阳离子交换树脂(聚苯乙烯系)是有效的。一般先将树脂转为 $Na^+$ 型或 $NH_4^+$ 型。在接近中性条件(pH5.5~7.0)下进行吸附。因为红霉素在此 pH 值范围内几乎全部解离。再用碱性的醇溶液(0.25mol/L 氨的 90%甲醇溶液)自树脂上解吸红霉素,解吸前先用水、30%及 60%甲醇溶液进行洗涤(在红霉素制备过程中生成的杂质和色素能有效地被除去),洗脱液再经减压浓缩(50℃以下)后进行结晶等。

## 三、开发新产品

红霉素是最常用的 14 元环大环内酯类抗生素,使用中存在对胃酸稳定性差、口服吸收不完全、生物利用度差及在体内易被酶分解——打开内酯环或脱去酰基而失活等缺点。20世纪 80 年代各国研究者针对红霉素的这些缺点,研究开发出一些红霉素的半合成衍生物:

罗红霉素、阿奇霉素、克拉霉素和地红霉素等。这类半合成红霉素具有耐酸、高效、长效等特点，可减少给药剂量和次数，所以不良反应发生率亦比红霉素低。

另外，将红霉素制备成红霉素有机酸盐类和酯类衍生物可大大地改进红霉素的性能。如红霉素乳糖酸盐用于注射剂，可用于口服红霉素不能耐受的病人或为控制严重感染而需产生高血药浓度红霉素时应用。红霉素硬脂酸盐，对酸稳定，可口服，味微苦，胆汁中浓度较高。丙酰基红霉素十二烷基硫酸盐俗称依托红霉素，口服后胃肠道吸收快，且不受食物影响，血药浓度出现慢，但高而持久，其高峰血药浓度比硬脂酸盐高。

📑 思考题 ----------------------------------------------------------------------

1. 红霉素主要有几种化合物，写出其化学结构通式，并说明各化合物之间的主要区别。
2. 分别写出红霉素在弱酸及强酸条件下的降解反应产物各是什么？
3. 红霉素产生菌是什么？有何特征？为什么要经过二级种子扩培？
4. 如何选择红霉素发酵的培养基？
5. 红霉素生产的基本原理是什么？
6. 简述红霉素的生产工艺过程。发酵过程控制要点是什么？
7. 红霉素发酵液质量与成品质量的关系。如何提高发酵液的质量？
8. 红霉素发酵过程中如何控制加糖、补加有机氮源及加氨水的条件？
9. 在溶剂萃取红霉素时，碱化和酸化的 pH 值选择对提取收率和产品质量有何影响？
10. 用硫酸锌处理红霉素发酵液时，为什么要控制硫酸锌的加入速率及开动搅拌，以及为何同时尚需加入氢氧化钠？
11. 简述离子交换法提取红霉素的生产工艺。

----------------------------------------------------------------------

第十一章 氨基酸的生产

学习目标

① 了解氨基酸的应用及一般的生产方法；了解谷氨酸的合成原理及其他氨基酸的生产。
② 掌握谷氨酸生产的工艺过程及工艺控制。
③ 能分析氨基酸发酵过程中的工艺问题并进行处理。

# 第一节 概　述

自然界中有 20 多种氨基酸，这些氨基酸构成了世间所有生物所需的各种各样的蛋白质，人类要维持生命活动，就必须获得各种氨基酸。氨基酸在食品、医药、工业、农业等行业有着广泛应用。

（1）食品工业　可提高食品的营养价值。一般在主要谷物食物如小麦中缺少赖氨酸、苏氨酸和色氨酸，适量添加这些氨基酸可强化食品，提高食品的营养价值，将谷物蛋白的营养价值提高到动物蛋白水平上。对具有鲜味的氨基酸如谷氨酸单钠盐和天冬氨酸钠，具有甜味的氨基酸如甘氨酸、D,L-丙氨酸等都常用作调味剂。

（2）医药工业　氨基酸是构成蛋白质的基本单位。参与体内代谢和各种生理机能活动，因此可用于治疗各种疾病。不同的氨基酸可用来治疗不同的疾病，氨基酸的衍生物也有治疗作用。此外，许多氨基酸及其盐类或其衍生物还用于治疗各种疾病。

（3）饲料工业　一般饲料中缺乏赖氨酸和蛋氨酸，如适量添加这两种氨基酸可提高饲料的营养价值。

（4）化学工业　用谷氨酸可分别制成无刺激性的洗涤剂——十二烷酰基谷氨酸钠肥皂，能保持皮肤湿润的润肤剂——焦谷氨酸钠和质量接近天然皮革的聚谷氨酸人造革等，以及人造纤维和涂料。又据报道，用丙氨酸制造聚丙氨酸的研究正在进行中。

（5）农业　利用氨基酸可制造具有特殊作用的农药，例如日本使用的 N-月桂酰-L-异戊氨酸，既能防止稻瘟病，又能提高米的蛋白质含量；氨基烷基酯及 N-长链酰基氨基酸能提高农作物对病害的抵抗力，具有和一般杀菌剂一样的防治效果。氨基酸农药可被微生物分解，是一种无公害农药，也是农药发展的一个方向。另外，还发现氨基酸农药有植物生长调节剂的作用。

氨基酸的生产方法有如下几种。

（1）提取法　这是一种将蛋白质原料用酸水解，然后从水解液中提取氨基酸的方法。目前，胱氨酸、半胱氨酸和酪氨酸仍用提取法生产。

（2）合成法　用化学合成法制造的氨基酸有 D,L-蛋氨酸、D,L-丙氨酸、甘氨酸和苯丙氨酸。此法生产的 D,L 型氨基酸,还要进行拆分。

(3) 酶法　利用微生物产生的酶来制造氨基酸的方法一般称为酶法。赖氨酸、色氨酸、天冬氨酸、酪氨酸、丙氨酸等氨基酸均可用酶法生产。

(4) 发酵法　以淀粉原料水解生成水解糖,或糖蜜、醋酸为原料,利用氨基酸生产菌进行代谢发酵,生产氨基酸。据报道,前几年日本已能用发酵法和酶法生产 22 种氨基酸,其中 18 种用直接发酵法生产,4 种用酶法生产。国外氨基酸发酵工艺,一般采用分批流加法,用计算机控制,生产管理自动化,产酸率和转化率均较高。我国从 20 世纪 60 年代开始用发酵法生产谷氨酸,目前已发展为相当规模,对赖氨酸、天冬氨酸和丙氨酸等一些氨基酸也已先后分别用发酵法和酶法生产。此外,某些氨基酸的发酵生产技术正在开发,谷氨酸发酵的新设备和计算机控制也正在研究之中。发酵法已成为氨基酸生产的主要方法。

# 第二节　合 成 原 理

按照生产菌株的特性,发酵法生产氨基酸可分为四类:第一类是使用野生型菌株直接由糖和铵盐发酵生产氨基酸,如谷氨酸、丙氨酸和缬氨酸的发酵生产;第二类是使用营养缺陷型突变株直接由糖和铵盐发酵生产氨基酸,如利用谷氨酸棒状杆菌对高丝氨酸营养缺陷型生产赖氨酸、利用谷氨酸棒状杆菌对精氨酸营养缺陷型生产胍氨酸等;第三类是由氨基酸结构类似物抗性突变株生产氨基酸,如蛋氨酸生产、鸟氨酸生产等;第四类是使用营养缺陷型兼抗性突变株生产氨基酸。此外,还有为避免氨基酸生物合成途径中的反馈抑制作用,采用添加中间产物的发酵法,即以氨基酸的中间产物为原料,用微生物转化为相应的氨基酸。

现以谷氨酸棒状杆菌的谷氨酸合成途径为例,见图 11-1。

谷氨酸的生产机理基本上可以分为以下几个环节:①淀粉经过水解转化为以葡萄糖为代表的单糖;②葡萄糖经过 EMP 途径或 HMP 途径转化为丙酮酸;③丙酮酸经过三羧酸循环（TCA）转化为 $\alpha$-酮戊二酸;④$\alpha$-酮戊二酸经过氨基化生成谷氨酸。

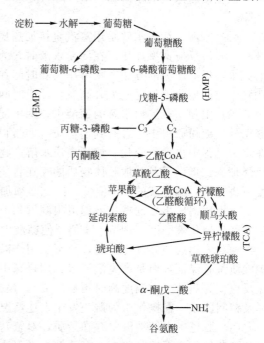

图 11-1　谷氨酸棒状杆菌的谷氨酸合成途径示意

# 第三节　谷氨酸生产工艺过程

以淀粉水解糖为原料通过微生物发酵生产谷氨酸的工艺,是最成熟、最典型的一种氨基酸生产工艺,主要由四部分组成,即淀粉水解糖的制备、谷氨酸发酵、谷氨酸的提取和精制。下面以淀粉质原料谷氨酸发酵为主线,介绍氨基酸的生产工艺过程。

## 一、谷氨酸的发酵工艺过程

### 1. 淀粉水解糖的制备

制备淀粉水解糖的工艺很多，有酸法、双酶法、酸酶法等工艺过程。下面介绍酸酶法淀粉水解糖的制备工艺流程，如图 11-2 所示。整个生产过程可分为如下几部分：

图 11-2 酸酶法淀粉水解糖的制备工艺流程

（1）调浆 淀粉的酸解过程，必须先将淀粉原料调成粉浆，保持一定的浓度及酸度（pH 值），然后将料液泵入水解锅，在一定的条件下进行水解糖化。粉浆的浓度、酸的浓度及糖化时间等对淀粉的水解反应、复合分解反应有直接的影响。因此，在酸糖化中必须合理地加以调节控制。淀粉水解时，淀粉乳的浓度越低，水解液的葡萄糖值越高，色泽越浅。这是因为淀粉乳的浓度低，有利于淀粉的水解反应，不利于葡萄糖的复合分解。在工业生产中，根据淀粉浓度与水解糖液 DE 值的关系，在淀粉水解操作中，淀粉乳浓度一般采用 18～19°Bé。

（2）水解 淀粉水解是用蒸汽直接加热操作的。压力与淀粉水解反应速率成正比，压力升高，水解反应速率加快。在淀粉水解时，为加快水解速率，提高设备的生产能力，可采用增大水解反应压力的方法。水解压力和时间在水解过程中是相互配合的，在相同的条件下，达到一定的糖化效果，压力升高时，反应时间缩短；反之，压力降低时，反应时间加长。

（3）中和 在淀粉水解的糖液中，除了淀粉的水解产物——葡萄糖、麦芽糖等单糖及低聚糖外，淀粉原料中还含有其他物质（如蛋白质、脂肪、纤维素、无机盐等复合物），它们在水解过程中也发生变化。如蛋白质水解产物——氨基酸能与葡萄糖分解产物反应，使糖液色泽加深。蛋白质及其他胶体物质的存在将使谷氨酸发酵时泡沫增加。同时糖化是在较高酸度下进行的，糖化液的 pH 值低，因此必须加以中和，以及脱色、除杂，才能供发酵使用。

由糖化锅压出来的糖化液温度很高（140～150℃），需经冷却才能进行中和。中和的目的是降低糖化液酸度，调节 pH 值，使糖液中胶体物质凝聚析出，便于过滤除去。

通常采用的中和剂为纯碱，也可采用烧碱配成 NaOH 溶液。用纯碱中和，反应较温和，糖液质量有保证，但是产生泡沫多，用烧碱中和，需注意防止局部过碱，以免葡萄糖发生焦化反应变为焦糖（在温度高时更易生成），焦糖的存在能抑制谷氨酸菌的生长，增加糖液色泽及精制困难。在操作中为避免发生上述情况，常将碱配成一定的浓度，然后再用于中和。

（4）脱色 水解糖液中存在杂质，对氨基酸发酵不利，也影响氨基酸的提炼，常需进行脱色除杂处理。糖液脱色方法有活性炭吸附法及离子交换树脂脱色法等。

① 活性炭吸附法。这是国内大多数工厂采用的方法，其优点是工艺简单、操作容易、脱色效果好。可根据糖液颜色深浅控制投炭量。用活性炭脱色，常采用粉末状活性炭。活性炭耗量视糖液色泽情况与活性炭质量而定。一般粉末炭用量相当于投入淀粉量的 0.6%～0.8%。糖液脱色效果除与投炭量（及炭本身质量）有关外，脱色温度及 pH 值也有影响。脱色温度低些，对脱色效果较为有利，但温度也不宜过低，温度过低，将使糖液黏性加强，难以过滤；温度高，脱色效果较差，一般在 70℃左右脱色较好。活性炭在酸性条件下脱色能力较强。由于活性炭脱色主要是靠本身所具有的较大的比表面积及无数的微小孔隙，将色素分子吸附在炭粒表面上，因此，脱色作用需保证一定的搅拌时间（半小时以上），使活性炭充分起作用。活性炭除起脱色作用外，尚有助滤的作用。

② 离子交换树脂脱色除杂。离子交换树脂脱色，具有选择性强、脱色效果较好，便于管道化、连续化及自动化操作，减轻劳动强度等优点。

（5）过滤　通常都采用板框压滤，用于脱色的活性炭在这里起过滤介质和助滤剂的作用。

**2. 菌种的扩大培养**

菌种的扩大培养工艺流程如下：

斜面培养→一级种子培养→二级种子培养→发酵。

（1）斜面培养　谷氨酸产生菌主要是棒杆菌属、短杆菌属、小杆菌属及节杆菌属的细菌。除节杆菌外，其他三种有许多菌种适用于糖质原料的谷氨酸发酵。这些菌都是好氧微生物，都需要以生物素为生长因子。我国谷氨酸发酵生产所用的菌种有北京棒杆菌 AS1.229 及钝齿棒杆菌 AS1542、HU7251 及 7338 等。这些菌株的斜面培养一般采用由蛋白胨、牛肉膏、氯化钠组成，pH 值为 7.0～7.2 的琼脂培养基，在 32℃培养 18～24h，检查合格后，放冰箱保存备用。

（2）一级种子培养　一级种子培养采用由葡萄糖、玉米浆、尿素、磷酸氢二钾、硫酸镁、硫酸铁及硫酸锰组成，pH 值为 6.5～6.8 的液体培养基，以 1000ml 三角瓶装液体培养基 200～250ml 进行振荡培养，在 32℃培养 12h，如无污染，质量达到要求，贮于 4℃冰箱备用。

（3）二级种子培养　二级种子用种子罐培养，接种量为发酵罐投料体积的 1%，培养基组成与一级种子培养相仿，主要区别是用水解糖代替葡萄糖，一般于 32℃下进行通气培养 7～10h，经质检合格可移种至发酵罐（或冷却至 10℃备用）。

种子质量要求，首先是无杂菌及噬菌体感染，在这个基础上进一步要求菌体大小均匀，呈单个或八字排列。二级种子培养结束时还要求活菌数为 $10^8\sim10^9$ 个细胞/ml，摄氧率大于 $1000\mu l$ 氧/（ml 种子液·h）。

**3. 氨基酸发酵的工艺控制**

谷氨酸发酵要控制好相应培养条件，以利于积累大量的谷氨酸。一般菌体生长期，几乎不产酸，大约 12h，此期泡沫较多并放出大量发酵热，必须进行冷却。菌体生长停止就转入产物合成期，此期菌体浓度基本不变，糖与尿素分解后产生 $\alpha$-酮戊二酸和氨主要用来合成谷氨酸。发酵后期，菌体衰老，糖耗缓慢，当酸浓度不再增加时，需及时放罐，发酵周期一般为 30 h。

（1）培养基成分及其控制　发酵培养基的成分与配比是决定氨基酸产生菌代谢的主要因素，与氨基酸的产率、转化率及提取收率关系很密切。碳源是构成菌体和合成氨基酸的碳架及能量的来源。氮源是合成菌体蛋白质、核酸等含氮物质和合成氨基酸的来源，同时，在发酵过程中，还用来调节 pH 值。

氨基酸发酵，不仅菌体生长和氨基酸合成需要氮，而且氮源还用来调节 pH 值，因此氮源的需要量比一般发酵（例如有机酸发酵等）要多。谷氨酸发酵的碳氮比为 100：（15～21），碳氮比为 100：11 时才开始积累谷氨酸。在消耗的氮源中，合成菌体用的氮源仅占氮的 3%～6%，合成谷氨酸氮源占 30%～80%。在实际生产中，采用尿素或氨水为氮源时，还有一部分氮用来调节 pH 值，另一部分氮源被分解随空气逸出，因此用量更大。在谷氨酸发酵培养中当糖浓度为 12.5%、总尿素量为 3% 时，碳氮比为 100：28。不同的碳氮比对氨基酸生物合成产生显著的影响，例如谷氨酸发酵中，适量的 $NH_4^+$ 可减少 $\alpha$-酮戊二酸的积累，促进谷氨酸的合成；过量的 $NH_4^+$ 会使生成的谷氨酸受谷酰胺合成酶的作用转化为谷酰胺。

另外氨基酸发酵还需要无机盐、生长因子等物质。

(2) 种龄和种量的控制　一般情况，一级种子种龄控制在 11~12h，二级种子种龄控制在 7~8h。一次初糖谷氨酸发酵的接种量一般以 1% 为好。接种量过多，使菌体生长速率过快，菌体娇嫩，不强壮，提前衰老自溶，后期产酸不高；如果接种量过少，则菌体增长缓慢，发酵时间延长，容易染菌。

(3) 温度对氨基酸发酵的影响及其控制　氨基酸发酵的最适温度因菌种性质及所生产的氨基酸种类不同而异。从发酵动力学来看，氨基酸发酵一般属于 Gaden 分类的 Ⅱ型，菌体生长达一定程度后再开始产生氨基酸，因此菌体生长最适温度和氨基酸合成的最适温度是不同的。谷氨酸发酵，菌体生长最适温度为 30~32℃。菌体生长阶段温度过高，则菌体生长迟滞，形状不整齐，八字分裂少，易衰老，pH 值高，糖耗慢，周期长，酸产量低，如遇这种情况，除维持最适生长温度外还需适当减少风量，并采取少量多次流加尿素等措施，以促进菌体生长。在发酵中、后期，菌体生长已基本停止，需要维持在最适宜的产酸温度 34~37℃，以利谷氨酸合成。生产中采用二段温度控制法，在发酵的 0~16h 维持 32~34℃，而 16h 以后则维持 34~37℃。如果因前期温度过高而导致发酵停滞，或 OD 值增长缓慢，可采用以下措施挽救：①小通风，停止搅拌，待 OD 值上升后再进行正常的通风搅拌；②与另一正常罐对压，即与另一正常发酵至高峰期的发酵罐互换等量发酵液，继续发酵；③采取补料、重新灭菌、重新补种的方法。

(4) pH 值对氨基酸发酵的影响及其控制　pH 值对氨基酸发酵的影响与其他发酵一样，主要是影响酶的活性和菌的代谢。例如谷氨酸发酵，在中性和微碱性条件下（pH=7.0~8.0）积累谷氨酸，在酸性条件下（pH=5.0~5.8）则易形成谷氨酰胺和 N-乙酰谷氨酰胺。发酵前期 pH 值偏高对生长不利，糖耗慢，发酵周期延长；反之，pH 值偏低，菌体生长旺盛，糖耗快，不利于谷氨酸合成。但是，前期 pH 值偏高（pH=7.5~8.0）对抑制杂菌有利，故控制发酵前期的 pH 值以 7.5 左右为宜。由于谷氨酸脱氢酶的最适 pH 值为 7.0~7.2，氨基酸转移酶的最适 pH 值为 7.2~7.4，因此控制发酵中后期的 pH 值为 7.2 左右。

生产上控制 pH 值的方法一般有两种，一种是流加尿素，另一种是流加氨水。国内普遍采用前一种方法。①流加尿素的数量和时间主要根据 pH 值变化、菌体生长、糖耗情况和发酵阶段等因素决定。例如当菌体生长和糖耗均缓慢时，要少量多次地流加尿素，避免 pH 值过高而影响菌体生长；菌体生长和糖耗均快时，流加尿素可多些，使 pH 值适当高些，以抑制生长；发酵后期，残糖很少，接近放罐时，应尽量少加或不加尿素，以免造成浪费和增加氨基酸提取的困难。一般少量多次地加尿素，可以使 pH 值稳定，对发酵有利。②流加氨水，因氨水作用快，对 pH 值的影响大，故应采用连续流加。

若 pH 值迅速上升，则可能有两种原因：一种是菌种衰老，耗糖慢，耗氮少所致；另一种是发酵过程中感染了噬菌体，菌体细胞被溶解失去了发酵能力。第一种情况可小通风或暂停搅拌，停止流加尿素，等 pH 值下降后再恢复正常操作；第二种情况按感染噬菌体处理。

(5) 氧对氨基酸发酵的影响及其控制　各种不同的氨基酸发酵对溶氧的要求不同，不同的种龄、接种量、培养基成分、发酵阶段及发酵罐大小，要求的通风量不同。因此在发酵过程中应根据具体需氧情况来确定。例如谷氨酸，在长菌阶段，如果通风量过大，而生物素缺乏，会抑制菌体生长，表现出耗糖慢、pH 值高、菌体生长缓慢等现象；在产酸阶段，需要大量供氧，如通气量不足，往往表现出 pH 值低，耗糖快，长菌不产酸，积累乳酸和琥珀酸。这时通气量过大，也不利于 α-酮戊二酸进一步还原氨基化，而大量积累 α-酮戊二酸。因此，只有在适量通气条件下，才有可能大量积累谷氨酸。一般控制为：长菌期低风量，产酸期高风量，发酵成熟期又转为低风量。

(6) 中间补料对发酵的影响　所谓补料就是补加适量的生物素、营养盐或糖液。如果生物素或营养盐不足，会引起细胞生长缓慢、菌体衰弱，使得菌体在生长旺盛期 OD 值仍达不到要求，这时就需要补料。补足生物素或营养盐后，可使菌体恢复生长旺盛，产酸达到要求。若生物素和营养盐的量丰富而补加糖液，则可维持低浓度发酵，有利于菌体生长和发酵产酸，总糖浓度较高，产酸较多，加上采用大接种量和高生物素等，可促进菌体繁殖，缩短发酵周期，提高设备利用率。

（7）防止噬菌体和杂菌的污染　在氨基酸发酵中，基本上都是好氧发酵。因此，杂菌和噬菌体的防治工作特别重要。一定要从空气过滤、培养基、设备、环境等环节严格把关。谷氨酸生产菌一般都是生物素缺陷型，而在发酵培养基中又大多是控制生物素亚适量，所以谷氨酸生产菌对噬菌体和杂菌的抵抗能力较弱。如发酵过程中污染杂菌或噬菌体（特别是噬菌体），轻则出现谷氨酸收率低、难提取；重则倒罐，造成很大的经济损失。

（8）发酵终点控制　在正常发酵情况下，经过 $34 \sim 38h$ 的发酵，当残糖小于 $0.5\%$，pH 值在 6.5 左右，谷氨酸含量在 $6.5\% \sim 7.0\%$ 以上且不再上升，OD 值不增或稍有下降时，就可认为发酵已到终点，便可放罐。

## 二、谷氨酸的提取和精制工艺过程

由糖质原料转化为氨基酸的发酵过程，是个复杂的生物化学反应过程。在发酵液中，除含有溶解的氨基酸外，还存在着菌体、残糖、色素、胶体物质及其他发酵副产物。氨基酸的分离提纯，通常利用它的两性电解质性质、氨基酸的溶解度、分子大小、吸附剂的作用以及氨基酸的成盐作用等，把发酵液中的氨基酸提取出来。提取氨基酸的常用方法有等电点法、离子交换法、锌盐法等。目前，提取氨基酸的新技术有电渗析和反渗透法、浓缩等电点法、离子硅藻土过滤等电点法等。

### 1. 谷氨酸提取

从谷氨酸发酵液中提取谷氨酸的方法，一般有等电点法、离子交换法、金属盐沉淀法、盐酸盐法和电渗析法，以及将上述某些方法结合使用的方法。其中以等电点法和离子交换法较普遍，现介绍于下：

（1）等电点法　谷氨酸分子中有两个酸性羧基和一个碱性氨基，$pK_1 = 2.91$（$\alpha\text{-COOH}$）、$pK_2 = 4.25$（$\gamma\text{-COOH}$）、$pK_3 = 9.67$（$\alpha\text{-NH}_4^+$），其等电点为 pH=3.22，故将发酵液用盐酸调节到 pH=3.22，谷氨酸就可沉淀析出，此法操作方便，设备简单，一次收率达 60% 左右；缺点是周期长，占地面积大。图 11-3 为等电点法提取谷氨酸的工艺流程。

① 影响因素。由于发酵液成分复杂，影响等电点结晶因素很多，下面重点谈几方面因素。

a. 谷氨酸含量。发酵液中谷氨酸含量在 4% 以上时，易于等电点结晶。当其含量低于 3.5% 时，在一般温度下不易达到饱和状态，直接等电点提取困难，收率低。但当谷氨酸含量高于 8% 时，等电点提取时则易出现 $\beta$-型结晶，造成晶体分离困难，谷氨酸纯度下降。

b. 温度和降温速率。温度越低，谷氨酸的析出量越大，而当温度超过 30℃ 以上时，$\beta$-型结晶将增加较多。结晶过程中，降温速率过快，易析出细小结晶使分离困难，特别是降温后温度又回升，往往引起结晶细小，$\alpha$-型结晶向 $\beta$-型结晶转变，也使分离困难。等电点结晶过程终点温度越低越好，结晶过程应缓慢降温且维

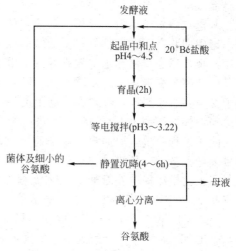

图 11-3　等电点法提取谷氨酸工艺流程

持温度持续下降。

c. 加酸及终点 pH 值。加酸速率过快,容易形成局部过饱和,晶核形成过多,结晶细小,不易沉淀分离,甚至会出现 β-型结晶,收率低;缓慢加酸,使谷氨酸溶解度逐渐降低,可控制一定数量的晶核,不致在短期内生成大量晶核,使析出的晶体颗粒大而饱满,易于分离。考虑生产能力,生产操作上前期加酸稍快,中期(晶核形成前)加酸要缓,后期加酸要慢,直至 pH 值缓慢降到等电点为止。

d. 晶种与养晶时间。晶核形成之前加入一定量的晶种有助于晶体的结晶析出,同时可控制晶形,易于得到粗大的晶体。晶种投入一般在介稳区,过早投入晶种易溶化,过晚投入会刺激更多细小的晶核形成。生产上晶种的加入可根据谷氨酸的含量和 pH 值来确定投种时间。谷氨酸含量在 5% 左右时,在 pH4.0～4.5 投晶种,谷氨酸含量在 3.5%～4.0% 时,在 pH3.5～4.0 投晶种,晶种加入量一般为发酵液加入量的 0.2%～0.3%。当晶核出现后应停止加酸,搅拌养晶有助于晶核长大壮大,形成较大的晶粒。养晶时间一般 2h 左右,时间短,晶体颗粒度不够;养晶时间过长,生产能力下降。

e. 搅拌。在不搅拌的情况下起晶,结晶的颗粒度不均匀,适当搅拌有助于使料液内部温度及过饱和度分布均匀,同时有助于晶核的生成,避免晶族的生成。但搅拌太快,液体运转过于剧烈,容易产生大量的晶核使结晶细小,搅拌太慢溶液内部温度及过饱和度分布不均,结晶颗粒不均,结晶速率低,甚至出现 β-型结晶。搅拌速率的控制与设备大小、搅拌器形式及尺寸有关,一般生产上采用桨式二挡交叉安装的搅拌器,转速为 24～26r/min。

f. 残糖。发酵液中残糖高,谷氨酸溶解度大,容易产生 β-型结晶,残糖低有助于 α-型结晶,且结晶收率高。若残糖高时可增加高流分,扩大谷氨酸与残糖的比例。

g. 染菌。发酵液污染噬菌体,易形成轻麸酸,还往往在晶体内包藏母液,降低谷氨酸的纯度和收率。因此,要严防发酵液染菌,另外也要注重等电点罐的清洁灭菌工作,发酵液要及时处理,保证新鲜不腐败、不染菌。

② 生产操作过程。发酵液排入到等电点罐后,取样测其温度、pH 值和谷氨酸含量,然后开搅拌器和冷却管,加入菌体细麸酸(菌体及细小的谷氨酸)及离子交换的高流分,待温度降至 30℃ 以下,加酸调 pH 值。前期加酸可稍快,1h 左右将 pH 值调至 5.0,中期可慢些,约 2h 将 pH 值调至 4.0～4.5,根据谷氨酸含量,观察晶核生成情况(产酸较低时可投入晶种,其量按谷氨酸量的 5% 计)。当能目视发现晶核时,停酸育晶 1～2h,此后加酸速率要慢,直至调到 pH 3.0～3.2 不变为止,继续搅拌 20h 左右,停止搅拌,静置 6h,使谷氨酸结晶沉降。整个过程温度要缓慢下降,不能回升,终点温度越低越好。

等电点静置结束后,放出上清液,然后把谷氨酸结晶沉淀层表面的菌体细麸酸清除,放另一罐中回收利用。底部的谷氨酸结晶取出后,送离心机分离脱水,所得湿谷氨酸供下面精制用。至于离心母液和水洗液则并入等电点的上清液,送往离子交换柱上柱。

(2) 离子交换法  当发酵液的 pH 值低于 3.22 时,谷氨酸以阳离子状态存在,可用阳离子交换树脂来提取,吸附在树脂上的谷氨酸阳离子再用碱洗脱下来,收集谷氨酸洗脱液,经冷却,加盐酸调 pH=3.0～3.2 进行结晶,再经离心分离机即可得谷氨酸结晶。

此法过程简单,周期短,设备省,占地少,提取总收率可达 80%～90%;缺点是酸碱用量大,废液污染环境。

离子交换法提取谷氨酸的工艺流程如图 11-4 所示。从理论上来讲,上柱发酵液的 pH 值应低于 3.22,但实际生产上发酵液的 pH 值并不低于 3.22,而是在 5.0～5.5 就可上柱,这是因为发酵液中含有一定数量的 $NH_4^+$、$Na^+$ 阳离子,这些离子优先与树脂进行交换反应,放出 $H^+$ 离子,使溶液的 pH 值降低,谷氨酸带正电荷成为阳离子而被吸附,上柱时应控制溶液的 pH 值不高于 6.0。上柱交换可以采用单柱法,也可采用双柱法。单柱法操作简便，但由于发酵液中含有较多的 $NH_4^+$ 和金属离子，这些离子随着谷氨酸阳离子一起被交换、洗脱。因此，减少了树脂交换量，还影响洗脱液中谷氨酸的纯度。为了改善提取效果，可采用由弱酸性阳离子树脂与强酸性阳离子交换树脂双柱串联操作。

影响离子交换的主要因素有以下几方面。

a. 离子交换树脂。树脂颗粒越小、孔径越大越有利于交换，但树脂过小床层阻力增大，不利于交换。树脂交联度越小，孔径越大，利于交换，但机械强度低，使用寿命小。

b. 温度。温度高扩散速率快，但温度高易引起树脂颗粒变形不利于交换，同时柱上交换杂质的量也增大，不利于谷氨酸的提纯。

c. 离子的化合价和离子的浓度。在常温稀溶液中，离子的化合价越高，电荷效应越强，就越易被树脂吸附。离子交换法提取谷氨酸常采用 732 强酸型阳离子交换树脂，在一定浓度下谷氨酸发酵液中各阳离子被树脂先后吸附交换，其顺序为：$Ca^{2+} > Mg^{2+} >$ $K^+ > NH_4^+ > Na^+ >$ 腺嘌呤 > 亮氨酸 > 丙氨酸 > 谷氨酸 > 天冬氨酸。但当溶液中某种离子浓度较高时，则优先吸附这种离子，离子浓度越高其吸附量越大，但对于一般料液，浓度过高往往造成杂质浓度也高，杂质被吸附的交换量也提高，对纯化产品不利。另外过高的离子浓度容易造成树脂层交换层过厚，穿透点提前到达，不利于树脂的利用。因此，进柱前要确定合理的交换浓度。

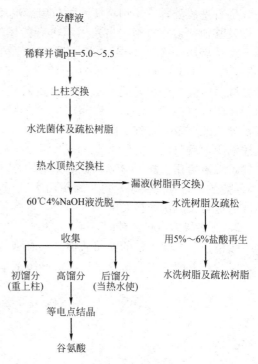

图 11-4　离子交换法提取谷氨酸的工艺流程

d. 流速。流速越大，液膜的厚度越薄，外部扩散速率越高，有利于交换，但流速增大到一定程度后，影响逐渐减小。另外流速过大也容易造成树脂层交换层过厚，穿透点提前到达，不利于树脂的利用。因此，进柱前要确定合理的料液流速。

e. 树脂被污染的情况。如果树脂不可逆地吸附一些物质，离子交换容量会下降，交换速率就会下降；或者一些不溶性的物质堵塞在交换柱内或树脂孔隙中，也会引起交换速率下降。如果树脂柱堵塞，柱压会升高，流速会变慢。树脂使用一段时间后要进行再生或更新。

f. 树脂的交换容量。树脂的交换容量越高越有利于交换，但交换容量受树脂本身的性质影响，树脂在使用一段时间后交换容量会变小，应进行再生。

g. 洗脱液流速。一般洗脱液流速比上柱速度慢，目的是使谷氨酸洗脱集中，拖尾小。但由于谷氨酸的溶解度小，从树脂上先洗脱下来的谷氨酸，容易在柱中析出晶体，因此，洗脱速度不宜过慢。一旦发现有谷氨酸在柱中析出，就应加快洗脱速度。

h. 洗脱剂浓度。洗脱剂浓度是根据被洗脱离子与树脂亲和力的大小等情况来决定的。一般洗脱机浓度高些洗脱效果好，被洗脱下来的离子比较集中。但洗脱剂浓度过高，一则洗脱机消耗大，二则容易造成谷氨酸在柱中结晶析出。一般洗脱液中 NaOH 质量分数为 $6\% \sim 8\%$（谷氨酸等电点上柱，洗脱碱液浓度高些）、$4\%$（谷氨酸发酵液上柱，浓度可低些）。发酵液排入到调节罐，用水（或前流分）稀释并用盐酸调节 pH 值至 $5.0 \sim 5.5$，然后用泵打入离子交换柱进行反交换，在进柱前经流量计调节流量［一般为 $2 \sim 3m^3/(m^3 \cdot h)$］，计算好交换时间，当交换时间完成后，停止进液，发酵液可改用其他再生后的交换柱进行交换，本柱进行洗脱处理。采用碱液洗脱前用清水反洗交换柱，使交换柱疏松，并用清水带走柱间菌体及其他杂质，直至流出液中不再有菌体等杂质为止。反洗液流入废液贮罐进行相应处理。反洗后用60℃左右热水进行正洗，使树脂层恢复高度并预热交换柱，正洗合格后用60℃左右、0.6～2mol/L NaOH溶液进行正洗脱，控制好流速，洗脱流速比交换流速小，计算洗脱时间，洗脱时间完成后，停止向柱内加碱。洗脱过程中收集不同的流分去相应贮槽。前流分（pH 2.0～2.5流分）作反洗水或供重配上柱液，高流分（pH 2.5～9.0流分）用于加盐酸调节制备谷氨酸（同等电点法），后流分（pH 9.0～11.0流分）一般处理后供配上柱液用，废料液（pH 11.0～12.0流分）主要含铵离子用作肥料。洗脱完后用热水正洗交换柱，洗液可用于配置碱液，正洗完毕用热水反洗交换柱使柱松动，洗毕降柱内液面加5%～6%盐酸进行反洗再生，再生完毕用水进行反洗，洗净树脂内残存的酸并松动树脂，然后降液面进行第二次交换发酵液。

**2. 谷氨酸的中和、精制**

味精（谷氨酸单钠的商品名称）具有强烈的鲜味，是将谷氨酸用适量的碱中和得到的。

（1）谷氨酸的中和　谷氨酸的饱和溶液加碱进行中和，反应方程式为：

$$2HN_3^+-\underset{\underset{\underset{COOH}{|}}{\underset{CH_2}{|}}{\underset{CH_2}{|}}}{\overset{COO^-}{\overset{|}{CH}}} + Na_2CO_3 \longrightarrow 2NH_3^+-\underset{\underset{\underset{COO^-}{|}}{\underset{CH_2}{|}}{\underset{CH_2}{|}}}{\overset{COO^-Na^+}{\overset{|}{CH}}} + CO_2\uparrow + H_2O$$

谷氨酸中和反应的pH值应控制在谷氨酸第二等电点pH＝6.96。当pH值太高时，生成的谷氨酸二钠增多，而谷氨酸二钠没有鲜味。

中和操作是在中和罐内进行。首先在罐内放入一定量的70℃热水，开动搅拌器，控制转速在36～60r/min，然后投入一定量的湿谷氨酸，热水与谷氨酸配比大致在1:1（质量比），投料后当晶体完全溶解后，可加碱进行中和。投碱不能一次大量投入，应均匀酌量加入，以免泡沫大量产生造成"冒罐"事故，同时也避免二钠盐的生成或造成L型谷氨酸向D型转变，终点控制在pH6.9左右。由于中和反应放热，整个中和反应过程要通入冷却水降温使中和反应温度不超过75℃。

（2）中和液的除铁、除锌　由于生产原料不纯、生产设备腐蚀及生产工艺等原因，使中和液中铁、锌离子超标，必须将其除去。目前除铁、锌离子的方法主要有硫化钠和树脂法两种。硫化钠可与$Fe^{2+}$、$Zn^{2+}$反应生成硫化锌沉淀而除去。树脂除铁是利用弱酸性阳离子交换树脂，吸附铁或锌得以除去。此法除铁（或锌），不但解决了硫化除铁引起的环境污染问题，改善了操作条件，而且提高了味精质量，是一种较为理想的除铁方法。除铁、锌可与脱色一起考虑。

（3）谷氨酸中和液的脱色　一般谷氨酸中和液都具有深浅不同的褐色色素，必须在结晶前将其脱色，常用脱色方法有活性炭脱色法和离子交换树脂法两种。活性炭脱色主要是粉末状的药用炭和GH-15颗粒活性炭两种。粉末活性炭脱色，一种方法是在中和过程中加炭脱色后除去铁；另一种方法是中和液洗涤除铁，用谷氨酸回调pH＝6.2～6.4，蒸汽加热60℃，使谷氨酸全部溶解，再加入适量的活性炭脱色。经粉末活性炭脱色后，往往透光率达不到要求，需进入GH-15活性炭柱进行最后一步脱色工序。离子交换树脂的脱色主要靠树脂的多孔隙表面对色素进行吸附，主要是树脂的基团与色素的某些基团形成共价键，因而对杂质起到吸附与交换作用，一般选用弱碱性阴离子交换树脂。

在中和罐内加入活性炭，活性炭粉按1%～3%用量加入中和液中，搅拌30min至1h，取少量溶液过滤检查脱色情况，滤液透光度应大于90%。当合格后，升温至80℃，趁热过滤。然后用热水洗涤滤渣，洗液用于中和用水。

（4）中和液的浓缩和结晶　谷氨酸钠在水中的溶解度很大，要想从溶液中析出结晶，必须除去大量的水分，使溶液达到过饱和状态。工业上为了避免因温度太高，谷氨酸钠脱水变成焦谷氨酸钠，都采用减压蒸发法来进行中和液的浓缩和结晶，真空度一般在80kPa以上，温度为65～70℃。为了使味精的结晶颗粒整齐，一般采用投晶种结晶法，完成结晶后，经离心机分离，振动床干燥、筛分，再经过包装，即成成品味精。

中和液的浓缩和结晶操作过程是开动真空泵，将脱色液吸入真空浓缩罐内，约占罐容积的60%，开浓缩罐夹套蒸汽进行加热，控制真空度保持在80kPa，温度在65℃以下，当罐内料液密度达1.255～1.266g/mL时，开动搅拌，并打开吸种管路，吸入预先称量的晶种，加晶种30min左右如料液中出现混浊或有少量微晶生成（新晶核生成），可吸入少量蒸馏水稍加稀释，使其溶解或使不规则的晶型得到修复而整齐（整晶），加水可从上、中、下三层加入，随着时间的推移，浓缩罐内晶体逐渐生成并长大，当晶浆浓度变稀应及时向浓缩罐内进行补料，控制补料速率及补料量，避免大量晶核出现，当晶体大小已接近产品要求时，可准备放罐。

放罐前可稍提罐温和稍加同温度的水，溶解微晶，使晶浆稍加稀释，便于放罐。放罐时停蒸汽、去除真空，将晶浆放入助晶槽。在助晶槽内，继续保持搅拌让晶体进一步长大，但要控制搅拌速率不要太大，使晶体能够浮起即可，温度保持在65℃左右，当晶体达到要求后放入离心机进行分离，晶体用50℃左右热水洗涤。分离后的晶体在70～80℃左右干燥，使水分降到0.15%以下，结晶母液与洗涤液可进一步结晶处理。

## 第四节　其他氨基酸生产

### 一、L-天冬氨酸的生产

L-天冬氨酸（L-Aspartic acid，简写L-ASP）是天然存在的重要氨基酸，工业上主要采用L-天冬氨酸酶转化富马酸的方法得到。L-天冬氨酸酶可以利用大肠杆菌、三叶草假单胞菌、巨大芽孢杆菌或产氨短杆菌等发酵生产。

L-ASP为白色结晶或结晶性粉末，无臭，略带酸味，微溶于水，不溶于乙醇和乙醚。L-ASP是一种酸性氨基酸，可作为合成其他的氨基酸如丙氨酸、苯丙氨酸的主要原料，也可用于合成其他的精细化学品，如天苯、天丙二肽等，是重要的化工原料。

L-ASP可以作为药品和食品营养增补剂使用。医药上主要作为治疗心脏病、肝功能促进剂、氨解毒剂、疲劳消除剂和氨基酸输液成分；工业上作为合成L-丙氨酸和天冬酰胺的主要原料；食品上主要用于鲜味剂和高甜味剂，其中天冬甜精的甜度大于蔗糖200倍，且热量低，不腐蚀牙齿，加入橘子汁等夏季饮料中，具有独特的爽口香味，天冬氨酸钠盐可以抑制食品中色、香、味之变化，增加饮料中$CO_2$的保持率；由于天冬氨酸具有消除疲劳之功效，日本味之素公司用天冬氨酸为主要成分配成营养饮料，具有显著的消除疲劳的效果。

L-ASP的生产工艺流程如下：

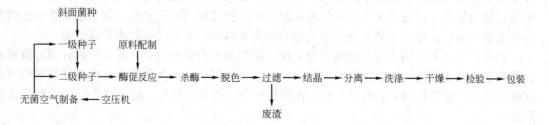

## 二、赖氨酸的生产

赖氨酸是一种必需氨基酸，广泛用于营养食品、饲料添加剂等方面。目前生产赖氨酸的方法有四种：以血蛋白质为原料的蛋白质水解法；以己内酰胺、丙烯腈等为原料的化学合成法；以淀粉糖及糖蜜为原料的直接发酵法及二氨基庚二酸前体添加发酵法；还有以 DL-己内酰胺等为原料的酶法。

直接发酵法生产赖氨酸可以以谷氨酸棒杆菌、北京棒杆菌、黄色短杆菌或乳糖酸发酵短杆菌等为发酵菌种，在生产中控制好通气、pH 值、温度等发酵条件，以防产生菌在发酵培养中的回复突变。

在赖氨酸生产中控制溶氧浓度特别重要，供氧不足，将导致乳酸积累，并可能导致赖氨酸生产受到不可逆性抑制，该抑制作用和细胞膜透性有关，因为供氧不足使细胞内的赖氨酸和磷脂含量增加，但发酵液中赖氨酸的量减少。发酵的 pH 值控制在 $4.5\sim7.5$，可通过补氨加以控制；发酵温度控制在 $31\sim32℃$；糖质量分数控制在 $5\%\sim7\%$，超过 $12\%$ 时赖氨酸的生成显著受到阻碍。

当赖氨酸发酵时，添加某些物质，可以提高赖氨酸产量。如表 11-1 所示。

表 11-1　某些物质对赖氨酸产量的影响

| 菌种 | 碳源 | 添加的物质 | 赖氨酸产量/(g/L) 添加的 | 赖氨酸产量/(g/L) 不添加的 | 备注 |
|---|---|---|---|---|---|
| 谷氨酸棒杆菌 | 糖蜜 | 胱氨酸发酵液 | 55 | 40 | ATCC21513 株 |
| 乳糖发酵短杆菌 | 糖蜜 | 对数生长期补加氮源、糖源 | 67.5 | 42 | FERM-P2647 株 |
| 乳糖发酵短杆菌 | 葡萄糖 | 0.1% L-苏氨酸月桂酸酯 | 30 | 16 | AJ-E3445 株 |
| 谷氨酸棒杆菌 | 糖蜜 | 红霉素 | 55.8 | 40.1 | |
| 谷氨酸棒杆菌 | 蔗糖 | 青霉素菌丝浸出液 | 40.5 | 36.2 | hom⁻ |
| 短小假单胞菌 | | 20mg/L 甘氨酸 | 44.2 | 30.5 | |
| 短小假单胞菌 | | 20mg/L 丝氨酸 | 40.7 | 30.5 | |
| 乳糖发酵短杆菌 | 葡萄糖 | $20\times10^{-6}$g/L 铜离子 | 46 | 35 | hom⁻ |
| 乳糖发酵短杆菌 | 葡萄糖 | 氯霉素等 | $30\sim33$ | 18 | AJ-3445 株 |
| 嗜醋酸棒杆菌 | 醋酸 | 0.5% 丙酸 | 68.9 | 47.9 | 对醋酸收率23.3% |
| 黄色短杆菌(thr⁻) | 醋酸 | $20\times10^{-6}$g/L 铜离子 | 44 | 33 | |
| 短假单胞菌 NO.56 | 烃 | 65mg/L 丝氨酸 | 42.6 | 30 | 抗 L-缬氨酸 |
| 短假单胞菌 NO.56 | 烃 | 200mg/L 异亮氨酸 | 43.2 | 30 | 抗 L-缬氨酸 |
| 诺卡菌 ATCC21338 | 烃 | 1mg/L 铜离子(以 $CuCl_2 \cdot 2H_2O$ 计) | 25 | 14 | hom⁻ |

## 三、异亮氨酸及亮氨酸生产

### 1. 异亮氨酸的发酵生产

异亮氨酸的生产方法可分为：添加前体发酵法，直接发酵法。

早期，异亮氨酸发酵是通过添加前体物质，避开反馈调节进行的。异亮氨酸生物合成中的关键酶苏氨酸脱水酶受异亮氨酸的反馈抑制，并且异亮氨酸、缬氨酸生物合成酶系还受异亮氨酸、缬氨酸和亮氨酸的多价阻遏。发酵时，添加 D-苏氨酸、$\alpha$-酮基异戊酸等前体物质，可绕过异亮氨酸对苏氨酸脱水酶的反馈抑制，同时使细胞内异亮氨酸、缬氨酸和亮氨酸的储存平衡遭到破坏，导致异亮氨酸、缬氨酸合成酶系解除阻遏而过量积累异亮氨酸。

直接发酵法是应用了抗反馈调节突变株。使用的生产菌种主要有谷氨酸棒杆菌、黄色短杆菌和黏质赛莱氏菌的抗性突变株。例如，异亮氨酸氧肟酸抗性突变株解除了异亮氨酸对苏氨酸脱水酶的反馈抑制；$\alpha$-氨基丁酸抗性菌株解除了对异亮氨酸、缬氨酸合成酶系所受到的阻遏。

**2. 亮氨酸的发酵生产**

亮氨酸是从缬氨酸生物合成期的中间产物 $\alpha$-酮基异戊酸分支出来的。异亮氨酸、缬氨酸合成酶系受异亮氨酸、缬氨酸和亮氨酸的多价阻遏，但亮氨酸生物合成途径的初始酶 $\alpha$-异丙基苹果酸合成酶仅受亮氨酸的反馈抑制，同时还需要 $\alpha$-酮基异戊酸的积累。

亮氨酸高产菌的选育可以采用各种不同的策略，如选育 $\alpha$-氨基丁酸抗性突变株，可以解除对异亮氨酸、缬氨酸生物合成酶系的阻遏作用。还可以选育异亮氨酸缺陷型回复突变株，此回复突变株的 $\alpha$-异丙基苹果酸合成酶不再受亮氨酸的反馈抑制。此外，还有 $\alpha$-噻唑丙氨酸抗性兼蛋氨酸、异亮氨酸双重缺陷型突变株用于亮氨酸的发酵生产。

**📖 思考题**

1. 为什么氨基酸是人类生命活动的必需物质？
2. 氨基酸在工业上有哪些应用？
3. 氨基酸的生产方法有哪些？
4. 以谷氨酸为例，简单说说氨基酸生物合成的途径。
5. 淀粉水解糖的制备方法有哪些？各有什么优缺点？
6. 氨基酸发酵工艺应控制的因素有哪些？
7. 提取氨基酸常用方法有哪些？
8. 简单说说等电点法提取氨基酸的基本原理。
9. 天冬氨酸是如何生产的？

# 第十二章 维生素C的生产

**学习目标**

① 了解维生素C的性质及生物合成的工艺原理。
② 熟悉莱氏法生产维生素C的生产工艺。
③ 掌握两步发酵法生产维生素C的生产工艺。
④ 会分析维生素C生产中的工艺问题并进行处理。

## 第一节 概 述

维生素C（Vitamin C，VC）又名抗坏血酸，化学名称为L-2，3，5，6-四羟基-2-烯酸-$\gamma$-内酯。维生素C是人体不可缺少的要素，是细胞氧化-还原反应中的催化剂，参与机体新陈代谢，增加机体对感染的抵抗力。用于防治坏血病和抵抗传染性疾病，促进创伤和骨折愈合，以及用作辅助药物治疗。维生素C广泛存在于自然界，人们常吃的水果、蔬菜等都含有少量维生素C，动物器官的肾、肝和脑垂体中也含有大量维生素C。维生素C参与机体新陈代谢，帮助酶将胆固醇转化为胆酸而排泄，以减轻毛细血管的脆性，增加机体抵抗力；它还能促进肠道内铁的吸收，如缺乏维生素C，会使血浆与贮存器官中铁的运输遭到破坏；它与叶酸之间也有一定的作用，能促进叶酸转变成甲酰四氢叶酸，以保持人体的正常造血功能。在临床上，维生素C用于防治坏血病、预防冠心病，大剂量静脉注射可用于克山病的治疗。由于维生素C是一种强还原剂，故还可用于食品保鲜与贮藏、油脂的抗氧化、植物生长等领域以及作为人体的营养剂、健康食品添加剂等。

维生素C最早（1932年）是由柠檬汁浓缩液中提取的结晶体。其结构式为：

$$\text{HOH}_2\text{C} \quad \text{O} \quad \text{O} \quad \text{或} \quad \begin{array}{c} \text{C} = \text{O} \\ \text{HO} - \text{C} \\ \text{HO} - \text{C} \quad \text{O} \\ \text{HO} - \text{C} - \text{H} \\ \text{CH}_2\text{OH} \end{array}$$

维生素C是一种白色或略带淡黄色的结晶或粉末，无臭、味酸、遇光色渐变深，水溶液显酸性。结晶体在干燥空气中较稳定，但其水溶液能被空气中的氧和其他氧化剂所破坏，所以贮藏时要阴凉干燥，密闭避光。熔点为190～192℃，熔融时同时分解。

维生素C易溶于水，略溶于乙醇，不溶于乙醚、氯仿和石油醚等有机溶剂。水溶液在pH值为5～6之间稳定，若pH值过高或过低，并在空气、光线和温度的影响下，可促使内酯环水解，并可进一步发生脱羧反应而成糠醛，聚合易变色。反应过程见图12-1。

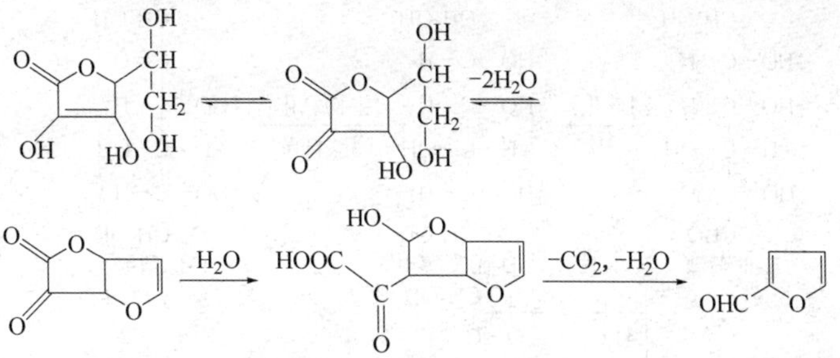

图 12-1　维生素 C 的分解反应

其水溶液呈酸性是由于分子中存在烯醇结构（ $-\overset{\text{OH}}{\overset{|}{\text{C}}}=\overset{\text{OH}}{\overset{|}{\text{C}}}-$ ），表现出强还原作用的缘故；也是因烯醇结构易被氧化成双酮结构（ $-\overset{\text{O}}{\overset{\|}{\text{C}}}-\overset{\text{O}}{\overset{\|}{\text{C}}}-$ ），故微量金属离子（$Cu^{2+}$、$Zn^{2+}$、$Mn^{2+}$、$Fe^{2+}$等）的存在会使氧化反应加速。

维生素 C 虽广泛存在于自然界，但含量很低，目前主要采用莱氏法和两步发酵法来制备。国外维生素 C 的生产主要采用莱氏法及其改进路线，其生产自动化水平较高，生产能力也较大。我国 20 世纪 70 年代初开始研制维生素 C 两步发酵法并投入生产，其工艺已达到国际先进水平，总收率为 63.5%，高于国外（约 61%）。1991 年，瑞典一家药厂以 550 万元买走上海三维制药公司（原上海第二制药厂）维 C 两步发酵法专利，创造了我国医药史上第一项软技术出口的纪录。目前，在生物工程上，维生素 C 从山梨醇两步发酵法发展到 D-葡萄糖经 2-酮基-L-古龙酸（简称 2-KGA）的新两步发酵法和从葡萄糖起始的三步发酵法直接得维生素 C。1984 年日本推出了从 D-葡萄糖到维生素 C 的一步发酵法。下面就几条工业上常用路线分述如下。

## 第二节　合成原理

维生素 C 分子中有两个手性碳原子，有四种同分异构体，见图 12-2。其中只有 L（+）抗坏血酸生物活性最高，其他三种临床效用很低或无活性。D 型Ⅱ、Ⅳ无生物活性，Ⅲ仅具有Ⅰ的 1/20 的生理效能。由于维生素 C 的构型与生物活性有一定的关系，所以合成时必须以第四个碳原子和抗坏血酸结构相同的物质作为原料，而且保证在合成过程中此种碳原子的构型不变。

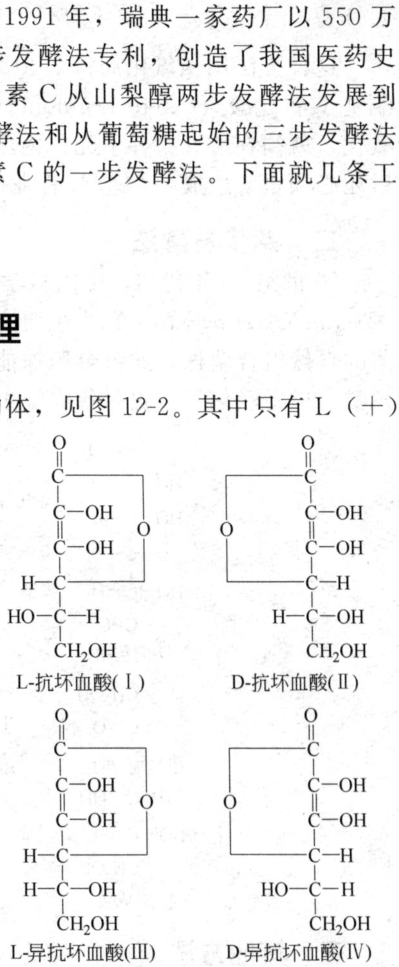

L-抗坏血酸(Ⅰ)　D-抗坏血酸(Ⅱ)　L-异抗坏血酸(Ⅲ)　D-异抗坏血酸(Ⅳ)

图 12-2　维生素 C 的四种同分异构体

### 一、莱氏法

1935 年，德国的莱奇登（Reichstein）等人以 D-山梨醇为原料，经黑醋菌（*Acetobacter melanogenum*）一步发酵得 L-山梨糖，将此糖在酸性条件下，经丙酮酮醇缩合，得双丙酮糖，再经次氯酸钠（或高锰酸钾）氧化得双丙酮-2-酮-L-古龙酸，再将后者水解去丙酮后经盐酸转化得维生素 C。D-山梨醇可通过 D-葡萄糖经催化氢化而得。过程如下：

D-葡萄糖 → [氢化] H₂ → D-山梨醇 → [生物氧化] 醋酸杆菌 → L-山梨糖

(CH₃)₂CO / H₂SO₄ → 双丙酮-L-山梨糖 → O₂ / KMnO₄,NaOH →

双丙酮-L-古龙酸 → H₂O → 2-酮基-L-古龙酸 → 内酯化 烯醇化 → L-抗坏血酸

这种方法用强氧化剂将 L-山梨糖在 4 位的仲醇基氧化生成维生素 C 的重要前体——2-酮基-L 古龙酸（2-keto-L-gulonic acid，简称 2-KGA）。为了保护山梨糖 $C_6$ 位的伯醇基不被氧化，就须在酸性条件下先用丙酮处理 L-山梨糖，形成双丙酮衍生物后再进行氧化；氧化后还必须水解生成 2-酮基-L-古龙酸（不稳定，难分离出），再经转化而得维生素 C。

## 二、两步发酵法

20 世纪 70 年代初，中国科学院微生物研究所等单位筛选得到一株以氧化葡萄糖酸杆菌（*Glnanobacter oxydans*）为主要产酸菌，以条纹假单胞杆菌（*Pseudomonas striata*）为伴生菌的自然组合菌株，此组合菌株能将 L-山梨糖继续氧化成维生素 C 的前体——2-酮基-L-古龙酸，最后经化学转化制备成维生素 C。这一方法称为两步发酵法。其合成路线如下。

D-葡萄糖 → [氢化还原] H₂ 0.04MPa 150℃ → D-山梨醇 → [生物氧化] O₂/黑醋菌 pH5.4～5.5 33～34℃ →

L-山梨酸 → [生物氧化] 氧化葡萄糖酸杆菌 O₂/假单胞杆菌 pH6.7～7.0 29～31℃ → 2-酮基-L-古龙酸 → [转化] HCl 38% 51℃ → L-维生素C

## 三、其他方法

近年来，日本利用生物工程技术获得新菌株——诱变欧文菌（*Errvinai*），美国则将诱变欧文菌与棒状菌基因（*Brevibacterium* sp.）并接成另一新菌株，利用这两种新菌株，从葡萄糖制备维生素 C 分别只需 2～3 步，现已准备投入生产。我国也已开始这方面的研究。这是当今用于医药产品中取得突破性进展的生物技术，一旦用于生产，前景相当可观。

# 第三节 生产工艺过程

下面主要介绍莱氏法和两步发酵法生产维生素 C 的工艺过程。

## 一、莱氏法维生素 C 生产工艺过程

### 1. D-山梨醇的制备

山梨醇是葡萄糖在氢作还原剂、镍作催化剂的条件下，将葡萄糖醛基还原成醇羟基而制得的，其反应式如下：

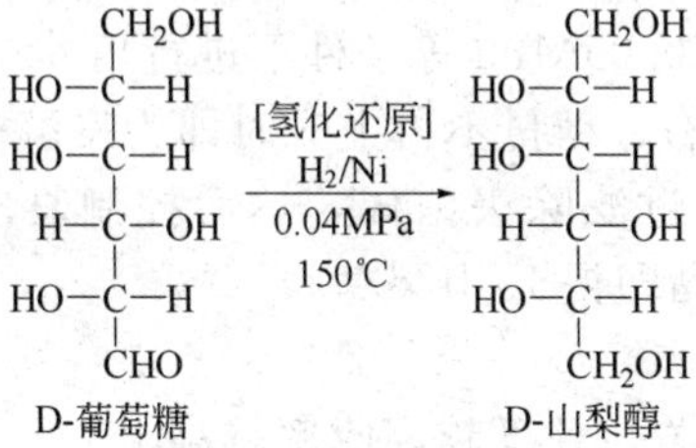

（1）工艺过程  将水加热至 70～75℃，在不断搅拌下逐渐加入葡萄糖至全溶，制成 50％葡萄糖水溶液，再加入活性炭于 75℃搅拌 10min，滤去炭渣，然后用石灰乳液调节滤液 pH 值为 8.4，备用。当氢化釜内氢气纯度≥99.3％、压强＞0.04MPa 时可加入葡萄糖滤液，同时在催化剂槽中添加活性镍，利用糖液冲入釜内，以碱液调节 pH 值为 8.2～8.4，然后通蒸汽并搅拌。当温度达到 120～135℃时关蒸汽，并控制釜温在 150～155℃、压强在 3.8～4.0MPa。取样化验合格后，在 0.2～0.3MPa 压强下压料至沉淀缸静置沉淀，过滤除去催化剂，滤液经离子交换树脂交换、活性炭处理，即得 D-山梨醇。收率为 95％。

山梨醇是无色透明或微黄色透明黏稠液体，主要用作生产维生素 C 的原料，也可用作表面活性剂，制剂的辅料、甜味剂、增塑剂、牙膏的保湿剂，其口服液还可治疗消化道疾病。

（2）注意事项及"三废"处理  车间进行葡萄糖还原反应时氢气需自制，故配有氢气柜。应杜绝火源，以免氢气发生爆炸。催化氢化前，葡萄糖液的 pH 值应严格控制在 8.0～8.5，如 pH 值偏低或偏高，将会使甘露醇含量增加。山梨醇是多元醇，在高温下具有溶解多种金属的性能，因而生产中应避免使用铁、铝或铜制设备，尤其在料液经过树脂交换后，应全部使用不锈钢设备。废镍催化剂可压制成块，冶炼回收；再生废液中的镍经沉淀后可回收。废酸、废碱液经中和后放入下水道。

### 2. L-山梨糖的制备

经过黑醋菌的生物氧化，可选择性地使 D-山梨醇的 2 位羟基氧化成酮基，即得 L-山梨糖。

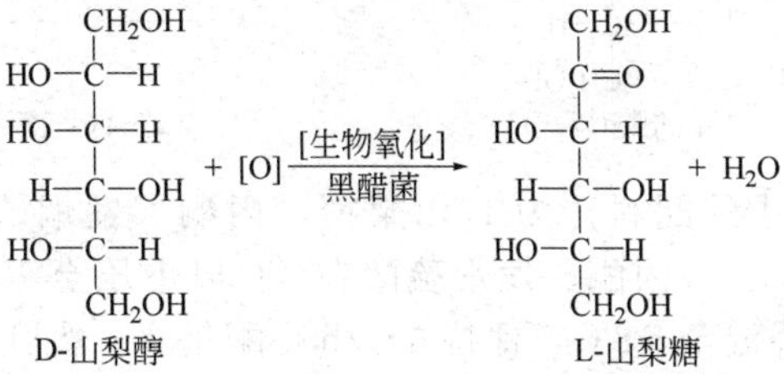

(1) 工艺过程

① 菌种部分。黑醋菌是一种小短杆菌，属革兰阴性菌（$G^-$），生长温度为 $30\sim36℃$，最适温度为 $30\sim33℃$。培养方法是将黑醋菌保存于斜面培养基中，每月传代一次，保存于 $0\sim5℃$ 冰箱内。以后菌种从斜面培养基移入三角瓶种液培养基中，在 $30\sim33℃$ 振荡培养 48h，合并入血清瓶内，糖量在 $100mg/ml$ 以上、镜检菌体正常、无杂菌时，可接入生产。

② 发酵部分。种子培养分为一、二级种子罐培养，都以质量浓度为 $16\%\sim20\%$ 的 D-山梨醇投料，并以玉米浆、酵母膏、泡敌、碳酸钙、复合维生素 B、磷酸盐、硫酸盐等为培养基，在 pH5.4～5.6 下于 $120℃$ 保温 30min 灭菌，待罐温冷却至 $30\sim34℃$，用微孔法接种。在此温度下，通入无菌空气（1v/v/m），并维持罐压 $0.03\sim0.05MPa$ 进行一、二级种子培养。当一级种子罐产糖量大于 $50mg/ml$（发酵率达 $40\%$ 以上）、二级种子罐产糖量大于 $70mg/ml$（发酵率在 $50\%$ 以上）、菌体正常时，即可移种。

发酵罐部分是以 $20\%$ 左右 D-山梨醇投料，另以玉米浆、尿素为培养基，在 pH5.4～5.6、灭菌消毒冷却后，按接种量为 $10\%$ 接入二级种子培养液。在 $31\sim34℃$，通入无菌空气（0.7v/v/m），维持罐压 $0.03\sim0.05MPa$ 等条件下进行培养。当发酵率在 $95\%$ 以上、温度略高（$31\sim33℃$）、pH 在 7.2 左右、糖量不再上升时即为发酵的终点。

③ 后处理部分。将发酵液过滤除去菌体，然后控制真空度在 $0.05MPa$ 以上，温度在 $60℃$ 以下，将滤液减压浓缩结晶即得 L-山梨糖。

(2) 影响因素

① 山梨醇的纯度与收率有关，纯度越高收率越高。

② 氧化速率与山梨醇的浓度有很大关系，浓度高，超过 $40\%$，通气速率低，细菌几乎无作用，但浓度过低，则需庞大的发酵罐及浓缩设备，设备利用率低，选用浓度一般不大于 $25\%$。

③ 发酵液中金属离子的存在抑制细菌脱氢活性，若有两种或更多种金属离子存在，抑制作用更大。镍离子抑制作用最强。因而控制 D-山梨醇中镍$\leqslant5mg/kg$，铁$\leqslant70mg/kg$。

④ 发酵液中加生物催化剂（如 B 族维生素、玉米提取物、酵母）能提高发酵率。

⑤ 空气流量（v/v/m）越大越有利于发酵，但过大，动力消耗大，且泡沫量增大，一般生产上控制在 $0.7\sim1.0v/v/m$。

(3) 注意事项　在发酵过程中，若出现苷糖高、周期长、酸含量低、pH 值下降的现象，说明发生染菌。染菌会大大影响发酵收率，所以要避免染菌。常见的染菌途径有：种子或发酵罐带菌，接种时罐压低于大气压，培养基灭菌不彻底，操作中的染菌、阀门泄漏等。

**3. 2,3,4,6-双丙酮基-L-山梨糖（双丙酮糖）的制备**

山梨糖（酮式）经过互变异构转变成环式山梨糖，再与两分子丙酮反应，将其结构中 2,3-位羟基及 4,6-位羟基保护起来，生成 2,3,4,6-双丙酮基-L-山梨糖。

L-山梨糖(酮式)　　　　L-山梨糖(环式)　　　　2,3,4,6-双丙酮基-L-山梨糖

(1) 工艺过程　生产中的配料比为 L-山梨糖：丙酮：发烟硫酸：氢氧化钠：苯＝1：9：0.4：0.6：6（摩尔比）。将丙酮、发烟硫酸在 $5℃$ 以下压至溶糖罐内，加入山梨糖，在 $15\sim20℃$ 下溶糖 6h 后再降温至 $-8℃$，保持 $6\sim7h$ 得酮化液。然后在温度不超过 $25℃$ 时酮化

液中加入 18%～22%氢氧化钠溶液，调节 pH 值至 8.0～8.5。下层硫酸钠用丙酮洗涤，回收单丙酮糖；上层清液蒸馏至 100℃后，减压蒸馏至约 90℃为终点，再用苯提取蒸馏后的剩余溶液，然后减压蒸馏苯溶液得丙酮糖。收率 88%。

（2）注意事项

① 酮化反应温度必须低于 20℃，这有利于双丙酮糖的生成，保证收率。若高于 20℃，将有利于单丙酮糖的生成，使收率降低。

② 双丙酮糖液在酸性中不稳定，碱性中较稳定，因此中和时，必须保持碱性和低温条件。

**4. 2,3,4,6-双丙酮基-L-2-酮基-古龙酸（双丙酮古龙酸）的制备**

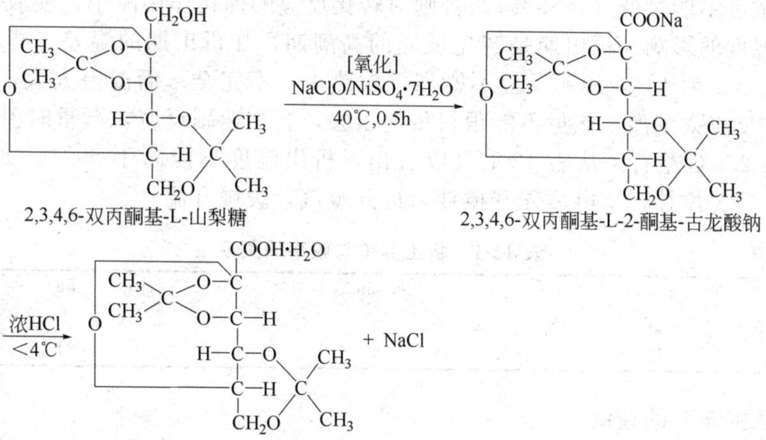

2,3,4,6-双丙酮基-L-山梨糖 　[氧化] NaClO/NiSO₄·7H₂O 40℃,0.5h → 2,3,4,6-双丙酮基-L-2-酮基-古龙酸钠

浓HCl <4℃ → 2,3,4,6-双丙酮基-L-2-酮基-古龙酸 + NaCl

用次氯酸钠将 2,3,4,6-双丙酮基-L-山梨糖氧化成 2,3,4,6-双丙酮基-L-2-酮基古龙酸钠，再用浓盐酸酸化即得 2,3,4,6-双丙酮基-L-2-酮基-古龙酸。

工艺过程如下。

① 次氯酸钠的制造。次氯酸钠性质不稳定，久置易分解失去氧化性，所以需新鲜配制。在 35℃下将 14.5%～15.5%氢氧化钠溶液搅拌通入液氯，以有效氯浓度 9.5%～9.7%、余碱浓度 2.8%～3.2%为终点。

② 双丙酮糖的氧化。配料比为双丙酮糖∶次氯酸钠∶硫酸镍＝1∶10∶0.04（摩尔比）。将次氯酸钠、双丙酮糖及硫酸镍在温度 40℃保温搅拌 30min，然后静止片刻，抽滤。滤液冷却至 0～5℃时，用盐酸中和，分三段进行：pH7，pH3，pH1.5。甩滤，冷水洗，再用滤1h，即得 2,3,4,6-双丙酮基-L-2-酮基古龙酸结晶，收率 86%。

**5. 粗品维生素 C 的制备**

这一反应包括三步：先将双丙酮古龙酸水解脱去保护基丙酮，再进行内酯化，最后进行烯醇化即得粗维生素 C。三步反应速率很快，很难得到相应的中间体，故用虚线标示。

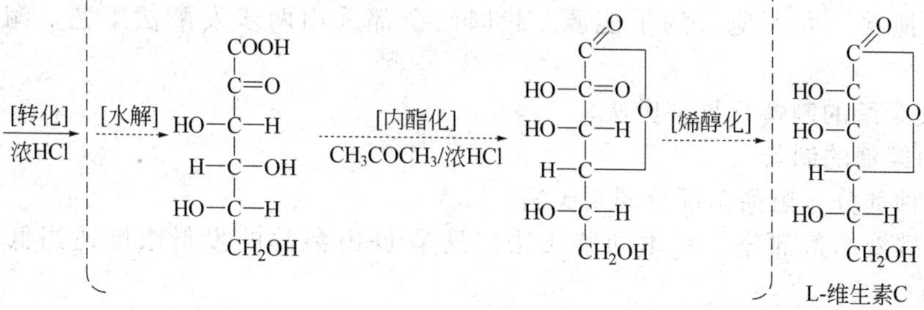

[转化] 浓HCl　[水解] →　[内酯化] CH₃COCH₃/浓HCl →　[烯醇化] → L-维生素C

(1) 工艺过程　配料比为双丙酮古龙酸（折纯）：精制盐酸（38%）：乙醇＝1：0.27：0.31。生产中先将部分双丙酮古龙酸加入转化罐，搅拌加入盐酸，再加入余下的双丙酮古龙酸，盖好罐盖。等反应罐夹层充满水后，打开蒸汽阀门，缓慢升温至37℃左右关蒸汽，自然升温至52～54℃，保温5～7h。反应达到高潮时，结晶析出，要严格控制温度低于60℃，高潮期过后，维持50～52℃至总保温时间20h。接着开冷却水降温1h，加入适当体积的乙醇，冷却至－2℃，放料，甩滤0.5h，再用乙醇洗涤，甩滤3～3.5h，经干燥得粗维生素C。收率88%。

(2) 注意事项

① 加料的先后顺序。如先加双丙酮古龙酸盐酸，易结成块状物，搅拌困难；先加丙酮，使之与双丙酮古龙酸形成一种悬浮液，易搅拌。

② 盐酸浓度不能过低（>38%），否则对转化反应的催化作用减小，使收率降低。

③ 析出温度的影响。析出期是转化反应的高潮期，如析出期的温差（指析出结晶前后的温度差）太小，为1℃，说明反应不剧烈，放热小，不完全；而温差太大，为5℃，则反应放热太多，反应太剧烈，热量不能很快传递出去，会加速副反应，严重时引起烧料。故析出温差最好为2.5℃左右。从表12-1可以看出，析出温度不能高于59℃。如遇突然停电，应先关蒸汽，后关搅拌；来电后先开搅拌，再开蒸汽，缓慢升温。

**表12-1　析出温差与收率的关系**

| 析出温度/℃ | 55 | 56 | 56.5 | 57 | 58 | 59 |
|---|---|---|---|---|---|---|
| 析出温差/℃ | 1 | 2 | 2.5 | 3 | 4 | 5 |
| 收率/% | 74.8 | 82.3 | 82.7 | 82 | 81 | 80.5 |

**6. 粗品维生素C的精制**

配料比为粗维生素C（析纯）：蒸馏水：活性炭：乙醇＝1：1.1：0.06：0.6（质量比）。将粗品维生素C真空干燥（0.9MPa，45℃，20～30min），除去挥发性杂质（盐酸、丙酮），加蒸馏水搅拌，待维生素C溶解后，加入活性炭，搅拌5～10min，压滤，滤液至结晶罐，加入50L乙醇，降温后加晶种使结晶。将晶体离心甩滤，再加乙醇洗涤，甩滤，将甩干品真空干燥（0.9MPa，43～45℃，1.5h）即得精制维生素C。精制收率91%。

## 二、两步发酵法维生素C生产工艺

莱氏法的优点是生产工艺成熟，总收率能达到60%（以D-山梨醇计），优级品率为100%，但生产中为使其他羟基不受影响，需用丙酮保护，使反应步骤增多，连续操作有困难，且原料丙酮用量大，苯毒性大，劳动保护强度大，并污染环境。由于存在上述问题，莱氏法工艺已逐步被两步发酵法所取代。

两步发酵法也是以葡萄糖为原料，经高压催化氢化、两步微生物（黑醋菌、假单胞杆菌和氧化葡萄糖酸杆菌的混合菌株）氧化、酸（或碱）转化等工序制得维生素C。这种方法系将莱氏法中的丙酮保护和化学氧化及脱保护等三步改成一步混合菌株生物氧化。因为生物氧化具有特异的选择性，利用合适的菌将碳上羟基氧化，可以省去保护和脱保护两步反应。

此法的最大特点是革除了大量的有机溶剂，改善了劳动条件和环境保护问题，近年来又去掉了动力搅拌，大大地节约了能源。我国已全部采用两步发酵法工艺，淘汰了莱氏法工艺。

**1. D-山梨醇的制备**（见莱氏法）

**2. L-山梨糖的制备**

(1) 菌种部分　黑醋菌部分同莱氏法。

(2) 发酵液制备部分　基本同莱氏法，只是D-山梨醇的投料浓度适当低些，在10%左右。

（3）发酵液处理部分　发酵终点后对生成的 L-山梨糖（醪液）应立即于 80℃ 加热 10min，杀死第一步发酵液微生物后，冷却至 30℃，再开始进行第二步的混合菌株发酵。

**3. 2-酮基-L-古龙酸的制备**

（1）菌种部分　将保存于冷冻管的假单胞杆菌和氧化葡萄糖酸杆菌菌种活化、分离及混合培养后移入三角瓶种液培养基中，在 29~33℃ 振荡培养 24h，待产酸量在 6~9mg/ml、pH 值降至 7 以下、菌形正常无杂菌后，再移入血清瓶中，即可接入生产。

（2）发酵液制备部分　先在一级种子培养罐内加入经过灭菌的辅料（玉米浆、尿素及无机盐）和醪液（折纯含山梨糖 1%），控制温度为 29~30℃，发酵初期温度较低，通入无菌空气维持罐压为 0.05MPa，pH6.7~7.0，至产酸量达合格浓度且不再增加时，接入二级种子罐培养，条件控制同前。作为伴生菌的芽孢杆菌开始形成芽孢时，产酸菌株开始产生 2-酮基-L-古龙酸，直到完全形成芽孢和出现游离芽孢时，产酸量达高峰（5mg/ml 以上）为二级种子培养终点。

供发酵罐用的培养基经灭菌冷却后，加入至山梨糖的发酵液内，接入第二步发酵菌种的二级种子培养液，在温度 30℃、通入无菌空气条件下进行发酵，为保证产酸正常进行，往往定期滴加灭菌的碳酸钠溶液调 pH 值，使保持在 7.0 左右。当温度略高（31~33℃）、pH 值在 7.2 左右、二次检测酸量不再增加、残糖量 0.5mg/ml 以下，即为发酵终点，得含古龙酸钠的发酵液。此时游离芽孢及残存芽孢杆菌菌体已逐步自溶成碎片，用显微镜观察已无法区分两种细菌的差别，整个产酸反应至此也就结束了。所以，根据芽孢的形成时间来控制发酵是一种有效的办法。在整个发酵期间，保持一定数量的氧化葡萄糖酸杆菌（产酸菌）是发酵的关键。发酵是在无机械搅拌的气升式反应器内进行，控制好 pH 值是保证产酸的关键。

整个发酵过程可分为产酸前期、产酸中期和产酸后期。产酸前期主要是菌体适应环境进行生长的阶段。该阶段产酸量很少，为了提高发酵收率应尽可能缩短产酸前期。产酸前期长短与底物浓度、接种量、初始 pH 值及溶氧浓度等有关。产酸中期是菌体大量积累产物的时期。产酸中期的时间主要取决于产酸前期菌体生长的好坏和中期的溶氧浓度控制，也与 pH 值等有关。因此适宜的操作条件可获得较大的产酸速率和较长的发酵中期，从而可提高发酵收率。产酸后期，菌体活性下降，产酸速率变小，同时部分酸发生分解，引起酸浓度下降。生产上由于要求发酵液中残糖浓度小于 0.5mg/ml，不可能提前终止发酵，所以在此期间应采取措施，设法延长菌体活性，使之继续产酸。影响发酵产率的因素主要有以下几点。

① 山梨糖初始浓度。在一定的温度（30℃）、压力（表压 0.05MPa）、pH（6.7~7.0）和溶液氧浓度（10%~60%）下存在一个极限浓度，此极限浓度为 80mg/ml。当山梨醇浓度大于该浓度时，将抑制菌体生长，表现为产酸前期长，产酸速率变小，使发酵产率下降。从生产角度考虑，希望得到尽可能高的酸浓度，也即要求山梨糖初始浓度越高越好。因此，较适宜的初始浓度为 80mg/ml 左右。在产酸中期，菌体生长正常时，高浓度的山梨糖对发酵收率影响不大。因此，在发酵过程中滴加山梨糖或一次补加山梨糖均能提高发酵液中的产物浓度。

② 溶氧浓度。在发酵过程中，溶氧不但是菌体生长所必需的条件，而且又是反应物之一。在菌体生长阶段，高溶氧能使菌体很好地生长；而在中期，则应控制一定的溶氧浓度以限制菌体的过渡生长，避免过早衰老，从而延长菌体的生产期。中期溶氧浓度越高，产酸速率越大，但产酸中期变短，对整个发酵过程是不利的。因此，生产上一般前期处于高的溶氧状态；中期溶氧以 3.5~6.0mg/ml 为宜；后期耗氧减少，大多数情况下溶氧浓度会上升。

③ pH 值。发酵过程中如 pH 值降至 6.4 是不利的，如能通过连续的调节使 pH 值维持于 6.7~7.9 之间对发酵是有利的。

（3）2-酮基-L-古龙酸的制备部分　2-酮基-L-古龙酸是将 2-酮基-L-古龙酸钠用离子交换法经过两次交换，去掉其中的 $Na^+$ 而得。一次、二次交换中均采用 732 阳离子交换树脂。

制备工艺如下。

① 工艺过程

a. 一次交换。将发酵液冷却后用盐酸酸化，调至菌体蛋白等电点，使菌体蛋白沉淀。静置数小时后去掉菌体蛋白，将酸化上清液以 $2\sim3m^3/h$ 的流速压入一次阳离子交换柱进行离子交换。或将发酵液加入至循环槽，经冷却调节 pH 值后，用泵打入超滤膜过滤器内过滤除去菌体等，滤液压入阳离子交换柱进行离子交换。当回流到 pH3.5 时，开始收集交换液，控制流出液的 pH 值，以防树脂饱和。发酵液交换完后，用纯水洗柱，至流出液中古龙酸含量低于 1mg/ml 以下为止。当流出液达到一定 pH 值时，则更换树脂进行交换，原树脂进行再生处理。

b. 加热过滤。将经过一次交换后的流出液和洗液合并，在加热罐内调 pH 值至蛋白质等电点，然后加热至 70℃左右，加 0.3%左右的活性炭，升温至 90~95℃后再保温 10~15min，使菌体蛋白凝结。停搅拌，快速冷却，高速离心过滤得清液。

c. 二次交换。将酸性上清液打入二次交换柱进行离子交换，至流出液的 pH1.5 时，开始收集交换液，控制流出液 pH1.5~1.7，交换完毕，洗柱至流出液中古龙酸含量在 1mg/ml 以下为止。若 pH>1.7 时，需更换交换柱。

d. 减压浓缩结晶。先将二次交换液进行一级真空浓缩，温度 45℃，至浓缩液的相对密度达 1.2 左右，即可出料。接着，又在同样条件下进行二级浓缩，然后加入少量乙醇，冷却结晶，甩滤并用冰乙醇洗涤，得 2-酮基-L-古龙酸。

如果以后工序使用碱转化，则需将 2-酮基-L-古龙酸进行真空干燥，以除去部分水分。

② 注意事项及"三废"处理

a. 调好等电点是凝聚菌体蛋白的重要因素。

b. 树脂再生的好坏直接影响 2-酮基-L-古龙酸的提取。标准为进出酸差小于 1%、无 $Cl^-$。

c. 浓缩时，温度控制在 45℃左右较好，以防止跑料和炭化。

d. 结晶母液可再浓缩和结晶甩滤，加以回收以提高收率；废盐酸回收后可再用于第一次交换。

③ 改进的设备工艺

上述古龙酸的制备工艺，发酵液静置沉降后直接进入树脂柱，易使树脂表面污染严重，交换容量下降。另外，加热沉淀法除蛋白质，即消耗了能量，又由于升温造成古龙酸水解的损失。为此，有些企业直接采用超滤膜过滤发酵液，滤液直接进行树脂脱盐，再进行浓缩结晶成产古龙酸的工艺。这种工艺一步去除了发酵液中残留的菌丝体、蛋白质和其他悬浮微粒等物质，省略了发酵液预处理、加热、离心分离等工序，既节约了能耗，又提高了古龙酸的收率。

**4. 粗品维 C 的制备**

由 2-酮基-L-古龙酸（简称古龙酸）转化成维生素 C 的方法目前已从酸转化发展到碱转化、酶转化，使维生素 C 的生产工艺日趋完善。

(1) 酸转化

① 反应原理。见莱氏法生产粗维生素 C 酸转化的反应原理。

② 工艺过程。配料比为 2-酮基-L-古龙酸：38%盐酸：丙酮=1：0.4：0.3（质量比）。先将丙酮及一半古龙酸加入转化罐搅拌，再加入盐酸和余下的古龙酸。待罐夹层满水后开蒸

汽阀，缓慢升温至 30～38℃ 关汽，自然升温至 52～54℃，保温约 5h，反应达到高潮，结晶析出，罐内温度稍有上升，最高可达 59℃，严格控制温度不能超过 60℃。反应过程中为防止泡沫过多引起冒罐，可在投料时加入一定量的泡敌作消泡剂。剧烈反应期后，维持温度在 50～52℃，至总保温时间为 20h。开冷却水降温 1h，加入适量乙醇，冷却至 −2℃，放料。甩滤 0.5h 后用冰乙醇洗涤，甩干，再洗涤，甩干 3h 左右，干燥后得粗维生素C。

③ 影响因素。盐酸浓度低，转化不完全；浓度过高，则分解生成许多杂质，使反应物色深，一般盐酸浓度为 38%。转化反应中需加入一定量的丙酮，以溶解反应中生成的糠醛，避免其聚合，保持物料中有一定浓度的糠醛，从而防止抗坏血酸进一步分解生成更多的糠醛。

（2）碱转化

① 反应原理。先将古龙酸与甲醇进行酯化反应，再用碳酸氢钠将 2-酮基-L-古龙酸甲酯转化成钠盐，最后用硫酸酸化得粗维生素C。反应过程如下：

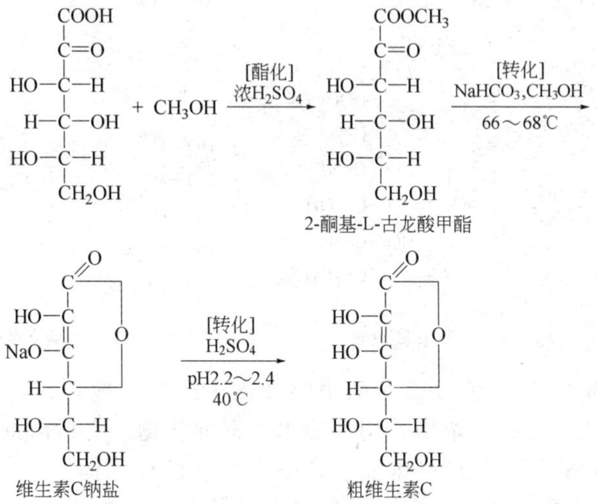

2-酮基-L-古龙酸甲酯

维生素C钠盐　　　　　粗维生素C

② 工艺过程

a. 酯化。将甲醇、浓硫酸和干燥的古龙酸加入罐内，搅拌并加热，使温度为 66～68℃，反应 4h 左右即为酯化终点。然后冷却，加入碳酸氢钠，再升温至 66℃ 左右，回流 10h 后即为转化终点。再冷却至 0℃，离心分离，取出维生素 C 钠盐，结晶母液经过滤后送往精馏岗位回收甲醇。

b. 酸化。将维生素 C 钠盐和一次母液干品、甲醇加入罐内，搅拌，用硫酸调至反应液 pH 值为 2.2～2.4，并在 40℃ 左右保温 1.5h，然后冷却，离心分离，弃去硫酸钠。滤液加少量活性炭，冷却压滤，然后真空减压浓缩，蒸出甲醇，浓缩液冷却结晶，离心分离得粗维生素C。回收母液成干品，继续投料套用。

c. 离子交换树脂酸化。将维生素 C 钠溶于水（或交换洗液、精制岗位的结晶母液）配成溶液，注入装填有磺酸型树脂的离子交换柱进行酸化，所得的交换液需经活性炭脱色，双效升膜蒸发器减压浓缩，再用强制外循环蒸发器进一步减压浓缩，然后降温使维生素 C 结晶析出，最后经离心分离后即可得粗维生素C。整个酸化操作过程如下。

Ⅰ. 酸化。计算好每根离子交换柱可交换的维生素 C 钠溶液量，用泵将此维生素 C 钠溶液注入离子交换柱，控制其流速在 9～12m³/h 左右，当交换液的 pH 值降至 4 时开始出料，所得交换液即为维生素 C 溶液，控制出液质量。当维生素 C 钠溶液进完后，用上批洗水顶料以充分回收柱内残存的维生素C。

Ⅱ. 水洗。用无盐水冲洗离子交换柱，以除去残留在树脂上的物料，直到洗水中维生素

C 的含量<1mg/ml 为止，此洗水可用于下批顶料或配料用。

Ⅲ. 再生。为了使交换完的树脂恢复交换能力，需用酸对其进行再生。为了减少酸用量，首先用收集的含杂质少的废酸、洗酸水反洗交换柱 2～3h，再用水正洗 0.5～1.5h，接着用回收酸逆流再生，最后用 5%～7%稀盐酸进行逆流再生。

Ⅳ. 淋洗。为了除去残留在树脂上的氯离子，需用无盐水对其进行正向淋洗，直到用 AgNO₃ 溶液在出口处不能检测出氯离子为止，这样一个交换循环结束，可进行下一次交换循环过程。

（3）改进后的转化工艺　碳酸氢钠转化有许多不足之处。由于使用 NaHCO₃ 后，带入大量钠离子，故直接影响了维生素 C 的质量。转化后母液中产生大量的硫酸钠，严重影响母液套用及成品质量，且生产劳动强度大。瑞士 1984 年推出的维生素 C 碱转化新工艺有效地防止了碳酸氢钠转化的不足。新工艺采用有机胺与 2-酮基-L-古龙酸甲酯成盐，通过有机溶剂提取，裂解、游离成维生素 C。

① 反应原理

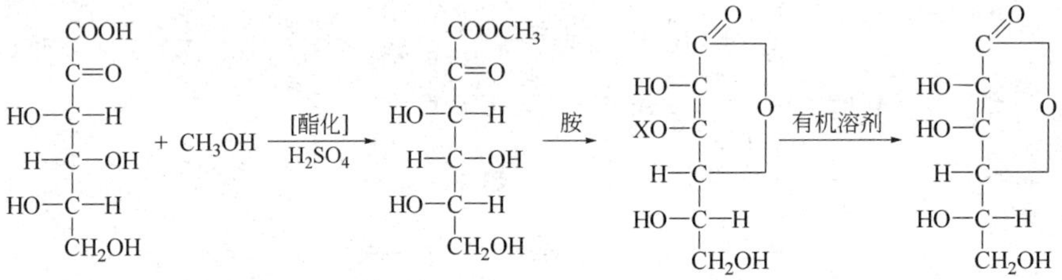

式中　　X—15～30 碳直链叔胺；16～25 碳支链仲胺；12～24 碳支链伯胺

②工艺过程。首先将 2-酮基-L-古龙酸甲酯加入甲醇中，搅拌、升温、回流溶解。在惰性气体中滴加胺，回流、搅拌、浓缩，用蒸馏水溶解油状物。有机溶剂提取、分离，有机层用硫酸钠干燥后，回收套用；水层经浓缩、结晶得维生素 C 晶体。

③ 碱转化新工艺的主要特点。克服了目前碱转化的缺点，提高了产品的质量，转化收率有所提高，有机溶剂回收套用率高，反应温度要求不高，大量使用液体投料，对自动控制千吨维生素 C 的生产创造了有利条件。其不足之处是 2-酮基-L-古龙酸甲酯与胺反应需在惰性气体保护下进行，如氮气、氩气等。

在本工艺中，维生素 C 胺盐的游离有独特之处。按常规需加入酸或碱中和才能使胺游离，而本工艺采用了有机溶剂的液-液提取方法。当然，也可用温浸的办法，即加热有机溶剂，以达到游离的目的。

日本于 20 世纪 80 年代推出了酸转化新工艺。日本盐野义制药株式会社对发酵后的酸转化做了改进。主要工艺是将 2-酮基-L-古龙酸钠盐加入到乙醇与丙酮的混合液中，在室温下搅拌，并向混合液中通入氯气，于 60℃左右反应，析出氯化钠固体，滤去，并用丙酮和乙醇混合液洗净，合并滤液，加入惰性溶剂，经保温、搅拌、冷却、析晶，得维生素 C 精品。本工艺的主要特点是析晶纯度较高，反应温度低，工艺时间缩短，减少了维生素 C 精制过程中的水溶解，因而避免了导致维生素 C 不稳定的因素，提高了产品质量，收率也较高，溶剂经分馏后可重新使用。新的酸转化工艺采用的惰性溶剂有氯甲烷、氯乙烷、甲苯、氯仿等。

另外，Mani KM、Chlanda FP 等人提出采用双极性膜电渗析法（简称 BME）将维生素 C 钠转化成维生素 C，如图 12-3 所示。此法是在直流电场作用下，利用双极性膜中的水离解生成的 H⁺ 和 OH⁻ 分别向两极移动，从阳膜侧出来的 H⁺ 与维生素 C 钠中的维生素 C 酸根结合成离解度较小的维生素 C，维生素 C 钠中的 Na⁺ 则在电场作用下通过阳离子交换膜从维生素 C 钠中分离出来，并和从阴膜侧出来的 OH⁻ 结合生成 NaOH，生成的 NaOH 可回收用于生产。电极室中使用 1mol/L NaOH 溶液作电极液。维生素 C 钠溶液的转化收率可达 97%，电流效率超过 70%。

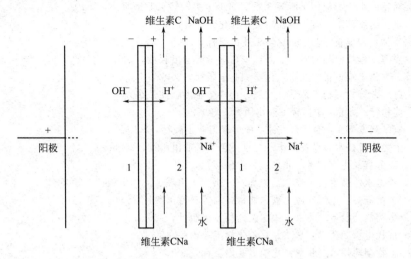

图 12-3 双极性膜电渗析法生产维生素 C

**5. 粗维生素 C 的精制**

（1）工艺过程　配料比为粗维生素 C：蒸馏水：活性炭：晶种＝1：1.1：0.58：0.00023（质量比）。将粗维生素 C 真空干燥，加蒸馏水搅拌溶解后，加入活性炭，搅拌 5～10min，压滤。滤液至结晶罐，向罐中加 50L 左右的乙醇，搅拌后降温，加晶种使其结晶。将晶体离心甩滤，用冰乙醇洗涤，再甩滤，至干燥器中干燥，即得精制维生素 C。

（2）注意事项

① 结晶时，结晶罐中最高温度不得高于 45℃，最低不得低于 −4℃，不能在高温下加晶种。

② 回转干燥要严格控制循环水温和时间，夏天循环水温高，可用冷凝器降温。

③ 压滤时遇停电，应立即关空压阀保压。

**6. 生产中维生素 C 收率的计算**

$$理论值(\%)=\frac{D-山梨醇投料量}{理论维生素 C 生成量}\times\frac{D-山梨醇分子量}{维生素 C 分子量}\times100\%$$

$$实际值(\%)=发酵收率(\%)\times提取收率(\%)\times转化收率(\%)\times精制收率(\%)$$

$$维生素 C 转化生成率(\%)=\frac{维生素 C 收得量}{2-KGA 投料用量}\times\frac{2-KGA 分子量}{维生素 C 分子量}\times100\%$$

📝思考题 --------------------------------------------------------------

1. 维生素为什么呈酸性，久置易变为黄色？

2. 简述莱氏法及两步发酵法合成维生素 C 的原理。

3. 双丙酮糖的制备对维生素 C 的生产有何必要性？其制备过程中应注意什么？

4. 两步发酵法生产维生素 C 的特点是什么？影响发酵收率的因素有哪些？

5. 两步发酵法所得发酵液为什么要经离子交换树脂处理？处理中应注意什么？

6. 酸转化与碱转化比较，二者有何差异？其转化原理是什么？

7. 维生素 C 精制时应注意哪些问题？

--------------------------------------------------------------

# 参 考 文 献

[1] 尤新. 淀粉糖品生产与应用手册第 2 版. 北京：中国轻工业出版社，2010.

[2] 于文国. 微生物制药工艺及反应器. 北京：化学工业出版社，2010.

[3] 陈国豪. 生物工程设备. 北京：化学工业出版社，2009.

[4] 刘振宇. 发酵工程技术与实践. 上海：华东理工大学出版社，2007.

[5] 郑裕国等. 生物工程设备. 北京：化学工业出版社，2007.

[6] 元英进，赵广荣等. 制药工艺学. 北京：化学工业出版社，2007.

[7] 张力田. 淀粉糖. 北京：中国轻工业出版社，2007.

[8] 邓毛程. 氨基酸发酵生产技术. 北京：中国轻工业出版社，2007.

[9] 黄儒强. 生物发酵技术与设备操作. 北京：化学工业出版社，2006.

[10] 王传荣. 发酵食品生产技术. 北京：科学出版社，2006.

[11] 姚汝华，周世水. 微生物工程工艺原理. 广州：华南理工大学出版社，2005.

[12] 岑沛霖，关怡新等. 生物反应工程. 北京：高等教育出版社，2005.

[13] 宫锡坤. 生物制药设备. 北京：中国医药科技出版社，2005.

[14] 齐香君. 现代生物制药工艺学. 北京：化学工业出版，2004.

[15] 朱宝泉. 生物制药技术. 北京：化学工业出版社，2004.

[16] 岑沛霖. 生物工程导论. 北京：化学工业出版社，2004.

[17] 陈洪章等. 生物过程工程与设备. 北京：化学工业出版社，2004.

[18] 陈洪章. 现代固态发酵原理及应用. 北京：化学工业出版社，2004.

[19] 郑裕国，薛亚平等. 生物加工过程与设备. 北京：化学工业出版社，2004.

[20] 肖冬光. 微生物工程原理. 北京：中国轻工业出版社，2004.

[21] 白秀峰. 发酵工艺学. 北京：中国医药科技出版社，2003.

[22] 俞俊棠，唐孝宣等. 新编生物工艺学. 北京：化学工业出版社，2003.

[23] 宋思扬，娄士林. 生物技术概论. 北京：科学出版社，2003.

[24] 贺小贤. 生物工艺原理. 北京：化学工业出版，2003.

[25] 李艳. 发酵工业概论. 北京：中国轻工业出版社，2003.

[26] 党建章. 发酵工艺教程. 北京：中国轻工业出版社，2003.

[27] 梁世中. 生物工程设备. 北京：中国轻工业出版社，2002.

[28] 戎志梅. 生物化工新产品与新技术开发指南. 北京：化学工业出版社，2002.

[29] 曹军卫，马辉文. 微生物工程. 北京：科学出版社，2002.

[30] 吴剑波，张致平. 微生物制药. 北京：化学工业出版社，2002.

[31] 张元兴，许学书. 生物反应器工程. 上海：华东理工大学出版社，2001.

[32] 熊宗贵. 发酵工艺原理. 北京：中国医药科技出版社，2001.

[33] 高孔荣. 发酵设备. 北京：中国轻工出版社，2001.

[34] 褚志义. 生物合成药物学. 北京：化学工业出版社，2000.

[35] 朱素贞. 微生物制药工艺. 北京：中国医药科技出版社，2000.

[36] 俞文和. 新编抗生素工艺学. 北京：中国建材工业出版社，1996.

[37] 陈建茹. 化学制药工艺学. 北京：中国医药科技出版社，1996.

[38] 张克旭. 氨基酸发酵工艺学. 北京：中国轻工业出版社，1992.